行为分析师
执业伦理与规范

[美] 乔恩·S. 贝利（Jon S. Bailey） 著
玛丽·R. 伯奇（Mary R. Burch）

陈 烽 译

第4版
4th Edition

Ethics for Behavior Analysts:
4th Edition

华夏出版社
HUAXIA PUBLISHING HOUSE

杰里·舒克的照片

谨以此书纪念我的挚友及同事杰拉尔德·L·"杰里"·舒克博士（Gerald L. "Jerry" Shook, Ph.D, BCBA-D, 1948—2011）。对于行为分析这个专业领域，他有自己的构想和远见：是他创建了行为分析师认证委员会，并以此为抓手将这些构想一一实现；是他率先倡导推出伦理条例，并鼓励我推动这些条例的实施；是他改变了我的生命。

——乔恩·S.贝利
认证行为分析师－博士级（BCBA-D）

新版简介

由乔恩·S.贝利（Jon S. Bailey）与玛丽·R.伯奇（Mary R. Burch）合著的《行为分析师执业伦理与规范》一经出版就大受欢迎。现推出的第四版全面更新原有内容，帮助读者深入理解行为分析师认证委员会（Behavior Analyst Certification Board，简称BACB）最新修订的《行为分析师专业伦理执行条例》并遵照执行，是一本不可多得的专业指南。

最新版的一大特色是条例中每项条款都配有详细解释以及案例分析，这些案例选自贝利开设的应用行为分析执业伦理咨询热线（选用案例均已征得咨询者本人同意）并附有专业点评。《行为分析师执业伦理与规范》第四版新增了部分章节，介绍了新版条例的重要修订内容，阐释了伦理的核心原则，还区分了服务对象和利益相关方的定义。

除此之外，新版还专门拿出一个章节讨论如何进行伦理决策，使用流程图演示如何做出合乎伦理的决定。还有其他新增章节，内容包括如何选择合乎伦理的工作环境，如何提交"涉嫌违规通知书"、举报涉嫌违规行为，还包括最新修订的专业组织伦理条例。

行为分析师在培训和执业过程中遇到任何伦理问题，都可以在本书中找到答案。

本书作者乔恩·S.贝利博士是一位认证行为分析师—博士级（BCBA-D），同时也是佛罗里达州立大学心理学系荣休教授，在该校任教50余年，目前还在继续教授行为分析师执业伦理以及其他研究生课程。他是行为分析师认证委员会的首任主任，也是佛罗里达州行为分析协会的前任主席。

第二作者玛丽·R.伯奇博士也是认证行为分析师—博士级（BCBA-D），在发展障碍干预领域从业长达25年有余，既是行为专家也是发展障碍人士护理专业人员，做过机构负责人，也从事过发展障碍、心理健康以及学前教育等方面的行为分析咨询工作。

目录 | Contents

第四版序言	001
第三版序言	001
致谢	001
免责声明	001

第一部分　行为分析执业伦理的历史背景 ········ 001

第1章　发展溯源	003
第2章　2022版《行为分析师专业伦理执行条例》修订内容	011
第3章　普通人与行为分析师在日常生活中可能面临的伦理问题	023

第二部分　《行为分析师专业伦理执行条例》要点概述 ········ 029

第4章　核心原则以及服务对象与利益相关方的区别	031
第5章　伦理决策	039

第三部分　伦理条例具体条款 ········ 051

第6章　新版条例第1节：行为分析师作为专业人员应负的责任	053
第7章　新版条例第2节：行为分析师在工作实践中应负的责任	091
第8章　新版条例第3节：行为分析师对服务对象和利益相关方应负的责任	125
第9章　新版条例第4节：行为分析师对督导对象和培训对象应负的责任	151
第10章　新版条例第5节：行为分析师在公开表述中应负的责任	175
第11章　新版条例第6节：行为分析师在研究活动中应负的责任	193

第四部分　遵守伦理的行为分析师应具备的专业技能……… 213

第12章　就伦理问题进行有效沟通 ……… 215
第13章　使用《行为分析师专业实践和工作程序告知书》……… 227
第14章　选择合乎伦理的工作环境 ……… 235
第15章　职场新人伦理规范实用攻略 ……… 247
第16章　专业组织伦理条例 ……… 263
第17章　使用涉嫌违规通知书举报行为分析师 ……… 269

附录　名词解释 ……… 281

第四版序言

最近这五年来，行为分析这一行发生了很多的变化。行业规模几乎翻了一番，但需还是远大于供，合格的治疗师、督导以及管理人员越来越不好找。经济困难也初现端倪，政府机构和保险公司都在收紧钱袋，治疗服务的报销越来越难，而另一方面，只有达到国际行为分析协会认定的标准才能获得免费治疗，有多少家庭都在等着盼着，望眼欲穿。很多机构都有这样的担心，新入行的行为分析师接受的培训已经不像以前那么全面、充分，其中一部分原因就是需要让他们赶紧"冲锋陷阵"。如此一来，他们只能边干边学。还有一种担心，就是刚毕业的学生也没接受过多少细致的培训，对如何提供符合伦理规范的服务不够了解，甚至连行为分析最基本的原理和观念都不清楚。还有人指出，应用行为分析的学员在文化敏感性方面的培训也不够恰当，所以也没有准备好与服务对象和同事一起面对多样性的议题。上述问题在新版执业伦理条例中都有充分讨论，除此之外，剥削关系问题，还有双重关系这个老大难问题，在新版条例中也有专门阐述。本书第2章将以概述的形式讨论所有这些问题以及其他一些内容。在上一版中，我们主要以案例分析的形式针对行为分析师可能遇到的伦理问题展开讨论，这些案例都来自应用行为分析执业伦理咨询热线接到的咨询，每周进行一次汇总。我们希望新手认证行为分析师在学习实际案例、了解伦理困境之后，能够做好充分准备，去面对复杂的工作环境，完成行为分析的本职任务。

如何使用本书

我每年都会开一门研究生课，叫"行为分析师的伦理规范与专业议题"，一个学期上完。上半学期的教材就是这本《行为分析师执业伦理与规范》，下半学期的教材是另外一本，叫《优秀行为分析师必备25项技能》①（*25 Essential Skills for the Successful Behavior Analysts*, Bailey & Burch 2010）。我发现，先讲授伦理规范，能让学生变得更加敏锐，让他们重新思考应该如何规范自己的行为。之后，我再给他们讲解其他专业技能，掌握这些技能，他们才能很好地贯彻执行新版伦理条例的主旨精神。

不管您是学习还是讲授伦理规范，我们都希望《行为分析师执业伦理与规范（第4版）》能够对您有所帮助。

——乔恩·S. 贝利

---

① 编注：《优秀行为分析师必备25项技能》(*25 Essential Skills for the Successful Behavior Analysts*) 中文简体版2024年由华夏出版社出版。

第三版序言

我第一次遇到伦理问题，是20世纪60年代后期的时候，当时我还是一名心理学专业的研究生。我的研究对象是一位有重度发展障碍的青年男性，住在亚利桑那州菲尼克斯[①]的一家私立机构，整天都待在狭小的病房里，困在一张笨重的铁床上。他看不见，也听不见，无法独立行走，也没有接受过如厕训练，几乎一天到晚都在不停地重复自伤行为。他的房间味道都能熏死人，让人感到特别压抑。每次去他那里，隔着20多米远就能听见他用头撞床栏杆的声音。我就这样日复一日地守在他床边做着笔记，想着能不能写一篇论文出来，题目就是如何减少长期自伤行为或者自残行为（那时候我们把这种行为称为"自残"）。做了几次非正式观察，又看了他的病历，我对他的状况有了初步的了解，于是，我请求约见李·迈耶森（Lee Meyerson）博士，他是我论文指导委员会的成员，同时也负责督导我在该机构的研究活动。我开口说道："我正在观察一位研究对象，他有自残行为，一天下来，平均每分钟打自己头10~15次。我在一天中的不同时段做了一些非正式记录，不过也看不出他这种行为有什么规律。"我把记录拿了出来。迈耶森博士之前一直都在听我说，听了10来分钟，边听边点头，时不时吸一口烟斗（那个年代是允许随处吸烟的）。突然他拦住了我，手拿烟斗比画着，开口问了我几个问题，然而，这些问题我从来都没想过：我知道这位"研究对象"的名字吗？我去观察他、记录他、拿他写报告，征得他的同意了吗？我去查他的病历，经过了谁的批准？我和研究生同学讨论过这个个案吗？或者，我在课上展示过这些记录资料吗？迈耶森博士提出的这些问题，我一个都答不出来。我压根儿就没把我的"研究对象"当作一个人来看待，我只是把他当作我的一份论文资料罢了。我从来就没想过这个叫"比利"的人也有隐私权，也有信息保密的权利，他有尊严，也应该得到尊重，而不只是能让我完成论文、拿到学位的一个"研究对

[①] 译注：菲尼克斯（Phoenix）是规范译名，曾译为凤凰城。

象"而已。现在回想起来,迈耶森博士的意识相当超前,他对我的这些"拷问"其实就是伦理问题,而直到 10 年以后,才有人把这些问题上升到法律层面(详见第 1 章)。这些问题让我跳出实验本身,以更敏锐的态度看待我所从事的工作。如果我是别人实验中的一个"研究对象",我希望别人怎样对待我呢?或者,如果研究对象是我的母亲、我的姐妹,我希望别人怎样对待她们呢?毫无疑问,绝大部分人的第一反应都会是"心怀善意、悲悯、尊重"。因此,如果我们缓一缓,停下来仔细思考一下我们的工作,就会发现,只要心怀善意、悲悯、尊重,那么心理学尤其是行为分析领域中的那些伦理要求就变得看得见、摸得着了,根据具体情况做个性化处理也就容易了。

现在学行为分析可比我那个年代占便宜多了。我们那个时候没有什么伦理规范,工作无章可循。我们一只脚踩在动物实验室,另一只脚踩在科研学术圈,绞尽脑汁研究的都是怎么把强大的操作性条件作用理论[①]付诸实践、搞出疗效。那个时候,我们压根儿就没考虑过什么伦理问题,是后来才碰上点醒混沌中人的迈耶森博士。时至今日,行为分析已经有了将近 50 年的应用研究和实践经验,学习这个专业的研究生有了这么多的资源可以利用(可以了解,也应该了解)。而且,他们还有很多有关伦理问题的资源,比如判例法[②]和已有先例的法律判决。除此之外,现在的学生还有一整套现成的伦理规范,这套规范在法律上无懈可击,经过了深入研究与严格审查,而且是专为行为分析领域量身定做的,这就是由行为分析师认证委员会(Behavior Analyst Certification Board,简称 BACB)最新发布的《行为分析师专业伦理执行条例》(Ethics Code for Behavior Analysts)。我教了"行为分析领域的专业伦理议题"这门研究生课 15 年,在这个过程中,了解了很多这个领域特有的伦理议题,也尝试着开发了一些相关课程,就是想要把这些伦理规范的条条框框变成比较有意思的内容,让学生能学到东西,也让那些觉得伦理规范和行为分析没什么关系或者不理解我们为什么要如此谨小慎微的学生能明白这些内容很重要、应该学。我发现,虽然我们的伦理条例很完善,但条款本身却有点枯燥,这些规定本来应该让人觉得很有必要、很有意义的,但并没有达到应有的效果。看这些条款,有点像看计算机软件说明书似的:

[①] 译注:操作性条件作用理论(operant conditioning principles),由美国行为主义心理学家斯金纳提出,又称强化理论。

[②] 译注:判例法,由判例构成的法律。判例是法院可援引作为审理同类案件的法律依据的判决与裁定。在英美法系国家,法律的相当部分内容由判例构成。

虽然知道很重要，但总想跳过去不看，直接开始用得了。

多年以前，在杰瑞·舒克博士的力邀下，我准备拿出半天时间，在宾夕法尼亚州立大学做一个有关伦理议题的研讨会。准备相关材料的时候，我就在想：来参加研讨会的人都会提出什么样的伦理问题呢？按照舒克博士的安排，每位学员都提前写下了两个在工作时遇到的问题或者"情境"，然后提交上来。当我拿到这些问题、看到里面的"情境"的时候，突然就觉得身临其境，其中的伦理问题让我感同身受。于是我开始（对照当时的《行为分析师认证委员会准则》）努力查找正确答案，却发现事情并不那么简单。守则里好像缺了点什么，要是有个索引的话可能有点用，但是能找的我都找了，没找到。我熬了几个通宵，自己做了一个索引。等到和舒克博士一起出发去研讨会的时候，我已经想出了一个教伦理规范的新办法了。首先，给学员们预设一个情境，然后让他们去查阅《行为分析师专业纪律、伦理标准和负责任行为准则》①中的相关内容，让他们根据查阅的内容给出自己的建议，即在上述情境中采取什么对策才是符合伦理规范的。这种授课方式可以让学生们体会到伦理的理念虽然有时候很高大上，但归根结底还是会落实到具体的条款上。过去这几年，我一直都在使用这种教学方式。我的心得体会是：这样的方式可以使伦理议题更接地气，聚焦的问题更有意义，引发的讨论也更精彩。

在讲授"行为分析的伦理规范"这门课时，有个问题常常让我很困扰，就是有些规范条款常常没头没尾的，没有交代来龙去脉，或者全是些法律术语，读起来非常拗口，所以学生们无法理解为什么要规定这些，或者这些规定与行为分析有什么关系。我讲着讲着就发现自己得把这些条款翻译成大白话才行。除此之外，我还会讲讲某些条款的历史背景，让学生明白这些条款是怎么来的、为什么在行为分析领域这么重要，这种做法好像还能帮助学生理解这些伦理规范。

这本书就是这些教学经验的总结，希望能给读者展示一种比较实用的、以学生为本的教学方式，帮助大家更好地学习行为分析的伦理规范。本书引用的案例全部取材于真实案例，但是为了避免让当事人难堪或者引发法律纠纷，我们对这些案例进行了改编，同时也征得了案例原创作者的同意（案例中用引号标示的内容就是直接引用案例作者的原创内容）。此外，针对每一个案例，在每章结尾部分都有相应的案例点评。

最后，关于这本书再多说一句：我们希望这本书是一本实用手册，所以特意不想

---

① 译注：《行为分析师专业纪律、伦理标准和负责任行为准则》，现已更名为《行为分析师专业伦理执行条例》。

写成理论性特别强的那种学术著作。按惯例，很多教授伦理课程的老师都会要求学生去读美国宪法，看电影《飞越疯人院》（One Flew Over the Cuckoo's Nest），或者研究学校所在州的法律，学习其中有关治疗规范、档案保管、信息保密以及其他相关议题的内容。但就我个人经验而言，在课程资源方面还可以再创新一点，深入挖掘。让学生涉猎广一些，心理学家斯金纳（Skinner）和西德曼（Sidman）的著作也好，国际行为分析协会（Association for Behavior Analysis International，简称ABAI）对相关议题的立场阐述也好，都接触一下，这样可以帮助学生做好准备，去迎接现实世界中伦理议题的挑战。我们觉得，对于刚刚获得认证的行为分析师来说，有些伦理议题是最重要也是最迫切需要了解的，于是就把这些议题整理到一起，统一放在了第19章，取名为"新手上路：关于伦理行为的12个实用提示"。希望读者享受读书、用书的过程，也希望大家提出宝贵意见，和我们一起找到更有效的方法，学好最重要的一课。

致　谢

借用一句非洲谚语吧，"养个孩子需要举全村之力"，写一本书也需要智慧凝聚。之所以这么说，是因为我花了整整一个月的时间整理笔记、记录谈话、查找资料、收集问题、征集案例，这些东西是很多人的智慧结晶。这些人当中有我认识的、有我不认识的，有只见过一面的陌生人，还有我一直深深敬佩的人。首先，我要感谢我们伦理热线咨询委员会的全体成员，他们的付出直接促成了这本书的问世。我要感谢托马斯·赞恩（Thomas Zane）、尤勒马·克鲁兹（Yulema Cruz）、玛丽·简·韦斯（Mary Jane Weiss）、努尔·赛义德（Noor Syed）、德文·桑德伯格（Devon Sundberg）、露丝玛丽·孔狄亚克（Rosemary Condillac）、米歇尔·西尔科克斯（Michele Silcox），谢谢你们总是毫不迟疑地对我伸出援助之手，开诚布公地提出建议。托马斯负责撰写了研究部分，尤勒马一直负责督导伦理相关问题，其余各位有的负责回复热线问题，有的负责审阅初稿，无论什么时候，只要我提出请求，他们总是毫不吝啬地贡献自己的专业力量。我还要感谢我以前的学生扎克·史蒂文斯（Zack Stevens），他现在在田纳西州开了一家应用行为分析机构，为了把新版伦理条例中的某些具体条款解释得更加清楚，我使用了他提供的一些文件样本。还有罗兰·伊格梅（Loren Eighme）和霍普·麦克纳利（Hope McNally），他们也是我以前的学生，帮我审阅了书中部分内容，作为注册行为技术员（Registered Behavior Technician, RBT）和认证行为分析师（Board Certified Behavior Analysts, BCBA），他们以自己的工作经验现身说法，也让本书更加真实。感谢罗伯特·沃兰德（Robert Wallander）和肯·瓦格纳（Ken Wagner），他们帮我厘清了组织行为管理方面的伦理问题。感谢劳伦·比利（Lauren Beaulieu）给我科普文化能力[①]的概念。感谢努尔·赛义德和纳西亚·西林乔内—尤

[①] 译注：文化能力（cultural competence），目前没有统一的中文翻译。根据美国社会工作协会2015年的定义，在社会工作领域，文化能力是指"以承认、肯定和重视个人、家庭、社区的价值，保护和维护个人尊严的方式"从事社会工作的能力。

基奇（Nasiah Cirincione-Ulezi）给我们分享文化谦逊[①]方面的专业知识，实际操作起来可比听上去复杂多了。感谢伊丽莎白·策佩尔尼克（Elizabeth Zeppernick）帮我审阅了部分初稿，她负责的是在广告或者非广告活动中使用现服务对象或者前服务对象的感言这一讨论部分。还要感谢两位我以前的学生，尼基·狄更斯（Nikki Dickens）和科尔顿·塞勒斯（Kolton Sellers），他们让我对社交媒体的方方面面有了更深入的了解。感谢所有人，没有你们，就没有这本书，谢谢你们。

[①] 译注：文化谦逊（cultural humility），目前没有统一的中文翻译，一般译为文化谦逊，也有译为文化尊重性。根据2020年《医疗语境中的跨文化能力理论发展历程与方向》（锦州医科大学学报），医疗语境中的跨文化能力理论经历了三个发展阶段：第一阶段，关注文化敏感性；第二阶段，关注文化能力；第三阶段，关注文化谦逊。个人理解文化能力是指一个人能够理解、尊重以及适应不同文化的能力，文化谦逊是指重视他人观点、尊重他人意见的文化态度，这种态度有助于人们建立良好的人际关系，从而帮助人们更好地理解他人，更有效地进行沟通。

免责声明

虽然本书作者是行为分析师认证委员会、国际行为分析协会、佛罗里达州行为分析协会（Florida Association for Behavior Analysis, FABA）以及其他一些行为分析协会组织的成员，但是本书内容并不能代表这些组织的官方声明。本书内容不能作为《行为分析师专业伦理执行条例》的唯一解读，也不能说某一条款在某些情境下就只能按照本书案例中那样应用。所有认证行为分析师、督导或者相关机构都应该结合实际情况解读该条例，并按照自己认为合适的方式执行其中的条款。

本书两位作者的行为分析从业经历加起来有75年，书中的案例就是这75年工作经验的精华。我们对所有案例都进行了处理，隐去了场景地点，并且使用了化名，以便保护相关人士和机构组织的隐私。在部分章节的结尾，会有"案例点评"栏目，案例当中提出的伦理问题，在现实生活中应该如何解决，在这一部分会有所体现。不过，我们并不认为只有点评中提到的解决办法才是合乎伦理的，相反，解决办法还有很多，点评中提到的只是其中之一。我们希望使用本书的读者能够根据自身经验去发掘其他可行的解决办法。最后，我们希望这些点评能够引发讨论和思辨，能够启发读者仔细考虑应该如何处理这些问题，毕竟这些问题本身就非常微妙复杂，处理得合适与否，甚至可能改变一个人的生活。

第一部分
行为分析执业伦理的历史背景

第 1 章　发展溯源

　　虐待那些无法保护自己、抵御侵害的无辜弱者，再也没有比这更骇人听闻的事了。然而，在我们的文化里，每天都发生着这样的事，那些针对儿童、妇女、老人以及动物的暴力事件，就算能上报纸，也只是本地新闻栏目，还常常是寥寥数语、一笔带过。

　　除了儿童、妇女、老人等，发展障碍人士也有可能受到虐待。虐待障碍儿童和成人理应受到谴责，而如果施加侵害的竟然是千挑万选的专业人员，就尤其令人恐慌了。然而，这种事恰恰就发生了，就在 20 世纪 70 年代早期的佛罗里达州。当时的虐待事件改变了行为分析发展的历史进程，也改变了障碍人士干预治疗的发展方向。

　　行为分析师伦理条例的历史最早可以追溯至 20 世纪 60 年代后期，当时，"行为矫正"[1]正风靡一时。虽然这个概念在 60 年代中期才刚刚出现（Krasner & Ullmann, 1965; Neuringer & Michael, 1970; Ullmann & Krasner, 1965），但是最早兜售这一概念的那些人言之凿凿地承诺，通过行为矫正，人们的行为很快就能发生巨大的变化，而且非常容易，几乎是个人就能学会，只要参加为期一天的"行为矫正"研讨会，拿到出勤证书就行。这些人以"行为矫正专业人士"自居，纷纷租用酒店宴会厅，开办了很多培训课程。参加这种研讨会不需要什么门槛，也没有人去问授课人到底有没有资格。大家基本都是这个说法：

　　　　你不用知道某个行为是怎么来的（这个行为直接就被判定是习得的——也就是"操作式行为"），你只需要知道如何操作行为后果就行了。不管对谁，都用食物作原始强化物[2]，只需把食物跟你希望看到的行为联系起来就行了。至于不当

---

[1] 译注：行为矫正（behavior modification），指的是依据条件反射学说和社会学习理论处理行为问题，从而引起行为改变的方法。

[2] 译注：原始强化物（primary reinforcer），通常指的是生存必需的东西，本身就具有强化作用，也被译作一级强化物。

行为或者危险行为，则使用后果（也就是惩罚），以减少其发生的频率。

没有人了解行为"成因"这一概念，也没有人想过某种行为可能是有成因的，考虑了这个成因，治疗才可能有效。此外，没有人考虑使用食物作为强化物可能会产生什么副作用（比如食物过敏、体重增加），也没有人考虑那些作为强化物的食物（通常是糖果）到底是怎么用的。不夸张地说，一大早，这些"行为专家"的口袋里就装满了各种食物，麦圈、巧克力豆、小饼干，还有其他一口就能吃下去的小零食、小点心什么的，能用一整天（连他们自己饿了都会时不时地吃上几口）。同样，针对自伤、自残以及不当行为的治疗也很随意，全凭心情；使用厌恶疗法的时候毫无节制。甚至有些工作人员还被要求发挥聪明才智，搞出各种各样的"行为后果"。因此，那些前往"行为矫正区"工作的人们，兜里常常装着辣椒酱和柠檬汁①。

20世纪70年代初期，"行为矫正区"往往指的是安置发展障碍人士的地方。这些障碍人士中，有的有智力障碍，从轻度至重度不等，有的身体有残疾，有的有行为不端问题。这些地方之前一般都是退伍军人医院或者肺结核医院，可以容纳300～1500位"病人"。当时，监管式看护是普遍的做法，直到后来出现了"行为矫正"这种疗法，而且针对严重行为问题确实有明显疗效，这种情况才有所变化。而在当时，既没有伦理条例，也没有实质约束，这种"疗法"很快便走了样，变成了纯粹的虐待。

桑兰德丑闻

1972年，迈阿密的桑兰德培训中心（Sunland Training Center）成了风暴焦点，这里发生了一起虐待事件，随后的调查震惊了整个佛罗里达州。该中心自1965年开始运营，离职率一直居高不下，因此，员工人手经常不足，培训质量也比较低。出人意料的是，绝大部分担任"代理家长"的工作人员竟然还是在读大学生。1969年，该中心曾被指控"虐待入住者"，中心负责人迫于调查压力辞职。据说他将两位入住者监禁在一个"由大型拖车临时改装的小房"里（McAllister, 1972, p.12）。1971年4月，佛罗里达州智力障碍服务部门（Division of Mental Retardation）和戴德县检察长办公室针对"虐待入住者"的情况开始了为期6个月的深入调查，之后做出结论，称指控中所说的虐待情况"是偶发的、孤立的"（p.2），并称中心负责人已经对涉案员

---

① 译注：意思是以此用来惩罚不当行为。

工进行了处理，给予了相应的纪律处分。其中一名专业人员 E. 博士因不服调岗处理提出了申诉，结果申诉委员会一调查才发现，那些虐待情况简直是"震碎三观"，而高层管理人员对此明显知情并且表示认可。结果，有七名员工被立即停职，包括中心负责人、生活区主任、驻地心理医生、三名生活督导和一名"代理家长"。他们被指控"失职、渎职、玩忽职守，致使入住者遭受虐待"（p.4）。在此之后，佛罗里达州健康与康复服务部障碍人士服务分部（Health and Rehabilitative Services Division of Retardation）主任杰克·麦卡利斯特（Jack McAllister）组织了一个九人蓝带专家小组①，成立了"虐待入住者情况调查委员会"（Resident Abuse Investigating Committee），成员包括障碍方面的几位专家，还有一位律师、一位社会工作者、一位服务对象代理人以及两位行为分析师（Dr. Jack May Jr. & Dr. Todd Risley）。调查委员会约谈了 70 多人，包括当时的工作人员、中心前员工、入住者及其家人（其中一人的儿子在迈阿密桑兰德中心死亡），有些人的面谈时间甚至长达 10 个小时。调查委员会还调阅了原始的工作日志、中心内部备忘录、个人日记和人事记录。

　　调查发现，1971 年，这位自称行为矫正专家的心理专家 E. 博士入职桑兰德培训中心，以中心的三幢房子作为基地，开展了一个叫作"成功部"的项目——这个名字听起来真是相当讽刺——号称要研究"经济分析统计模型方面的深奥问题"（McAllister, 1972, p.15）。在其后的一年里，E. 博士制订了一项"治疗"计划，计划内容实质上就是虐待，也可能最初不是，但后来也发展成了虐待，比如下列行为：强迫（被发现有自慰行为的入住者）公开自慰，强迫（被发现正在发生同性性行为的入住者）公开进行同性性行为，强迫入住者用肥皂洗嘴巴（以示对说谎、骂人的惩罚，或者只是说了话就要惩罚），用木板打入住者（逃跑被抓要打 10 下）。除此之外，还有过度使用约束手段，比如曾经有一位入住者被绑住不动超过 24 个小时，还有一位被强迫在浴缸里坐了整整两天。在这里，约束带不是紧急情况下用来防范自伤行为的工具，而是一种很常用的惩罚手段。就这些好像还嫌不够，这种恐怖的"系统性"虐待还有很多很多：曾有一名男性入住者被强迫穿上女内裤；过度使用隔离措施，长时间（比如 4 个小时）将入住者关在空荡荡的房间里，墙上没有软包防护，不许他们出去上厕所；公开羞辱入住者，比如曾有一名入住者被强迫戴着写有"小偷"字样的牌子；以不让吃饭或不准睡觉作为惩罚；曾有一名入住者因为失禁被迫拿着沾有粪便的

---

　　① 译注：蓝带专家小组（Blue Ribbon Panel），也称"blue ribbon commission（committee）"，是一个非正式术语，指的是被指派调查、研究或者分析某一特定问题的专业人士团队。

内裤放在鼻子底下 10 分钟；还有一名入住者因为多次失禁被迫躺在满是尿液的床单上（pp.10-11）。

生活在"成功部"这个小社会里，根本就没有什么活动安排，因此，入住者"在这个完全没有吸引力的环境里极度无聊、严重退化，完全没有隐私，经常遭到公开羞辱甚至还得赤裸身体……而且没有任何表达不满的渠道"（McAllister, 1972, p.13）。曾有一名入住者死于脱水，还有一名入住者试图逃离桑兰德中心不成，淹死在附近的一条河里。

人们的第一感觉可能是这样的，实施这种虐待行为的肯定是几个没怎么受过专业训练的员工，因为生气、挫败，所以变成了虐待狂。然而，调查结果完全相反：这些令人作呕的虐待行为正是 E. 博士的杰作，他觉得自己是在使用常用的"行为塑造手段"（McAllister, 1972, p.15）打造"一个一流的行为矫正项目"（McAllister, 1972, p.14）。调查委员会的结论是这个项目"最终沦为了一套不伦不类的、完全无效的惩罚体系，在这个体系里，虐待横行"（p.17）。在"成功部"里，从上到下都在按部就班地执行着这些操作，督导和专业人员也在纵容这些行为，甚至每天的工作日志里也都记录着这些内容。这些工作程序不仅是公开实施的，而且也是经过深入研究的，至少最开始的时候确实是研究论证过的。例如，当年堪萨斯州帕森斯市推出第一个代币方案之后，备受尊重的行为治疗专家詹姆斯·伦特（James Lent）博士就曾经照着做了一个方案用于研究。但是，"成功部"这个项目在很多方面都漏掉了一个非常关键的要素，即跟踪观察入住者的行为。他们没有进行跟踪观察，只是强调根据治疗指南操作就可以，这就给了那些没怎么接受过专业训练的员工很大的自由度，入住者做出某种行为的时候，他们的反应就很随意。治疗指南一共三条，是这样写的：①强调"行为的自然后果"；②有些问题行为可能是突然出现的，在没有指南可供参考的情况下，可以针对这些问题行为自己做出即时回应；③言出必行——也就是说，如果你告知了入住者某个行为会导致某个后果，那就应该始终贯彻下去，"只要他出现这种行为，就要让他尝尝这个行为后果"。

经过观察，调查委员会非常肯定地表示，"成功部"实施的那些残忍的虐待行为没有任何一项能在行为矫正相关文献或者"其他任何现代治疗或教育方法"中找到依据。委员会还认为，因为发生虐待事件的住所完全脱离于外部监管，因此，"出于好心但没有接受过什么专业训练的员工"可能本来是想以比较温和的方式尝试一下这样的工作程序，但后来逐渐升级慢慢演变成不伦不类的样子，这种事情是完全有可能发生的。前面曾经提到，所有的虐待行为在工作日志中都有记载，而且没有予以纠正，也没有人对此做出任何反应。在这种情况下，"代理家长"可能就会很自然地认为这些行为是被允许的，然后可能还会做得再"稍微过分一点"。

> 如此这般，工作人员的行为最开始是自发的，还不算太过分，之后逐渐升级，越来越极端，最后形成一个固定的模式，就是如果某位入住者反复出现某种问题行为，那么不管用的是什么应对措施，反正就是加大强度、不断升级就是了 (McAllister, 1972, pp.17 – 18)。

在托养机构里，工作人员的行为在不知不觉中越来越走样，这种情况肯定不是个案。就迈阿密桑兰德这个案例而言，上级管理部门对此几乎完全没有监管，也是促成这一事件的原因。桑兰德中心倒是明文规定了禁止虐待行为，但没有证据表明这些规定已经给所有员工"强调到位"，而且，前面也提到过，该机构员工离职率一直居高不下，因此，岗位培训充其量也只能流于形式、做做表面文章。

调查委员会还关注到一个问题，那就是这位 E. 博士的培训经历和资质水平。调查结果表明，他事发前不久刚从佛罗里达大学（University of Florida）获得博士学位，之后在约翰斯·霍普金斯大学（Johns Hopkins University）完成一些博士后的研究工作。据他自己说，他和这个领域的一些专家共事过。然而，调查委员会联系了这些知名专家，他们都答复说"依稀记得是有这么一位年轻人，自视颇高，到我的实验室来过几次"，但没有一位专家认可说这个人是自己的学生（McAllister, 1972, p.19）。值得注意的是，E. 博士接受教育的时间是 20 世纪 60 年代后期，那时，行为分析领域还处在萌芽阶段，谈到行为矫正，可能各种理念都有，天马行空。行为分析领域的专业期刊《应用行为分析》（*Journal of Applied Behavior Analysis, JABA*）1968 年才创刊，因此，当时很少有行为科学原理的应用研究，也没有什么伦理规范可供行为分析的研究人员或从业人员参考。

蓝带专家小组的建议

调查完成以后，调查委员会主动承担了提出咨政建议的责任，希望此举能有助于防止佛罗里达州再次出现这种借行为矫正之名进行系统性虐待行为的情况。他们建议政府部门大力支持在全州范围内倡导维护障碍人士权益的活动，要求允许政府工作人员暗访收容及托养机构，并且从机构主要工作人员、一般工作人员、入住者及其家长还有热心民众那里收集信息。此外，委员会还建议，针对所有行为干预项目，都要安排专业同行评审，以便保证这些治疗方法确实源于科研文献，同时，不允许将那些评定为"实验性质"的干预程序付诸实践。如果项目是实验性质的，则需通过佛州健康与康复服务部障碍人士服务分部审核，认定符合人类实验标准之后才能开展。委员会还提出了其他建议：（1）禁止使用某些不合常理的惩罚措施；（2）不再使用隔离措施，而是采用"正向且适当的'罚时出局'①技术"（McAllister, 1972, p.31）。

事件后续

绝大多数情况下，蓝带委员会出具的这类报告最终不过就是摆在州政府"冷衙门"的书架上，不会产生什么持续的影响，但是，佛州这个案例并不是这样。佛罗里达州智力障碍儿童协会（Florida Association for Retarded Children，就是现在的佛罗里达州智力障碍与发展障碍服务组织，the ARC of Florida）以此案作为契机，开始了人道主义治疗的探索，最终决定支持这样一种治疗理念：基于数据开展行为治疗，使用严谨的治疗指南，同时还要接受有过相应培训经历的专业人员的密切监督。在时任主任查尔斯·考克斯（Charles Cox）的领导下，障碍人士服务分部推行了一系列的改革措施，比如建立州一级与地方级的同行评审委员会，对整个佛州境内所有机构开展的行为矫正项目进行审核。

紧接着，佛州州级行为矫正同行评审委员会（同行评审委员会，Peer Review Committee，简称PRC）发布了一套行为干预措施操作指南，这套指南后来也被全国障碍公民协会（Association for Retarded Citizens）采用，还被佛州障碍人士服务分部用在了健康与康复服务统计手册里（Health and Rehabilitative Services Manual，简称HRSM）（详见160-4, May et al., 1976）。在此后的几年里，同行评审委员由州政府拨款支持，察访了整个佛州境内的治疗机构，帮助这些机构的员工学习行为干预措施操作指南，同时提出更加符合伦理规范的治疗建议。

到了1980年，同行评审委员会一致认为，当前应该鼓励所有康复机构、集体之家（group home）以及小型托养机构加强彼此之间的联系，同时，佛罗里达州的行为

---

① 译注：罚时出局（time out），是强化物"罚时出局"的简称，通常是将服务对象与现有的强化物来源分开，可能是从情境中撤走强化物，也可能是将服务对象从有强化物的环境中带离。

分析业也应该开始走向专业化。于是，1980 年 9 月，在奥兰多召开了"第一届佛罗里达州障碍服务行为分析工作会议"，两天的会议吸引了近 300 位管理人员、治疗专家、行为分析师和从事障碍人士看护的一线工作人员参加。这是一次具有历史意义的会议，在其中一场分会上，成立了一个正式的州级协会，即佛罗里达州行为分析协会（Florida Association for Behavior Analysis，简称 FABA），第二年，也是在奥兰多，该协会召开了第一届年会。在会议上发表主旨演讲的不是别人，正是斯金纳博士。佛罗里达州行为分析协会的成立，不仅是佛罗里达州行为分析领域的转折点，也是全国各地行为分析领域的转折点。这意味着行为治疗领域终于有了标杆，因为这一行的领军人物开始定期参加州级研讨会，在会上发布他们在应用行为研究领域取得的最新成果，而从业人员也终于有机会拿到第一手资料，能够亲眼看到全国其他地方的同行怎样解决那些在当时看来最为棘手的行为问题。不管是州政府还是私立机构的管理人员都看得到，行为分析并不是某个地方的独家现象，而是一种合法、有效、人道的治疗方法。之后，同行评审委员会与佛罗里达州行为分析协会开始合作，通过障碍人士服务分部发布考试方案，对行为分析师进行资格认证。1988 年，佛罗里达州行为分析协会全体成员通过了该协会的伦理条例，这是第一个采取这种举措的州级协会。

桑兰德丑闻留给我们的思考

现在回想起来，20 世纪 70 年代初期，行为矫正的技术还很不成熟，也缺乏规范，就行为分析领域的发展来说，桑兰德丑闻可能还起到了推动作用，没有那些可怕的虐待事件，也许就不会有现在这么为人称道的行为分析专业技术。没有那些虐待事件，就不会有蓝带委员会的成立，也不会有人严肃地思考到底应该如何保护发展障碍人士，让他们不会因为行为矫正操作程序的问题再受到系统性的虐待。当时的治疗方法还处于萌芽阶段，还需要指导和监督，而媒体的报道引发了人们对这种治疗方法的高度关注。在这些虐待事件中，发展障碍人士遭受了很多痛苦与伤害，这也促使人们更要冷静地思考治疗过程中的伦理问题。干脆禁止行为矫正，这种一刀切的做法虽然比较简单易行，但是蓝带委员会中有两位倡导行为疗法的成员梅（May）博士与里斯利（Risley）博士认为，其实更好的办法是出台严格的治疗指南，建立监督机构，吸收社区居民参与监督。社区居民有自己的价值观、常识，也有自己的判断力，他们可以对这些行为治疗策略进行实时的评估。最终，两位委员说服蓝带委员会采纳了他们的意见。由人权委员会（Human Rights Committee）和同行评审委员会共同监督，这个思路使公众对行为分析的评估更具效力。这些举措，再加上由州政府背书支持开展认证机制，州级专业组织越来越壮大，该组织又大力提倡出台行为分析师伦理规范，所有这些加在一起，针对行为治疗进行管控、防止虐待事件再次发生，就已经是万事俱备了。毕竟，说到伦理，最根本的关注点还是"不伤害"这条铁律。通过佛罗里达州的案例，我们看到了，即便心怀善意，也可能造成极大的伤害；我们也看到了，如果采取适当而全面的对策，是可以防患于未然的。虽然合乎伦理的行为通常被视为专业人员个人出于忠于岗位职责、自愿自发做出的行为，但是佛罗里达州的案例也表明，忠于职责的行为也是可以通过某些方法激发出来的。对于一个行业来说，被公众如此审视和鄙夷，无疑是痛苦而难堪的，但在本案中也是非常必要的。说实在的，如此生硬的行为治疗操作程序，在很长一段时间里一直被广泛使用，却没有明确的监管，真是很难想象。

　　同样，还有一件事也很清楚，那就是即便有了这些机制，行为分析师每天还是要面对很多问题，什么才是恰当的治疗，如何选择？什么是公平的？什么是正确的？我有资格施行这个治疗措施吗？我能做到不伤害他人吗？我收集的数据资料够多吗？我的解读准确吗？要是不做治疗，我的服务对象会不会更好一些？而本书的目的，就是阐释行为分析师认证委员会最新发布的《行为分析师专业伦理执行条例》，帮助行为分析师在日常工作中做出正确的选择。

第 2 章　2022 版《行为分析师专业伦理执行条例》修订内容

如果您不了解 2022 版《行为分析师专业伦理执行条例》

如果您是刚刚获得认证的行为分析师，从 2022 年才开始从业，那么您可能不必特意了解新版条例与旧版条例相比有哪些变化，直接跳到第 3 章就可以了。

2022 年之前，这个条例的名字是《行为分析师专业和伦理规范》（2014），现在改成了《行为分析师专业伦理执行条例》。在我们圈子里经常称之为"条例"或者"伦理条例"，不过 2022 年以后实施的这个条例，其正式名称应该是《行为分析师专业伦理执行条例》。

2022 版《行为分析师专业伦理执行条例》新增内容

2022 版伦理条例中，有些内容改动很大，也有些内容变化不大。新版条例在结构上做了很大调整，将原有的 10 节变成了 6 节，有 20 处新增内容[①]，还有 17 处对原有内容进行了删减或者调整了位置。有些变化可能确实会直接影响到从业人员的日常工作，也有一些变化（比如有关多样性的内容）反映的是社会文化的动向，这是大环境的影响，这部分内容在实际操作层面可能不是特别容易界定、衡量或执行。这些我们后面再详细讨论。2022 版伦理条例对于行为分析师的恋爱关系和性关系相关问题做了进一步解释，这是十分必要的，但还是不够清楚。关于这个议题，我们在本章结尾进行了一些讨论。

本章先将 2022 版条例新增内容一一列出。每条新增内容后面都有本书作者对该条内容的概括总结。讲完新增内容之后，再讲删减内容以及调整位置的内容，最后是

[①] 原注：行为分析师认证委员会只列出了六条。

关于恋爱关系和性关系的解释。

我们将用"督导对象"这个词统称培训对象、学员和注册行为技术员，说到"服务对象"，指的是包括家长在内的所有利益相关方，而"公司"这个词，包括机构、工作室、企业以及各种营利性和非营利性组织。

1.07　文化敏感性和文化多样性

行为分析师应当积极参加有利于提升专业水平的活动，学习有关文化敏感性和文化多样性的知识和技能。服务对象的背景各不相同、需求各不相同（比如年龄、残障状况、性别认同、移民来源、婚姻状况、伴侣状况、国籍、种族、民族、宗教信仰、性取向、社会经济地位各不相同），作为行为分析师，应当评估自己对不同的群体是否存在偏见，是否能够满足来自不同背景/有着不同需要的服务对象的需求。行为分析师应当对自己的督导对象和培训对象进行评估，了解他们是否对不同的群体存在偏见，还应当对他们的能力进行评估，了解他们是否能够满足来自不同背景/有着不同需要的服务对象的需求。

总结：新增条款要求行为分析师"学习有关文化敏感性和文化多样性的知识和技能"，还要求他们"对自己以及自己的督导对象进行评估，了解自己以及他们是否对不同的群体存在偏见"，是否能够满足"来自不同背景/有着不同需要的"服务对象的需求。[详见第6章]

1.10　警惕个人偏见，注意自身困难

行为分析师应当有自省意识，知道个人偏见或自身困难（比如心理健康状况或身体健康状况、法律问题、经济状况、婚姻问题、伴侣问题等）可能会影响自己有效地完成专业工作。行为分析师应当采取适当的措施排除干扰，以确保不会因为这些干扰降低自己的专业服务质量，同时将这种情况下采取的所有行动以及最终结果都记录在案。

总结：该条款与前面提到的1.07条款有关，是在1.07条款的基础上进一步要求行为分析师"有自省意识"，检视自己是否存在个人偏见、是否存在某些健康问题或其他状况，以致影响自己履行工作职责。该条款还建议行为分析师"采取适当的措

施"排除一切影响工作的干扰因素。[详见第 6 章]

1.11 多重关系

多重关系可能导致利益冲突,损害一方或者多方的利益,因此,行为分析师应当避免主动或被动与服务对象和同事发展多重关系,如在专业领域建立联系、在个人或者家庭之间发展关系。行为分析师应当将多重关系可能带来的风险告知相关人士,同时密切关注多重关系的发展情况。如果多重关系已经建立,行为分析师应当采取适当措施予以妥善解决。如果不能立即妥善解决,行为分析师应当根据条例规定制订适当的防范措施,以便发现和避免利益冲突,同时制订计划,最终妥善解决多重关系。行为分析师应当将这种情况下采取的所有行动以及最终结果都记录在案。

总结:旧版条例中提到过多重关系,所以这不是新议题,不过新版条例在这部分有所改动,把利益冲突的定义放到了名词解释部分。这项条款依然强调了多重关系可能会导致利益冲突,同时也规定了不管是哪一种多重关系,都需要"妥善解决"。[详见第 6 章]

1.12 互赠礼物

互相赠送礼物可能会导致利益冲突,或者由此发展多重关系,因此,行为分析师不应与服务对象、利益相关方、督导对象或培训对象互赠价值超过 10 美元(或与 10 美元购买力相当的其他币种)的礼物。行为分析师应当让服务对象和利益相关方在开始接受专业服务之前就知晓这一要求。如果送礼只是为了表达感谢,偶尔为之,并且不会给收受方带来经济收益,那么也是可以接受的。但是,如果这种行为持续不断或者非常频繁,对于收受方来说,礼物成了稳定而规律的收入来源或者获益渠道,那么累积起来可能也会达到违反这一规定的程度。

总结:为了表达感谢,赠送价值不超过 10 美元的礼物,并且只是偶尔为之,现在是被允许的了,但如果这种行为持续不断或者非常频繁,可能会违反条款规定。我们对"偶尔为之"的理解是一年送一次,比如圣诞节、光明节①或者春节的时候按照

---

① 译注:光明节(Hanukkah),犹太教传统节日。

节日传统可以互赠礼物。[详见第6章]

1.15 响应要求

相关个人(如服务对象、利益相关方、督导对象、培训对象)以及实体(如行为分析师认证委员会、执业资格管理委员会、资助方)要求提供信息的时候,行为分析师应当尽责响应,并按约定期限提供信息。行为分析师还必须遵守行为分析师认证委员会、用人单位或者政府部门提出的执业要求(如提供相关证明、接受犯罪背景调查)。

总结:服务对象要求按约定期限提供信息,用人单位、行为分析师认证委员会或者政府部门提出执业要求,行为分析师应当积极响应、主动配合。在服务协议中应当明确界定需要共享何种信息。[详见第6章]

2.02 及时

行为分析师应当及时、按时提供专业服务并完成与专业服务相关的必要行政事务。

总结:这项条款的字面意思已经很明确,就不用解释了。其宗旨就是不但要及时安排临床治疗和督导活动,工作报告、收费账单等行政事务也很重要,也要及时提交、实时更新。[详见第7章]

2.07 收费

行为分析师应当按照适用法律法规进行收费操作并提供收费相关信息。行为分析师不应乱收费。在某些情况下,如行为分析师不直接收费,则必须将相关要求向责任方传达到位,如有错误、模糊或矛盾之处,必须采取措施妥善解决。行为分析师应当将这种情况下采取的所有行动以及最终结果都记录在案。

总结:行为分析师应该遵循适当的程序收集数据,并以图表的形式呈现、总结、使用这些数据,以便决定是否继续提供专业服务、是否需要修改服务内容。[详见第7章]

3.02　识别利益相关方

行为分析师在提供服务的时候应当准确识别利益相关方。涉及利益相关方（比如家长或者法定代理人、教师、校长）不止一个的时候，行为分析师应当明确自己对各方所负的责任，在开始提供专业服务之前就将这些责任记录在案并向各方传达到位。

总结：行为分析师应该准确识别利益相关方并明确自己对各方应负的责任，还应该在服务开始之前就将这些责任记录在案。[详见第8章]

3.15　以恰当的方式终止服务

行为分析师应当在服务协议中说明需要终止服务的情形。在下列情形下，行为分析师可以考虑终止服务：(1) 服务对象已经达到所有的行为干预目标；(2) 服务对象不再从服务中获益；(3) 行为分析师和/或督导对象或培训对象所处环境或工作条件可能存在潜在危险，并且无法妥善解决；(4) 服务对象和/或利益相关方要求终止服务；(5) 利益相关方不服从行为干预的计划要求，虽经应尽努力也无法排除障碍；(6) 服务失去资助。如需终止服务，行为分析师应当向服务对象和/或利益相关方提供书面计划，经双方确认之后存档，在整个退出过渡阶段都要不断检查和调整这一计划，并且将所有措施及步骤记录在案。

总结：在可以考虑终止服务的情形中，第5条，即"利益相关方不服从行为干预的计划要求"，是新增内容，这是新版条例的一个重要变化。[详见第8章] 在服务开始之前就应在书面协议中详细说明这些可能的突发情况。

3.16　以恰当的方式提供转介服务

行为分析师应当在服务协议中明确在何种情形下会将服务对象转介给本机构或者其他机构的行为分析师。行为分析师应当付出应尽努力，妥善安排转介服务，同时出具书面方案，明确计划转介日期、转衔活动安排以及服务相关各方，在整个转衔过渡阶段都要不断检查和调整这一计划。如有必要，行为分析师应当与相关服务提供方协调合作，采取适当措施，尽量减少转介交接对服务产生的影响。

总结：这项条款要求行为分析师明确在何种情形下会将服务对象转介给其他行为分析师，还要求出具书面方案，安排转衔活动；同时采取措施，尽量减少转介交接产生的影响。[详见第8章] 这项条款应该是替换了旧版条例中"不得抛弃服务对象"的规定。

4.05　保留督导工作资料

行为分析师应当按照所有相关适用法规要求（比如行为分析师认证委员会的规定、执业资格审查的要求、资助方以及组织机构的细则）、信息保密的要求，将有关督导对象或者培训对象的资料建档，并及时更新、精心保管、妥善处理。行为分析师应当确保自己以及督导对象或者培训对象的存档资料准确无误、完整无缺。行为分析师应当妥善保管存档资料，以确保在必要的时候按照监督检查需要有效交接。行为分析师应当将督导工作相关资料保留至少七年，或者按照法律规定以及相关各方要求的时限保留资料，并且要求督导对象或者培训对象按此要求办理。

总结：行为分析师应该负责所有与督导对象有关的文档资料。存档资料必须准确无误、完整无缺，方便交接，并且保留七年。督导对象也应按此要求照做。[详见第9章]

4.07　融入多样性、应对多样性

在督导和培训过程中，行为分析师应当主动融入并讨论与多样性有关的议题（比如不同的人可能年龄、残障状况、性别认同、移民来源、婚姻状况、伴侣状况、国籍、种族、民族、宗教信仰、性取向、社会经济地位各不相同）。

总结：有必要将各种多样性相关议题纳入督导和培训过程中。新版条例中列出的范畴很多，不过具体探讨哪些"话题"，可以由督导自行决定。[详见第9章]

4.11 促进督导工作的连续性

行为分析师应当尽量不中断或者打乱督导工作,如计划中断(比如短期休假)或者意外中断(比如突然生病、遭遇紧急情况)督导工作,则需尽力及时做出安排,以方便督导工作继续进行。如确需中断或者打乱督导工作,应当向相关各方交代清楚将采取哪些措施保证督导工作的连续性。

总结:行为分析师应该尽量不中断督导工作,如确需中断,则需付出应尽努力以方便督导工作继续进行。一旦督导工作中断,应当采取措施保证督导工作的连续性,并将这些措施告知相关各方。[详见第9章]

4.12 以恰当的方式终止督导

行为分析师决定终止督导工作,或者终止包括督导工作在内的其他服务,无论出于何种原因,都应与相关各方一起制订一个督导工作的终止计划,尽量减少对督导对象或者培训对象的负面影响。行为分析师应当将这种情况下采取的所有行动以及最终结果都记录在案。

总结:行为分析师如需终止督导工作,应与相关各方一起制订终止计划,尽量减少对督导对象的负面影响。所有行动都应记录在案。[详见第9章]

5.01 保护服务对象、利益相关方、督导对象及培训对象的权利

在所有的公开表述中,行为分析师都应采取适当措施,保护服务对象、利益相关方、督导对象以及培训对象的权利。在所有的公开表述中,行为分析师都应将服务对象的权益放在首位。

总结:在公开表述中,行为分析师应该保护服务对象、督导对象的权利;在这些表述中,应该将服务对象的权益放在首位。[详见第10章]

5.06　宣传不属于行为科学的服务

行为分析师不得将不属于行为科学的服务当作行为科学服务加以宣传。如果行为分析师提供不属于行为科学的服务，必须将这些服务内容与行为科学服务以及行为分析师认证委员会的认证明确区分开来，并以下列方式做出免责声明："这些干预方法在本质上不属于行为科学，行为分析师认证委员会颁发给我的认证也不包括这些服务内容。"所有不属于行为科学的干预方法，其名称和描述旁都应附有上述免责声明。如果行为分析师受雇就职的组织违反本条款之规定，行为分析师应当付出应尽努力纠正这种情况，同时将采取的所有行动以及最终结果全都记录在案。

总结：行为分析师不得将不属于行为科学的服务当作应用行为分析加以宣传。如果行为分析师提供不属于行为科学的服务，必须将这些服务内容与应用行为分析服务及其认证明确区分开来，同时必须使用免责声明以示区分。如果行为分析师所在的机构不做明确区分，行为分析师应该努力纠正这种情况，并将所有相关情况都记录在案。[详见第 10 章]

5.08　使用前服务对象的感言进行广告宣传

行为分析师为了吸引更多的服务对象，向前服务对象或者利益相关方征集感言，作为广告宣传材料使用，应当考虑前服务对象是否可能再次接受自己的专业服务。必须对这些感言进行甄别，判断服务对象是主动自发还是应邀提供，还需要附上一份声明，明确解释行为分析师和感言作者之间的关系，除此之外，感言必须符合所有有关隐私和信息保密的适用法律规定。行为分析师向前服务对象或者利益相关方征集感言的时候，应当全面、清楚、详细地说明将在何处、以何种方式使用这些感言，应当让他们明白公开隐私信息可能会带来的所有风险，并且告知他们有权随时撤回感言。如果行为分析师受雇就职的组织违反本条款之规定，行为分析师应当付出应尽努力纠正这种情况，同时将采取的所有行动以及最终结果全都记录在案。

总结：行为分析师为了吸引更多的服务对象，向前服务对象或者利益相关方征集感言，作为广告宣传材料使用，应该考虑前服务对象将来是否可能再次接受自己的专业服务，还应该考虑是否需要加上免责声明。行为分析师应该告知对方将以何种方式使用这些感言，并且让他们知道公开隐私信息可能带来的风险。如果行为分析师所在的机构违反本条款之规定，行为分析师应当努力纠正这种情况，并将所有相关情况都记录在案。[详见第10章]

5.09 出于非宣传目的使用感言

行为分析师可以按照适用法律的规定使用来自前服务对象、现服务对象以及利益相关方的感言用于非宣传目的（比如筹集资金、申请许可、宣传应用行为分析相关信息）。如果行为分析师受雇就职的组织违反本条款之规定，行为分析师应当付出应尽努力纠正这种情况，同时将采取的所有行动以及最终结果全都记录在案。

总结：行为分析师可以使用来自前服务对象、现服务对象感言用于非宣传目的。如果行为分析师所在的机构违反本条款之规定，行为分析师应当尽最大努力纠正这种情况，并从始至终将所有相关情况都记录在案。[详见第10章]

5.10 社交媒体渠道和网站

行为分析师应当知晓使用社交媒体渠道和网站可能会威胁个人隐私和保密信息的安全，应当将工作账号与个人账号分开使用。行为分析师不得在个人的社交媒体账号和网站上发布服务对象的相关信息和/或数字内容。行为分析师在工作专用的社交媒体账号和网站上发布服务对象的相关信息和/或数字内容，应当保证所有发布内容都符合下列要求：(1) 发布之前征得服务对象的知情同意；(2) 附有免责声明，说明已经征得服务对象的知情同意，同时宣布未经明确许可不得截取保存和重复使用所发布的信息；(3) 在社交媒体渠道发布信息，注意选择合适的方式以降低转发分享的可能性；(4) 付出应尽努力，防止他人不当使用已发布信息，如出现不当使用，应给予纠正，同时将采取的所有行动以及最终结果都记录在案。行为分析师应当经常检查自己的社交媒体账号和网站，以确保所发布的信息准确、适当。

总结：要意识到使用社交媒体可能会威胁个人隐私和保密信息的安全，不要在个人的社交媒体账号上发布服务对象的相关信息，在工作专用的社交媒体账号上发布服务对象的相关信息之前，一定要征得他们的知情同意。经常检查自己的社交媒体账号，以确保所发布的信息准确无误。[详见第10章]

5.11　在公开表述中使用数字内容

行为分析师使用数字内容公开分享服务对象的相关信息，应当保证信息保密，在分享之前应当征得知情同意，并且只能将该内容用于事先约定的目的，同时设置为指定人群可见。行为分析师应当确保所有分享内容都附有免责声明，说明已征得服务对象的知情同意。如果行为分析师受雇就职的组织违反本条款之规定，行为分析师应当付出应尽努力纠正这种情况，同时将采取的所有行动以及最终结果全都记录在案。

总结：行为分析师使用数字内容公开分享服务对象的相关信息之前，一定保证征得服务对象的知情同意，并且保证所有分享内容都附有免责声明，说明已经征得知情同意。如果行为分析师所在的机构违反本条款之规定，行为分析师应当努力纠正这种情况，并将所有相关情况都记录在案。[详见第10章]

从2016版《行为分析师专业和伦理规范》中删减的内容

1.0 行为分析师的负责任行为　新版条例将这部分内容调整到了引言部分。

2.15 中断或结束服务　新版条例删除了旧版该项条款中第（e）条"行为分析师不得抛弃服务对象和督导对象"的规定，以3.15条款代替，同时新增第（5）条，内容为"如果利益相关方不配合行为方案，行为分析师可以终止服务"。

3.01 行为分析评估　新版条例删除了旧版"行为分析师在设计行为减少计划时，必须首先实施功能评估"的规定，以2.13和2.14条款代替，两项条款均未提及"行为减少"。

5.05 关于督导条件的沟通　新版条例删除了该项条款，这些内容现在被视为认证的必备要求。

6.0 行为分析师对行为分析行业的伦理责任　新版条例将这部分内容调整到了引言部分。

6.01 维护原则 新版条例删除了该项条款，因为无法强制行为分析师遵照执行。旧版条例6.01条款第（a）条内容为："比其他专业培训更重要的是，行为分析师必须支持和维护行为分析行业的价值观、伦理和原则。"这好像是删减最多的地方。

6.02 传播行为分析 新版条例将这部分内容也调整到了引言部分。

7.0 行为分析师对同事的伦理责任 这部分内容也调整到了引言部分。

7.01 推广伦理文化 也调整到了引言部分。

8.0 公开陈述 也调整到了引言部分。

8.06 当面招揽服务 新版条例删除了该项条款，因为对于不了解"招揽服务"到底是什么意思的人来说，这个表述实在令人困惑。

9.0 行为分析师与研究 调整到了引言部分。

9.04 出于教育和指导的目的而使用保密信息 这部分内容现在包含在新版条例6.05条款"研究活动中的信息保密"中。

9.05 事后沟通 新版条例删除了该项条款，原有内容包含在其他条款中。

10.02 及时向行为分析师认证委员会回复、报告和更新有关信息 新版条例1.15和1.16条款包含了这部分内容。

10.04 考试中的诚实与违规行为 新版条例删除了该项条款，原有内容包含在1.01条款"诚实守信"以及其他认证要求当中。

10.07 制止非认证持有人谎称有认证 这部分内容调整到了引言部分，包含在1.01条款"诚实守信"当中。

还需要进一步明确的内容

新版条例1.14条款 恋爱关系和性关系 该项条款还是没有明确行为分析师与前服务对象的社会关系问题。我们的理解是这样的，在没有某种限制的情况下，等到服务对象退出服务、变成前服务对象的时候，行为分析师与他们发展正常的社会关系（友谊），这种行为是可以接受的。但是，不得讨论他们之前的行为服务内容，也不得谈论行为分析师现在的服务对象。

总结

  2022 版伦理条例中,既有改动很大的内容,也有变化不大的部分。新版条例在结构上做了很大调整,将原有的 10 节变成了 6 节,有 20 处新增内容,还有 17 处对原有内容进行了删减或者调整了位置。新版条例首次关注到了文化敏感性和文化多样性。新版条例鼓励行为分析师反思自己是否存在个人偏见,并且要求行为分析师避免与服务对象发展多重关系。如需赠送礼物表达感谢,礼物价值不得超过 10 美元,行为分析师在开始提供专业服务之前,就要让服务对象和利益相关方清楚这个上限。行为分析师应该及时提供专业服务、完成行政事务,该要求提供信息的时候也应及时响应。关于服务方案的制订,新版条例也有涉及,进一步明确了数据收集、服务终止、转介服务以及督导工作方面的要求。最后,新版条例还要求在使用感言、广告宣传、社交媒体的时候应当谨慎处理,保护行为分析师的个人名誉,也保护我们这个行业的声誉。

第 3 章　普通人与行为分析师在日常生活中可能面临的伦理问题

孩子长大成人，这一路跌跌撞撞、披荆斩棘，一直都生活在家庭、社会、宗教以及文化设定的种种规则之中，耳濡目染。父母、亲戚、老师，偶尔还有教练或者"童子军团长"，只需短得不可思议的时间就能为孩子奠定伦理基础，决定他们伦理之路的走向。这些成年人可能从来都没意识到，解释某些不成文的规则、给出明智的建议、为孩子做出行为榜样、让孩子体验行为后果，等等，在所有这些事情当中，成年人每天都起着关键性的作用，决定了这个孩子将来会如何行事。

我们可以很有把握地断言，从幼儿时期开始，就不再有什么伦理规范能统一适用于所有人了。对于一名初中生来说，考试作弊没被抓到，还得了个"A"，那么他很有可能就此相信作弊这个事也没什么，不管他的父母或宗教领袖平时是怎么说的。渐渐地，他就可能发展出这样的行为模式："别被抓到"就行，而不是"不能作弊"。一个孩子，经常不做课后作业，还找借口，却总是会被原谅，那么长大以后，可能就会精心编造各种理由说自己为什么上班迟到，为什么季度报告写得那么含糊，而且迟了三天才交。随着时间的推移，从儿童到成年时期的经验慢慢积累，最后，每个个体都形成了自己的规则，虽然形式不那么严谨，但这些规则就是我们所说的个人伦理。对配偶不忠诚，找借口不去探望年迈的父母，非法使用他人的网络连接，这些都是有关个人伦理的例子。这些个人伦理通常被称为道德原则。我们可以把个人伦理与专业伦理作以对比。当学生决定来读行为分析专业的研究生时，他们就进入了一个全新的世界，这里的规则突然间就和以前不一样了——而且清清楚楚、明明白白。初出茅庐的专业行为分析师可能会面对哪些冲突呢？为了更好地了解这些，请思考下列对比问题。

人情往来

亲戚朋友之间经常互相请求帮忙，这种忙，可能小到借个视频网站账号，帮出去度假的朋友照看房子，大到借割草机用一天或者借个车过完周末再还。朋友之间交往越久，这些人情往来就越亲密、越复杂。"你能给我推荐个好一点的咨询师吗？我和我家那位有些个人问题想咨询咨询。"或者"如果我太太问起，你就告诉她我周四晚上是和你去打保龄球了，行吗？"如果一个人习惯于请他人帮忙，也习惯于给别人帮忙，那么行为分析师每周三次上门为他提供家庭服务的时候，他开口请行为分析师帮个忙也就没什么可奇怪的了。"今天詹森那节课，你能不能在车里上？我得送大儿子去练足球。"这个例子听上去好像是编出来的，然而，这就是本书第一作者的研究生碰上的事。有鉴于自己从小到大形成的个人伦理——大家就是这样互相帮忙的——这位学生同意了对方的要求，想尽办法在乱七八糟的家用小货车后座那里上了一节语言训练课。很快，这种做法就变成了每天的日常。在下午五点的滚滚车流中穿梭，后座又窄又小，环境干扰还大，这样做语言训练当然是没有成效的。

说长道短

不管哪家杂货店，只要你在收银台稍微驻足一小会儿，就能听见些家长里短——而且不是简单的家长里短，是有滋有味的家长里短，有来龙、有去脉，挖地三尺、色彩缤纷，就像一幅幅高清精修图。从收银台旁的杂志到电视上无处不在的真人秀，闲聊八卦不仅是流行文化和商业领域公认的硬通货，在普通民众眼里也是习以为常了。大家好像普遍认为，闲聊八卦蛮有趣的，还有娱乐价值，又有什么坏处呢？这种想法如此深入人心，以致要是哪个人不愿意跟人说长道短的，倒会让人觉得有点"不合群"。

然而，在专业的工作情境中，行为分析师每天都会遇到考验。他们经常提到，有些家长会打听别人家孩子的情况，比如："玛吉现在怎么样啊？我听说她是孤独症孩子，有点问题。"这种家长并没有意识到我们不能谈论其他的服务对象或者他们的家人，也不能透露保密信息。对他来说，想要询问别的服务对象的情况，这个要求好像不会造成什么伤害。打听别人家孩子的人并没有把这种信息视为"秘密"，反而觉得就是问一问而已，每天东家长西家短的凑点料，茶余饭后调剂一下罢了。像这样谈论别人，就是我们说的"说长道短"。

善意谎言

人们用"善意谎言"去掩盖自己的错误、动机或者其他个人缺点，以免引发冲突或遭到谴责，这种现象在我们的文化里已经是司空见惯的了。如果一个人心思细腻，又不愿意与人发生冲突，就不会直截了当跟朋友说："你爱嚼舌头，所以我不想和你一起喝咖啡。"而是会说："不好意思，我得去买东西，我侄女生日聚会要用的。"当然了，这有可能是给自己挖了个坑。对方可能会说："哎呀，不错啊，我可以跟你一起去吗？"这下好了，从这个善意的谎言开始，借口越扯越多，甚至可能越来越夸张。"嗯，那个，我车上一大堆箱子，我得先去邮局把这些小册子邮出了，然后再去买东西。"可惜这个朋友一点儿眼力见儿都没有，她说："哦，我可以帮你呀。咱们开我的新车去，SUV空间大，装箱子没问题，到时候我还能帮你卸下来。"有一个理论说，就是因为人们太经常使用逃避战术，总是不说实话，所以才总是怀疑别人的解释是不是真的。可是还有另外一个极端：很多人看不懂委婉的暗示，还想方设法地帮你挨个克服胡编出来的困难。作为行为分析师，这种事一件都不能干。根据新版条例1.01条款，行为分析师必须始终诚实守信。面对家长的询问，与其说："阿斯拉姆先生，他表现很好。"还不如老老实实地说："我们正在密切关注达莱尔的行为评估数据，给他制定了一些可行的目标，我们能不能找个时间坐下来讨论一下？"

表达谢意

虽然不同地区可能略有不同，但有个倾向好像还是比较普遍的，那就是服务对象，尤其是接受上门服务的服务对象，会赠送礼物给这些彬彬有礼、善良温和、招人喜欢的行为分析师。毕竟，行为分析师就像救星一样，给孩子带来了转变，给家长带去了希望，考虑到这些情况，用某种具体的、看得见、摸得着的形式表达对这位贵人的感谢还真是挺合理的。感谢的方式多种多样，从自家烘焙的饼干到吃剩的意大利面（"这是我家祖传菜谱、从不外传"），还有可能是邀请行为分析师跟家里人一起去海边度周末（"肯定很好玩，你可以跟戴蒙一起玩，看看他坐在沙滩上玩是什么样子的"）。在普通人的世界里，大家经常赠送礼物，比如圣诞节时给门卫、美发师、快递小哥包个红包，或者庆祝朋友乔迁之喜时送上一瓶酒。大家都明白，有些服务对象的心思比较多，会留心琢磨，打听出行为分析师的生日是哪天，然后送上一份惊喜，那肯定是让人很开心的。这个队的棒球帽、那个队的比赛票、书籍、昂贵的葡萄酒、给小宝宝的礼物，还有50美元的电子礼品卡等，什么都有，这是参加我们研讨会的有些行为分析师亲口说的（而根据新版条例1.12条款，所有这些都是不允许的，因为都超过了10美元的上限）。互赠个小礼物倒是可以，但即便是小礼物也会促成双重关系。服务对象和行为分析师就变成了朋友关系，而朋友可能就会指望着行为分析师在合适的时机还个人情。

给出建议

普通人互相征求意见建议，都是比较随便的。他们可能会推荐别人去看某个电影、吃哪个餐馆、雇什么样的保姆，甚至还有可能推荐医生，就是随口一说，丝毫不会犹豫。这些建议往往都是基于个人经验，可能有些个人偏见没有明说，有些私人关系也没有公开。"西百老汇大街新开了一个卖地板的店，我在那买的地板，可便宜了。"但是，把事情说全了可能才会真相大白——原来这家店是他姐夫开的。很多人都会向自己的行为分析师征求意见，比如十几岁的孩子自以为什么都懂怎么办，另一半懒得要命怎么办，就好像是在问朋友或邻居哪个学校好或者哪个房地产经纪人靠谱一样。

还没接受专业培训的时候，行为分析师也曾是普通人，很有可能就各种问题征求过别人的意见，也给别人提过建议，比如选修哪门心理学课程，或者报考哪个研究生学校。但是，一旦成了认证行为分析师就不一样了，因为规则变了，而且变化很大。作为一位专业人员，行为分析师学习和吸收了一大堆专业伦理知识，还要以此安身立命，因此，在给他人提出建议时，说话必须谨慎，说什么、怎么说都要注意。

有一位老师，班上有名学生叫贾妮，贾妮的行为分析师每周都来两次，看看她有没有进步，渐渐地，老师和行为分析师熟悉起来。有一次，他们正在谈论贾妮的行为数据，老师突然问道："农西奥那个学生，你觉得我该怎么办？你也看到过他的表现，我觉得那孩子不是有行为障碍就是有精神问题，你觉得呢？"对于很多行为分析师来说，自己的所作所为都要接受一套专业伦理条例的指导，这是一种全新的体验。在这种情况下，很多人的反应都是要么巧妙而迅速地驳回去，要么打个哈哈就过去了，可是正确的回应应该是："抱歉，我不能发表意见。他不是我的服务对

象，不管什么情况，我都不能讨论他的行为表现，否则就是违反保密规定。"（伦理条例 2.03 条款）

落实责任

出了问题就推卸责任，掩盖真相以避免丢脸，德不配位还藏匿证据，这些都是政治领袖、电影明星和体坛名人常干的事，已经成了举国上下日常的消遣谈资。普通人对这样的事情已经脱敏了，违反伦理的行为在普罗大众中间也是潜移默化，以致开诚布公地承认错误已经成了一门失传已久的手艺。孩子在学校故意破坏公物，家长也不承担责任，还不承认自己疏于管教。有的家长更为过分，甚至还谎称孩子不在场或者为孩子的行为找借口（"他自己也控制不了，他一直病得很重，他爸爸还酗酒。"）。这些言行，教给孩子的是一套奇怪的规则，如果没有出现负面后果，双方就会得到强化，今后继续想方设法逃避责任。行为分析师必须明白，可能确实就有服务对象做过这样的事，因此需要采取必要的措施，确保家长遵守协议，尤其是那种由家长在家中操作行为后果的情况（比如"激发好行为计划"），孩子要赚积分或者特权换取强化物，这种情况下，要注意家长是否可能弄虚作假。

总结

在伦理问题上，行为分析师必须完成从"普通公民"到"专业人员"的转型，这个过程虽然艰难，但很重要。一个人在成为行为分析师之前有自己的生活准则，如果这些准则与行为分析师应该遵守的规定相互矛盾，那么他必须放弃过去的生活准则，代之以本行业这个颇为严格的《行为分析师专业伦理执行条例》。除此之外，认证行为分析师几乎每天都会碰到这样的服务对象、培训对象以及其他领域的专业人员，他们不但自己行事不合伦理，还有可能会试探行为分析师或者嘲笑他们行事拘谨、太过古板。

在学习专业伦理条例之前，每个人都有自己的伦理标准并按这个标准行事，这些与刚刚学到的专业标准以及我们的伦理条例可能存在冲突，但是，对于我们这个领域来说，这个挑战很值得，为了这个行业越来越好、越来越诚信，所有付出都值得。

第二部分
《行为分析师专业伦理执行条例》要点概述

第4章 核心原则以及服务对象与利益相关方的区别

核心原则

有四条基本原则,是所有的行为分析师都应该努力去践行的,也是《行为分析师专业伦理执行条例》的框架。行为分析师应该使用这些原则解读伦理条例中的条款,并将这些条款规定的内容付诸实践。行为分析师应该遵循的这四条原则是:有益于人;心怀悲悯、尊重他人;诚信行事;保证胜任。

1. 有益于人

行为分析师的工作,就是要实现利益最大化,同时还不造成伤害,因此,行为分析师应该做到:

(1)将保护服务对象的福祉和权益放在首位。要使服务对象获得最大收益,最好的办法就是理解他们的需求是什么,之后制订一个有效的计划,以便满足这些需求。作为行为分析师,我们通常会比较关注服务对象在行为方面都有哪些需求,需要改进什么(也就是说,哪些行为妨碍我们充分利用服务对象周边的强化物,以致无法收到最佳的强化效果),可能是不恰当的、令人反感的社交行为,比如喋喋不休地谈论不太常见或者令人不快的话题,也可能是一些不恰当的社交行为,包括经常说些让人摸不着头脑的东西(比如:"你知道吗?恐龙是冷血动物。")或者跟别人在一块的时候说起自己就没完没了,也不知道聊聊别人的事。作为行为分析师,我们还必须留意服务对象的生活环境。在有些情况下,如果服务对象有可能受到伤害,那么为了保护他们的利益,可能需要我们代表他们联系社会福利机构,也可能需要报告给儿童保护机构。

（2）以专业身份与他人互动时，保护他们的福祉和权益。这里的"他人"可能包括在工作中需要经常打交道的员工、同事、学生、督导对象或者培训对象。很多时候，我们太关注自己的服务对象了，以致注意不到周围人的痛苦。例如，有位参加培训的研究生，在督导过程中看起来特别难过。这个时候，温和地问一句："你还好吗？有我能帮上忙的吗？"可能就会发现她正受到前男友的骚扰。凭着您的经验和人脉，也许可以介绍她去找治安部门的官员寻求一些帮助。再举一个不那么严肃的例子吧，比如一个新手行为分析师，刚刚研究生毕业，可能就需要您指点一下，想要参加会议，或者报销旅费，应该怎么和官老爷们沟通才能获得批准。

（3）关注自己的专业行为可能会带来的短期后果和长远影响。在我们这个领域可能有个倾向，就是比较关注短期内的行为变化。当然了，短期变化也是有益的，但如果我们只把关注点放在短期变化上的话，可能就会注意不到大局，即对于服务对象来说，有哪些重要的、长远的影响。例如，如果只把注意力放在教会一位老人如何参与在餐厅举办的社交活动上，可能就会忽略教她怎么用手机或者平板电脑和孙辈们打视频电话，而后面这个行为目标却是更长远的、更有意义的。实现这个长远目标，孙辈们可能就会经常和老人联络，老人的生活质量也会得以提升。

（4）主动留意自身生理心理健康状况对于专业行为可能产生的负面影响，并积极应对。对于有些行为分析师来说，负责的个案过多，或者身兼认证行为分析师和首席执行官两个角色，既要做业务又要当老板，这种压力确实是太大了。专业人员工作负担过重、压力过大，可能就会通过酒精或者药物或者两者都有，来缓解压力。成瘾行为通常是从改变习惯开始的，这些改变可能很小，就连他们自己或者同事都注意不到。但是，随着时间的推移，上瘾到了一定程度，就有可能给他人包括服务对象带来实质性的伤害。心理健康问题，比如情绪问题、抑郁或者进食障碍等，都是沿着一条类似的弧线发展的，随着时间不知不觉地积累，最后导致人无法正常生活或工作。有的人正因成瘾行为而苦苦挣扎，这样的人可能实在做不到自己联系专业人员主动寻求帮助。这种情况下，来自同事的帮助常常很有必要。

（5）主动留意可能发生和已经发生的利益冲突，努力以合适的方式解决冲突，避免伤害或者尽量减少伤害。

在我们这个领域，利益冲突的形式可能包括：行为分析师给服务对象施压，迫使服务对象选择自己亲戚提供的服务；行为分析师在中间有隐藏的商业利益。最近有个利益冲突的例子，有家机构决定"免费"给孩子们做诊断评估，然后，一旦确诊孤独症谱系障碍（简称 ASD），就可以马上安排在该机构接受相应服务。还有一个例子，有一位教应用行为分析的大学老师，自己在校外开了一家机构，给自己所在的大学做工作，让校方把学生送到自己的机构去接受督导，每小时收费 85 美元。学生投诉说他们没得选择，只能去那家机构拿学时分，还指出停在机构前面专用车位的崭新宝马敞篷车就是这位"教授"的。

（6）主动留意并积极应对可能导致利益冲突、滥用职权或者可能对专业行为造成负面影响的各种因素（比如个人、经济、制度、政治、宗教、文化等方面的因素）。

前面那个例子里的教授辩称，他的这个业务模式合情合理，因为大学工资也不高，而且校长对建设应用行为分析硕士点的工作好像也不感兴趣。教授觉得自己付出了努力，得到回报，这是理所应当的，尤其他还听说在他的这个培养模式下毕业的学生的起薪比自己 9 个月的薪水还高 20% 的时候，就更觉得理直气壮了。这位教授完全意识不到他的行为是不合适的。

（7）与人合作过程中尊重他人、保证高效，保证合作人利益最大化，保证始终把服务对象的利益放在首位。

在我们这个领域，大家越来越有兴趣主动接触一些同行，因为也许他们能拿出一些治疗方法帮助我们的服务对象取得进步。例如，针对发声和发音障碍的问题，言语语言治疗师（speech and language pathologist，简称 SLP）可能就会拿出很多办法。而这些问题可能超出了行为分析师的胜任范围，因为他们采用的是一套严格的操作式语言行为训练方法。语言治疗师使用的也是循证疗法，这与我们从科学角度解决问题的需求并不矛盾。我们需要警惕和怀疑的是那些走伪科学路线的所谓专业人士，他们的方法与我们的有着本质的不同。

2. 心怀悲悯、尊重他人

因此，行为分析师应该做到：

（1）公平待人，无论对方的年龄多大、残障状况如何，无论他是什么身份、国籍、种族、民族，无论他的宗教信仰、性别认同、移民来源是什么，也无论他有什么样的婚姻状况、伴侣状况、性取向、社会经济地位，凡是法律禁止的偏见都不应该有。

这里的"公平"，指的是平等对待所有人，不因年龄大小、残障状况以及民族等因素而有任何偏向。这意味着，不管服务对象的性别认同或者移民来源地，都会得到平等分配的治疗时间和专业服务。服务对象不会因为自己的婚姻状况或者伴侣状况得到低质服务，也不会因此被安排给专业水平较低的治疗师。负责保证公平和平等的主要是教学总监[①]，是他给新来的服务对象指派行为分析师的。但是，认证行为分析师自己也要有这种敏感意识，注意工作任务是如何分配的，这样的话，一旦他们觉得有不公现象，就可以采取反对措施。举个分配不公的例子吧，如果服务对象是黑人或者棕色人种，经常就会分到不怎么有经验的认证行为分析师，或者如果家长是同性恋，孩子经常就会每周少分到几个小时的服务时间。要达到这条伦理原则规定的高标准，需要所有行为分析工作人员时刻注意。

（2）尊重他人隐私，保证信息保密。服务对象的隐私，比如医疗记录和个人健康信息受联邦法律保护，1996年通过的《健康保险可携带和责任法案》[②]已有这方面的规定。作为行为分析师，我们应该遵守法律规定，并且向所有的行为分析工作人员科普这些法律规定以及违反法律的后果。除此之外，利益相关方、行为分析工作人员以及其他员工也有隐私权，有权要求个人信息保密。曾经有过这样一个例子，一位注册行为技术员对人力资源部门的主管坦白了自己是跨性别者，后来发现这位主管把这件事告诉了担任他督导的认证行为分析师，而后者又把这件事拿到了部门会议上，他是这么说的："泰勒，我猜你应该是希望分到同性恋家庭的，对吧？"这位行为分析师对此感到十分震惊。

（3）尊重服务对象的自主权利，积极提升他们的自主意识[③]，最大限度地发挥他们的能力，尤其是为弱势群体提供专业服务的时候。"自主"是"自治"的另外一个说法。自主，意味着还要最大限度地为弱势群体服务对象提供一切可能的机会（没有服务的话，他们基本就没有任何保护自己的能力），帮助他们学习技能，让他们能够掌控自己的环境，给自己提供强化物。移动设备和语言辅助设备都是非常有用的工具，可以帮助服务对象学习如何操作这些高科技的东西，这样他们就可以去自己想去的地方，还能表达自己的需求。为服务对象确立干预目标的时候，这个核心原则应该

[①] 译注：此处原文为"clinical director"，直译为"临床主任"，考虑到中文语境中"临床主任"多指医院系统中的岗位，而国内的行为干预机构多数是教育或康复为背景，故译为"教学总监"，并代指与其职责相关的同等岗位。

[②] 译注：《健康保险可携带和责任法案》（Health Insurance Portability and Accountability Act, HIPAA）目前没有确切的正式译名，国内文献一般直接称为HIPAA法案，也有称为《健康保险携带和责任法案》。

[③] 译注：自主意识（self-determination），也译为"自我决定"。

贯穿始终。针对年龄大一点的服务对象，教他们组装产品，可以拿出去卖，这就是一个比较好的例子。这样可以为他们提供一个收入来源，让他们可以自由支配自己的收入。

（4）认同个人自主选择服务的重要性，为服务对象和利益相关方提供必要信息，帮助他们针对各种服务做出明智选择。直到最近，服务对象在服务形式方面还都没有多少选择的余地。服务合同一签，服务对象拿到的就是一个日程表，然后按照约定时间把孩子送来就行了。不过，现在已经有了其他的服务形式可供选择。有的是上门提供应用行为分析服务，还有的是使用远程医疗服务系统。随着技术的发展，也许很快就能通过人工智能提供更多选择，比如根据服务对象的要求指派一名虚拟治疗师。这就好像智能音箱的语音助手一样，你查询什么新闻，搜索什么音乐，需要气氛照明，想知道天气预报，都能马上获得。通过即时消息、电子邮件或者其他方式，服务对象和利益相关方应该可以选择以语音形式接收信息和资料，了解行为方案的相关状况和进展情况。

3. 诚信行事

行为分析师应该履行自己在学术和专业领域应负的责任，既要对自己所服务的团体负责，又要对整个社会负责，因此，行为分析师应该做到：

（1）言行举止诚实、可信。想要检验一个人是否诚实可信，可以告诉他一个秘密，然后看看他会不会说出去。还有一个检验方法：你会把孩子或年迈的父母委托给这个人照顾吗？这就是我们检验行为分析师的标准。我们希望他们能够本着诚实可信的精神，评估服务对象的需求和能力，获取可靠的数据，拿出准确的报告，最后，在干预目标全部达成之时可以坦言相告、终止服务。

（2）不粉饰自己，不虚报自己的工作或者他人的工作，不弄虚作假。"粉饰"，指的是夸大自己的专业背景、培训经历或者执业资质。"粉饰"还有一种形式是"虚报"，就是把别人的功劳占为己有，或者明明什么额外工作都没做，却为了多拿工资多报一个小时，这就是虚报账单。经常有注册行为技术员投诉说，给他们做督导的认证行为分析师让他们写行为方案，然后说是自己写的。还有的注册行为技术员说过，认证行为分析师还安排他们去帮着遛狗，或者走上老远去熟食店买午餐（都是算在督导时间里按时收费的）。上述这些例子都表明，这位行为分析师不讲诚信，可能也不会得到信任。

（3）履行义务，负责到底。认证行为分析师每天的日程里几乎全都是需要履行的义务，会见将来的服务对象啦，评估和培训注册行为技术员啦，准备干预进展报告啦，很多——超多。义务其实就是协议，在某些情况下，也是道义上必须履行的责任。放在治疗这个情境中，这些义务通常是写在合同里的，合同约定行为分析师需要开展哪些活动，并且要有行为分析师签字认可。这些合同通常是具有法律约束力的。认证行为分析师同意最大限度保护服务对象的利益，就意味着有义务保证服务无缝衔接，包括不能未经通知突然离职。

（4）对自己的工作负责，对督导对象和培训对象的工作负责，及时纠正错误。一个诚信的人，应该对自己的所作所为负责，只要做了就要承担后果，无论好坏。以认证行为分析师做督导这件事来说，对于自己督导对象的工作行为，督导应该负全责。这就包括督导对象或者培训对象如何对待自己的服务对象，如何记录自己的工作时长，如何保管数据，与看护人和利益相关方打交道的时候表现如何，在网上公开交流的时候是什么样。这个责任非常重大。如果上述活动中出现了错误，必须迅速纠正。

（5）熟悉并遵守行为分析师认证委员会以及其他监管部门的要求。认证行为分析师必须熟悉认证委员会的所有规定，包括资格认证、继续教育、换证审核等。他们还必须熟悉所有医保部门或者保险公司有关行为服务的各项规定，还有相关的记账代码。涉及规定的事，不知道、不了解不能成为借口。

（6）积极努力打造遵守核心原则和条例规定的专业氛围。行为分析师在工作场所应该规范自己的专业行为，树立遵守伦理的榜样，同时还要提醒和鼓励其他人也这样做。打造合乎伦理的环境氛围，有利于提升服务水平，提高工作质量，长此以往，人人都可信任，也不会再有人在伦理规范方面偷懒了。

（7）以尊重他人的方式科普行为分析师的伦理要求以及处理不当工作行为的机制。这里的"他人"可以包括服务对象的家人、利益相关方、老师，还有并不负责行为工作的同事。帮助别人了解这些严格的伦理规范，理解背后的原因，会让人们对行为分析的专业性更加认可。

4. 保证胜任

行为分析师应该保证自己的专业水平，因此，他们应该做到：

（1）仅在自己专业范围内开展工作。说某位专业人员的"专业水平高"，指的是他能始终如一地完成复杂的行为任务，效率很高，效果很好。一旦超出行为分析的工作范畴（即任务清单里没有列出的内容），专业服务的水平肯定就会打折扣。超出自己的胜任范围提供服务，有可能会给服务对象带来伤害。

（2）不断跟踪行业动态，了解应用行为分析领域的最新进展和最佳做法，参与专业活动，提高业务素质。了解行业动态，最好的办法就是订阅《应用行为分析杂志》（JABA），第一时间了解相关研究。在《应用行为分析杂志》里，可以看到最前沿的干预方法，那是我们这个领域最优秀的研究人员的成果。新的应用领域不断涌现出来，几乎每个月都有重大发现。除此之外，如果打算研究某个领域、提高自己的专业水平，想要及时了解该领域最新的研究进展、认识一些专家的话，参加全国以及地方的学术会议也是非常必要的。

（3）针对可能出现在自己的工作实践当中并给服务对象带来伤害的干预方法（包括伪科学的方法），要及时了解、跟踪动态。很多专业人员在研究生毕业之后就不再继续学习了，不再继续学习，又不跟踪专业领域的动态，就容易停滞不前，丧失创造力和想象力。就我们将来要面对的事情来说，这种状态可不是什么好兆头。伪科学、流行心理学、神秘疗法等，不停地冒出来，要了解这些东西的最新信息，确实可能会让人不堪重负，但作为行为分析师，面对的是不太了解各种疗法的消费者，如果想要回答他们的问题，这些又是必需的。

（4）对自己的胜任范围有清醒的认识，在自己的胜任范围内提供服务，就自己的能力水平进行持续评估。要保证对自己的胜任范围有清醒的认识，最好的办法是定期听取本专业领域的同行反馈，并且通过会议、演讲、研讨会、互动视频以及网络研讨会的形式与专家互动。去本专业领域的机构参观，观察那里的专业人员并与他们互动，也是一个很好的途径，可以提升自己的专业水平，扩大自己的知识面。

（5）想方设法、不断提高自己在文化敏感性方面的认识，学习相关技能，了解如何为不同的群体提供专业服务。文化敏感性，指的是"向与自己同一文化背景以及不同文化背景的人学习并以尊重的态度与之相处的能力"[1]。这可能意味着，针对我们的循证疗法，需要在文化方面做出一些调整，以便适应不同的人群；要做出这些调整，就需要行为分析师去了解，自己接触的服务对象来自什么文化背景，在他们的文化里是通过什么方式制定标准、确立目标的，在他们的文化里是如何理解行为和后果之间

---

[1] 原注：www.latinoliteracy.com/mean-culturally-responsive/

的依联①关系的，在他们的文化里怎样才能确定哪些强化物是有效的，又该怎样把强化物给到自己干预的个案。如何去接触服务对象的家人，在不同的文化里也有不同的做法，行为分析师需要做好准备，从第一次会面就做出调整，以便投他们所好。②

服务对象与利益相关方的区别③

在2022版《行为分析师专业伦理执行条例》中，经常出现两个术语：服务对象和利益相关方④，了解这两个术语之间的区别非常重要。在一般的文化里，"利益相关方"用来指代那些可以在凭运气取胜的游戏里分红的人。他们投了钱，那么这个游戏无论谁来玩一手，最终结果都关系到他们的利益。一直以来，绝大多数行为分析师都很重视服务对象的需求，也很关注看护人的利益，因为看护人是离服务对象最近的人，他们或者是直接参与治疗决策的人，或者是实际施行治疗措施的人，或者两种角色兼而有之。现在，关注点开始投向更大的圈子，这个圈子里的人在改变行为这个"生意"里可能都有一些"分红"，那么想办法让这些"玩家"参与进来，这个重要性就很明显了。孩子的爷爷奶奶或者兄弟姐妹可能成为利益相关方，或者邻居也有可能，如果孩子从学校回家以后这段时间由她负责照看的话。有些利益相关方可能没有太大的利害关系，比如负责购买服务的资助单位。服务对象和利益相关方都和行为分析有关，所以在这里要定义一下这两个术语。

服务对象：直接接受行为分析师专业服务的人。在提供服务的不同阶段，一个或者多个利益相关方可能也同时符合服务对象的定义（比如，在他们开始接受直接培训或者咨询服务的时候）。在某些情境中，服务对象也可能不止一个（比如，提供组织行为管理服务的时候）。

利益相关方：除了服务对象，其他受到行为分析师服务的影响并且在其中投入资金、时间、精力的个体或组织（比如家长、看护人、亲戚、法定代理人、合作者、雇主、机构或者组织代表、执业资格管理委员会、资助方、第三方服务承包商）。

---

① 译注：依联（contingent），指的是行为与其后果之间存在一种相依关联。
② 原注：https://blog.difflearn.com/2019/11/14/cultural-competency-in-aba-practice/
③ 原注：www.bacb.com/wp-content/uploads/2020/11/Ethics-Code-for-Behavior-Analysts-2102010.pdf, p. 3.
④ 译注："利益相关方"这个词在英语里最早是指在赌博中负责保管赌金的人。

第 5 章　伦理决策

简单的伦理问题与复杂的伦理困境

行为分析这一行工作任务很多，需要很多技能，行为分析师必须精通这些技能。在伦理这个领域，认证行为分析师、认证助理行为分析师以及注册行为技术员在入行时虽然接受过认证资格培训，但在漫长的职业生涯中，依然会碰到层出不穷的问题。日常工作中可能遇到的伦理问题五花八门，涵盖的情形也非常广。您可能刚刚觉得自己什么都经历过、见识过了，就发现又有行为分析师面临了一个全新形式的伦理问题。督导、顾问、大学老师以及伦理热线的专家们经常要面对各种各样的咨询，从简单的伦理问题到复杂的伦理困境，范围很广。

简单的伦理问题

行为分析师遇到的伦理问题有些相对来说比较简单，其中很多问题直接用一句"是"或者"不是"就足以回答。

- "认证行为分析师不经我同意就在学校收集有关孩子的数据资料，这样做合乎伦理吗？"
- "我的督导老师辅导我做回合试验教学，但一直在看自己的手机，头都没抬起来过，这能算到给我督导的工作时长里吗？"
- "给我做上门咨询的认证行为分析师督导一上来就使用了惩罚手段，都没有考虑一下还有没有限制性不那么强的干预措施，这样可以接受吗？"
- "我侄女是一名注册行为技术员。她对亚伦很熟悉，他们相处得也很好，指派她去负责亚伦的个案可以吗？"
- "我的女儿索菲亚确诊有进食障碍，行为分析师正在处理这个问题，但是很显然她根本不知道自己在做什么。整个上课期间，索菲亚一直都在呕吐、咳啾。行为分析师要不要处理这个问题？"

- "我刚才在我们注册行为技术员的社交媒体上看到一张照片，照片里是她和我儿子，两个人都笑得很开心，嘴都快咧到耳朵根了。我从来没有授权她这样做。干预方案里允许发布服务对象的照片吗？"
- "我才注意到孩子上个月行为服务费用的发票，有一项是三天的应用行为分析治疗费用，可是那几天我们都没在家！于是我去查了其他月份的发票，发现这种事不是第一次了。我应不应该投诉？"

回答类似这样的问题，费不了多大的劲。伦理条例里对这种简单的问题规定得非常清楚，只需要提醒当事人注意哪项条款、具体内容是什么就是了。一般来说，也不需要把谁投诉到委员会，绝大多数时候，只需找对人、开个会就解决了。图 5.1 是一个流程图，图中可以看到，针对这种简单明了的伦理问题，如何做出决策。

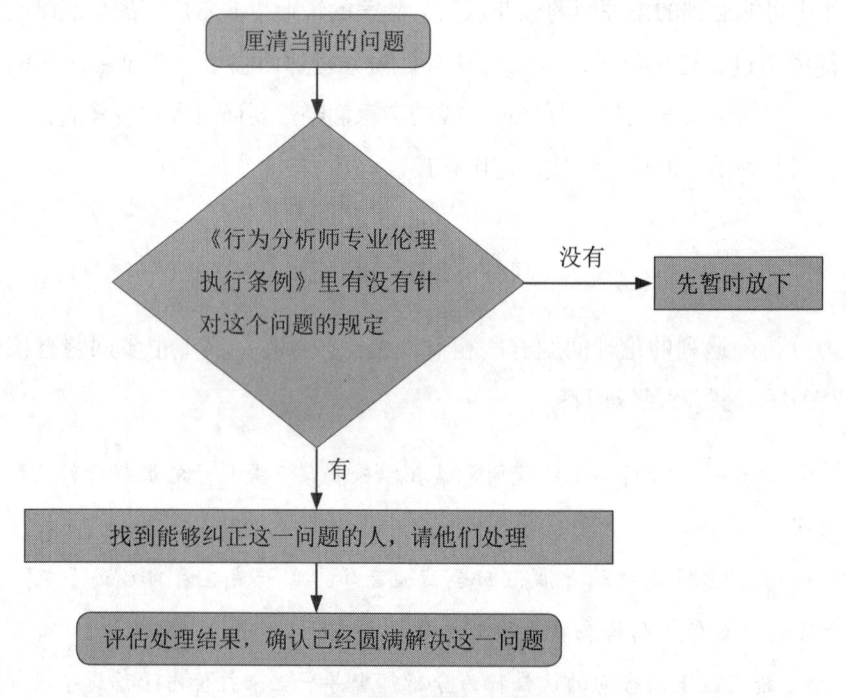

```
          ┌─────────────────┐
          │  厘清当前的问题  │
          └────────┬────────┘
                   ↓
        ╱╲
       ╱  ╲
      ╱《行为分析师专业伦理╲      没有    ┌──────────┐
     ╱ 执行条例》里有没有针  ╲ ────────→ │ 先暂时放下 │
      ╲ 对这个问题的规定    ╱           └──────────┘
       ╲                  ╱
        ╲                ╱
         ╲              ╱
          ╲    有      ╱
                ↓
   ┌──────────────────────────────────┐
   │  找到能够纠正这一问题的人，请他们处理  │
   └────────────────┬─────────────────┘
                    ↓
   ┌──────────────────────────────────┐
   │  评估处理结果，确认已经圆满解决这一问题 │
   └──────────────────────────────────┘
```

图5.1 简单伦理问题处理流程图

关于怎么开会，提几条小建议：带一个笔记本，这样可以做笔记。保持冷静，先做个自我介绍，再递上自己的名片。准备好所有的相关资料带在身边，不要只是投诉，要直截了当地提出解决方案。

之后，目视对方，请求回应："您觉得怎么样？……这样做可以吗？"结束时口头总结一下会议内容，如果对方同意你的解决办法，问一下什么时候可以解决。离开的时候，跟对方要名片。到家以后，给对方发一封邮件，复述一下会议要点，最后把你认为已经解决的部分做个总结（这就相当于围绕这个问题及其解决办法创建一份书面记录）。邮件里还要写上希望什么时候解决。感谢对方听取意见，并且帮忙解决。如果在约定日期之前问题得以解决，那就查查对方的上级或者督导是谁，跟他们取得联系，让他们知道你很感谢对方的帮助，暗示一下他们，能有这样聪明能干、讲诚信、守伦理的员工真是一件幸事，如此种种。

复杂的伦理困境

服务对象、利益相关方等各方遇到的有些问题要复杂得多。最开始可能只是小小的不快，随着时间的推移，慢慢升级，最后演变成一场全面战争，你来我往、吵得不可开交。更有甚者，还有可能出现伤害、迫害事件，那么服务对象或者督导对象就会希望严惩这个始作俑者。下面是一个复杂问题的案例[①]。

> 我女儿是有特殊需要的孩子，有位认证行为分析师在没有签订协议的情况下，就给她做了干预训练。这是我丈夫和这位行为分析师一起安排的。我女儿属于孤独症谱系障碍，她在一个合法机构接受应用行为分析治疗已经三年了。这位行为分析师先找的我丈夫，就我女儿的个别化教育计划以及其他治疗师的评估结果提了一些建议，之后没多久，我丈夫和她就搞到一起了。现在我们要离婚了，而这位行为分析师还是插手很多，我女儿的特殊需要服务供应商出具的评估报告她都要看。她还怂恿那个马上就要成为我前夫的人跟我对着干（我可是孩子的妈妈！），甚至伪造案例以示我女儿进步很多，不再需要那么多特殊需要治疗服务了。这简直就是利用自己在特殊需要孩子教育方面的专业背景勾引别人。我不知道这算不算违反伦理条例。

图 5.2 是一个 11 步的复杂伦理困境处理流程图，这个流程可以用来处理这种复杂的伦理问题。

---

① 原注：1. 在第 6 章案例 1.11 中也有出现。

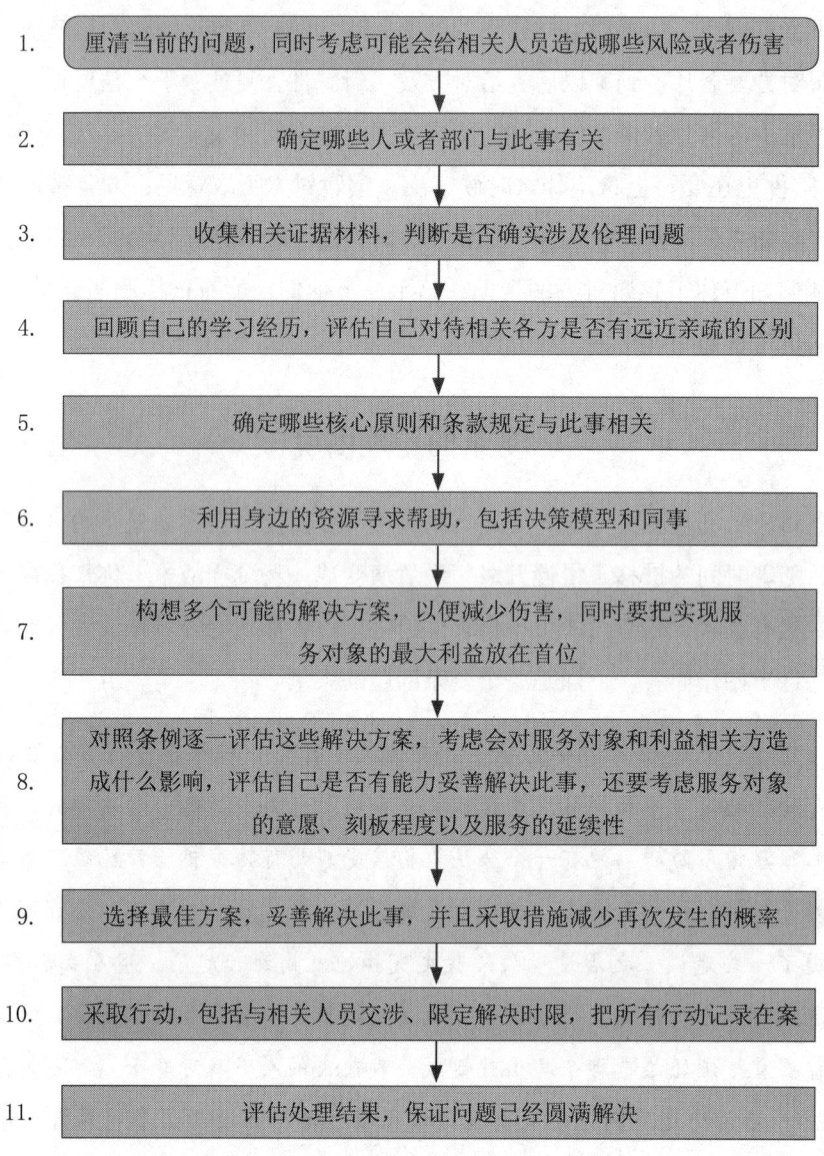

1. 厘清当前的问题，同时考虑可能会给相关人员造成哪些风险或者伤害
2. 确定哪些人或者部门与此事有关
3. 收集相关证据材料，判断是否确实涉及伦理问题
4. 回顾自己的学习经历，评估自己对待相关各方是否有远近亲疏的区别
5. 确定哪些核心原则和条款规定与此事相关
6. 利用身边的资源寻求帮助，包括决策模型和同事
7. 构想多个可能的解决方案，以便减少伤害，同时要把实现服务对象的最大利益放在首位
8. 对照条例逐一评估这些解决方案，考虑会对服务对象和利益相关方造成什么影响，评估自己是否有能力妥善解决此事，还要考虑服务对象的意愿、刻板程度以及服务的延续性
9. 选择最佳方案，妥善解决此事，并且采取措施减少再次发生的概率
10. 采取行动，包括与相关人员交涉、限定解决时限，把所有行动记录在案
11. 评估处理结果，保证问题已经圆满解决

图5.2 复杂伦理困境处理决策流程图，
根据《行为分析师专业伦理执行条例》第5—6页的内容制作。

假设你是上述案例中的那位妈妈，按照流程图中的步骤，就会看到自己需要的信息，做出正确的决定。这位妈妈确实也做到了：(1) 厘清了当前的问题；(2) 确定了哪些人或者部门与此事有关。她还做到了：(3) 掌握丈夫出轨行为分析师的第一手信息，证据确凿；(4) 但还是能够检视和克服自己对这位行为分析师的偏见。那么，现在从第（5）步开始，就这件事来说，哪些核心原则和条款规定可以适用？

针对剩下的问题，给出最佳的推进路径即可。

复杂伦理案例七步分析法

复杂的伦理案例需要行为分析师的特别考虑。面对复杂案例的时候，需要深入细致的分析，这样才能保证服务对象不会受到伤害，同时也能保证行为分析师自己在这个过程当中也不会太过折磨。这里有一个真实生活中的案例，是一位认证助理行为分析师提供的，这个案例的情况就属于中度复杂的级别。

"我是一名认证助理行为分析师，参加工作一年半了。我在一所小型的私立学校工作，这所学校为发展障碍儿童提供教育服务。我遇到的情况涉及几名5~7岁的儿童。我的工作任务是给孤独症谱系障碍儿童做个训。有一天，多加了一名学生，原因是另外一位分析师那天生病不在。但是，没给我这名学生的课程表，什么教学内容也没有，就只告诉我说：ّ就今天一天，尽量干吧。'我也的确尽量干了，但结果是我和我主管的那名学生什么也没有干成，因为我全部精力都花在对付第二名学生上了。第二天，又是同样的话：'尽量干吧，只是暂时这样。'结果又是该做的工作只做了一点点，那一周剩下的时间都是这么过的。我基本上成了两个孩子的保姆。周五的时候，我主管的那名学生的家长来接孩子，他们把我叫住，告诉我说孩子这周好像表现得比较烦躁，而且语言方面也有退步，想问我知不知道是怎么回事。

"我撒了谎，我说有时候就是这样的，起起伏伏，好好坏坏，这周好一些，下周可能又差一些。他们认可了我的说法，然后就走了。可是我感觉糟透了。我就去找了学校的负责人（他是认证行为分析师），告诉他这个情况让我感到不安。也许我不该问，但我还是问了：ّ收费还是按个训收的吗？'他说：'那是生意上的事情，你只管治疗就好了，这事没问题的。'我问：'那家长呢？他们知道这个情况吗？'他就那么盯着我看了一会儿，然后走开了。我非常怀疑，学校对这些学生还是按个训收费，但没有告诉家长或者保险公司上课安排变了。我该怎么办？去找业务主管吗？要不要告诉家长？6个月前，有两位优秀的同事离职了，都是我非常喜欢和信任的认证行为分析师，其中一位是教学总监，也是一位非常遵守伦理的人。我问过负责人，主任为什么离职了，得到的答复是：'就是专业上有点分歧。'现在我明白他们当初为什么离职了。"

全国各地好像都有类似的案例不断曝出来，等着接受服务的人太多，有资质的工作人员又太少，机构收入又不容闪失，所有这些都让服务机构手忙脚乱。把服务对象放在一起上课，但仍旧按照个训收费，这样做别人好像也看不出来什么，却能带来很大的利益，而且几乎没有人会注意到这种操作，除非行为分析师比较敏锐并非常遵守伦理。

1. 这件事属于伦理条例的讨论范畴吗？

碰到一个疑似伦理问题的时候，先别忙着一头栽进去想着怎么解决，最好是先判断一下这个问题是否属于伦理条例的讨论范畴。可以登录行为分析师认证委员会的网站（www.BACB.com），在最上面的导航栏里点击"伦理"。为了方便浏览，网站把《行为分析师专业伦理执行条例》的目录都放在了同一页，你可以浏览各章节标题，根据你面临的伦理问题查找合适的关键词，也可以去本书最后的索引部分查找。

就上面这个个案而言，与此相关的有两条核心原则和几项条款。这位认证行为分析师/负责人违反的第一个条款就是"诚实守信"（1.01条款），还有可能违反了"行为分析师在工作实践中应负的责任"这一节中的2.01、2.06、2.07、2.08和2.09条款。现在已经确认了有严重违反条例的地方，这样一来，你继续下去就有理有据了，那么接下来要做的就是搞清楚要和哪些人交涉（即利益相关方）。

2. 利益相关方：(A) 认证行为分析师（或认证助理行为分析师、注册行为技术员）；(B) 服务对象；(C) 督导；(D) 机构负责人；(E) 其他组织

根据第1步收集的信息，可以判定目前的情况是不合伦理的，而集中力量做出决定并且采取措施纠正这一现状的人是你，那么所有的利益相关方中，最主要的角色就是你。可以迅速地自检一下，看看自己是否已经准备好去面对这个不太舒服的情形。你有力量去跟整个组织对决吗？有能力去跟相关人员交涉吗？有动力去做该做的事情吗？如果你曾经妥善地处理过一些中等难度的伦理案例，那么现在可能已经做好准备处理这件事了。如果你还没有准备好，或者这件事跟目前的状况牵涉不大，那么可以找找自己信任的同事或者督导，听听他们的意见如何。下一个"利益相关方"是服务对象。事关服务对象的决定需要行为分析师谨慎考虑。你的"服务对象"通常

是很容易受到伤害的个体，他们需要受到保护，如果能够纠正现状，他们就是最大的获益人（请见名词解释中"服务对象"一词的广义定义）。在这个案例中，最直接的服务对象就是原来的那个孤独症孩子，除了他，还有至少一个服务对象，就是第二个孩子。第二个孩子得到的只是"保姆式"的服务，而不是学校在合同中承诺的语言和社交技能训练。这个案例中还有一个利益相关方，就是原来那个孩子的家长，因为家长以为孩子得到的是一对一的语言和社交技能训练。从广义上说，保险公司作为这种治疗服务的主要付费方，也可以算作利益相关方。最后，从学校负责人的角度来看，在这个事件中，雇用认证助理行为分析师的私立学校严格来说也是服务对象。大多数利益相关方（包括行为分析师、第一个孩子、第二个孩子、家长和保险公司）的利益是一致的，不过，学校负责人在这里的利益就和大家的不一致，比如他们想要节约成本，保证收益或者提高利润。

在这个案例中，这位认证助理行为分析师没有提到上级督导，因此，我们假定，要么是没有督导（比如担任督导的就是这位认证行为分析师/学校负责人），要么是督导不够敏感。大多数情况下，行为分析师会把这样的案例直接报告给自己的督导。在行为分析的工作环境中，督导应以服务对象的福祉为本，在解决伦理问题的过程中，应该是一个盟友的角色。

本案例中这位行为分析师必须与学校负责人交涉才能解决这个伦理问题，从这个意义上来说，这位负责人也是利益相关方。根据案例中描述的情况，这位负责人似乎没有准备应对紧急情况或者不可预见情况的预案，比如治疗师生病请假。而且，在收费问题上，也没有打算向家长或者保险公司实话实说。所以，这个对手很狡猾，行为模式可能也很难改变。令人遗憾的是，还有其他一些经营行为分析业务的公司负责人也在做着同样的事情。

在这个事件中，最后一个利益相关方是保险公司，作为一个外部机构，在收费问题上毫不知情，所以也受到了影响。在这种案例中，保险公司应该会有兴趣纠正这种情形，即便这样的举报对他们来说可能只是"小意思"。但是不管怎么样，若不告知保险公司有人违反了学校与家庭之间签订的合同，就是违反了伦理。

3. 伦理问题的应急预案：A 计划、B 计划、C 计划

这一步是基于这样一种想法，那就是你在工作中第一次尝试处理伦理难题时有可能不会那么成功。以这个案例来说，这位认证助理行为分析师先是直接去跟学校负责

人交涉，但其实自己心里并没有什么计划。她可能以为负责人会说："啊？我天！都这么长时间了吗？我得赶快处理，谢谢你来提醒我。我现在就去跟家长谈。"当然，这样的对话并未发生。正因如此，我们建议，遇到这种复杂情况时，一开始就要有一个应急预案。所谓应急预案，是从战略角度周密分析"第一次行动不成功、接下来该怎么办"这一问题。在上面这个案例中，当A计划（跟负责人交涉）失败时，这位认证助理行为分析师并没有一个备用方案。

一个比较可行的B计划可能是直接向家长解释目前的状况，因为他们已经表达了对孩子治疗情况的关注。这样的做法对于行为分析师而言是很有风险的，因为这跟她接到的指示正好相反，按照负责人的意思，她像保姆一样照看两位服务对象并且保持缄默就行了。如果这位认证助理行为分析师跟家长谈及此事，那么她有可能会因为不服从上级立即遭到解雇。这种事情在处理伦理问题的时候也并不少见。恪守伦理规范的人做了正确的事情，却给自己招致负面的后果。

还有一种可能是，这位认证助理行为分析师告诉家长发生了什么事，家长会对她表示支持，并在学校负责人面前维护她的权益。然而，这是一个很大的未知数。有的时候，家长与负责人之间存在某种特殊关系，因而不愿为正义挺身而出。在有些情况下，还会牵涉其他预想不到的情况，例如父母双方都有工作，他们不希望孩子的服务中断，因为那样就没有人照看孩子了。还有的时候，家长首先考虑的是不惜一切代价为孩子提供支持。无论家长怎么想的，当他们面对伦理问题时，都需要自己去衡量和抉择。例如，他们需要在两者之间权衡：是被学校当作难缠的家长，还是给孩子换个学校上学。

很显然，针对每一个伦理困境，都应该有不同的应急预案。应急预案里应该体现这个个案区别于其他个案的地方，还应该有一定的章法，可以从介入最少的办法开始，逐渐升级，最后是介入最多的办法。还有一个需要考虑的因素，就是行为分析师解决问题的技能库有多大，还有他的"能量"有多大，在组织里有多大的号召力。

4. 技能和能量

绝大多数行为分析师都是出于帮助他人的强烈意愿才进入这个行业的。大多数情况下，他们意识不到，监察行业伦理、维护伦理原则也是工作职责的一部分。但是，这确实就是他们应该做的事情，从《行为分析师专业伦理执行条例》中可以清楚地看出这一点。为了让我们的行业更有活力、更负责任、更值得尊重，对于其他行为分析师的工作表现，我们必须有敏感意识，时刻准备维护服务对象接受有效治疗的权利（2.01）以及其他所有权利。

这一步里提到的技能在《优秀行为分析师必备25项技能》（Bailey & Burch, 2022）一书中均有详细介绍，其中最相关的技能包括：

- 果敢自信
- 人际沟通
- 领导才能
- 为服务对象争取权益
- 思辨能力
- 分析"行为功能"
- 应用"行为塑造"
- 和不好相处的人打交道
- 行为表现管理

还有一些技能没包括在这里，但是对于处理伦理相关问题也非常重要：（1）对法律有基本了解；（2）对商业机构与政府部门如何运作有基本了解。

第4步中的"能量"因素，指的是因处于某个职位、拥有某些权力和权威而具备的能起事、能成事的号召力和影响力。在这个案例中，这位认证助理行为分析师可能没有什么"能量"，因为她在这所学校的任职时间很短，获得助理行为分析师认证的时间也不长。如果她有一些社会关系（例如，她的父母或者亲戚有人在保险监管部门或者大型保险公司工作），那么她就可以借助这些"能量"，在这样的伦理案例中有所作为。

A计划需要的技能与能量。回想一下，这个"计划"是要说服学校负责人告诉家长目前的状况，如实说明孩子教育计划的实施情况，恳请家长谅解，同时尽快采取补救措施。在这个案例中，这位认证助理行为分析师一时冲动，都没有想好怎么说服对方就采取了行动。对她而言，实施A计划应当具备的技能包括果敢自信的气质、良好的人际沟通能力和领导才能，还要擅长和不好相处的人打交道。如果她能表现出一些魄力，拿出案例的时候有理有据、态度坚定，同时做好准备面对学校负责人的抵制，那么情况也许就会不一样了。

B计划需要的技能与能量。B计划是考虑直接去找家长。这同样需要良好的人际沟通能力，还要表现出领导才能和果敢自信的气质。此外，在类似的案例中，行为分析师在面对家长的时候应该考虑到凡事都应"分析行为功能"（也就是说，涉及孩子治疗这种事，要理解家长的出发点是什么）。即便服务出现问题，家长可能也没有其他选择，他们可能不想得罪负责人，或者面对负责人的时候不想太过强硬。

C 计划需要的技能与能量。 如果家长得知自己的孩子没有得到应得的服务，而且收费也不标准，但不愿去跟学校负责人交涉，那么行为分析师就得站在维护他人权益的立场行事，同时还要仔细思考一下，继续推动这件事情是不是一个理想的行动方针。行为分析师可以选择干脆辞职，继续前行。现在，行为分析师的工作机会很多，肯定有那种比较讲究伦理的机构或组织，面对服务对象及其家人时操作都比较规范（想要了解选择工作时要注意什么，请见第 14 章）。还有一个选择，就是向保险公司或州政府保险监管部门举报学校的欺诈行为，不过，这样做的话，投入的成本会高不少，因为需要深入挖掘，然后才能知道怎么做、向谁举报、需要什么样的证据材料。如果决定这样做了，行为分析师可能需要复习法律条款，并且针对有关保险欺诈的法律做一些研究。

5. 风险：（A）服务对象；（B）利益相关方；（C）行为分析师

B 计划可能会给服务对象（包括孤独症孩子及其家人）带来的风险是：学校可能会停止为他们提供服务，因为他们"捣乱"。另外，考虑他们居住的地点，再找一所学校可能也并不容易，或者，即便真的能找到别的学校，地点上可能也会有些不便。

在这个案例中（这是一位认证助理行为分析师提供的真实案例），这位行为分析师并没有因为去找学校负责人讨论此事而被解雇，但是，如果她坚持实施 B 计划，有可能会因不服从上级而失去工作。很显然，站在学校及其负责人的角度来说，这位行为分析师是个危险人物，因为她有可能把学校违反伦理的事说出去。

6. 实施

在这个案例中，A 计划（跟学校负责人交涉）基本上是失败了。那么下一步就应该是行为分析师仔细考虑 B 计划（直接去找家长谈）。这个时候就必须决定要不要联系服务对象的家长，如果你在实际工作中确实碰到了这种情况，那么有一些事需要考虑，比如什么时间、什么地点与家长碰面，怎么说才好。很明显，每天下午家长来学校大厅接孩子的时候可能不是最好的选择。万一学校负责人看到你们谈话，那可是很戏剧化的场面，你肯定不想冒这个险。而且，那个时间段，如果家长是急急忙忙的，也没办法把话说到位。如果你已经决定了，与家长联系这件事是必须要做的，那就问问家长有没有合适的时间可以面对面聊几分钟。家长可能会想知道到底要谈什么事情，我建议最好就是简单地说两句，比如："我想跟您说点事，这个事对您来说还挺重要的。"反正宗旨就是见了面再说详情。见面的地方最好离学校远点，安静点。见面以后不带任何情绪，先表达你对孩子的担忧，因为最近进步不是很大，然后清楚地描述发生的事情以及学校负责人的回应，之后就是等着，看看家长会如何反应。做完这一切之后，你能做的就是对家长表达支持的态度。如果家长决定采取行动，请他们不要提及你的名字。

7. 评估

对于不是经常做的事情，人们常常会记录做了什么、前因后果是怎么回事，这是一个不错的办法。尤其我们所做的事情还是努力监察和维护本行业伦理标准，这样做就更重要了。在任何有争议的领域，总可能有人决定采取法律行动。如果你发现自己成了他人控告的目标，就应该准备好详细的记录，证明你都做了什么、什么时候做的。保存同期的会议、通话、备忘录以及电子邮件的记录，这种做法可以向律师、法官或者陪审团证明你是在凭本心做事，为的是保护他人免受伤害，而且已经做好准备为自己的行动进行辩护。

每次遇到有关伦理问题的事件都留下详细的记录，下次再遇到问题的时候有助于判断自己应该怎么做。如果你打算举报一年前有人要求你伪造记录的事情，或者根据强制报告制度①按要求向法庭陈述看护人员虐待或忽视儿童的过程，要做好这些事，

---

① 译注：强制报告制度，指的是相关人员因为职业关系发现虐待儿童或者忽视儿童的行为，应当按照法律要求向有关部门举报。在我国，强制报告制度指的是国家机关、法律法规授权行使公权力的各类组织及法律规定的公职人员以及密切接触未成年人行业的各类组织及其从业人员，在工作中发现未成年人遭受或者疑似遭受不法侵害以及面临不法侵害危险，应当立即向公安机关报案或举报。详细内容请参考 2020 年 5 月 7 日印发实施的《关于建立侵害未成年人案件强制报告制度的意见（试行）》。

仅凭记忆的话，既不安全也不明智。

总结

　　作为行为分析师，应该做好思想准备，每年都会遇到几个有点复杂的伦理问题。不管你代表的是你的服务对象，还是你自己或者整个行业，遵循一个系统化的程序都可以保证你的操作有章法、有成效。按照这七步对伦理案例进行分析，可以更深入地了解究竟是哪些因素导致人们做出违反伦理的行为，也可以保证你能一直保护自己和服务对象免受伤害。

第三部分

伦理条例具体条款

第 6 章　新版条例第 1 节：行为分析师作为专业人员应负的责任

行为分析行业是为服务对象提供帮助的，与其他类似行业相比，这个行业的发展历程极具特色。这个领域的历史相对较短，自 20 世纪 60 年代中期才出现，以行为科学的实验分析为基础，根植于此，从未动摇。早期的行为分析师大多为实验心理学家，他们研究的是如何将动物实验室中研究出来的方法应用于人类情境，从而为人们提供帮助。最早的应用几乎就是直接复制动物实验室中的方法，用在一些已经被其他行业的专业人员"放弃"的人身上。那个时候，也就是 20 世纪 60 年代，还没有人就治疗过程中的伦理提出什么问题，都是那些训练有素、认真负责的实验心理学家本着个人的良知、常识以及对人类价值的尊重开发新的治疗方式。根据学习理论，人们相信这些疗法或许能够帮助那些安置在收容机构里的人，缓解他们的痛苦，或者大幅提升他们的生活质量，反正当时对这些人来说也没有其他形式的有效治疗。那个时候没有什么《行为分析师专业伦理执行条例》，也没有掌握前沿技术的博士级别的研究人员做督导。那些实验心理学家所做的工作就在公众的眼皮底下，也充分告知了服务对象的家长或者监护人，放在今天看来，在伦理方面也没有什么瑕疵。直到很久以后，有些没有经过什么训练也没有什么敏感意识的行为分析师，严重缺乏伦理观念，才造成了本书第 1 章中提到的那种丑闻。

与其他专业相比，行为分析就是个小萌新。据说，物理治疗始于 1813 年的瑞典，作业治疗始于 1921 年，言语病理学则始于 1926 年，而行为分析的应用研究在 1959 年才开始。当时泰德·艾隆（Ted Ayllon）博士和杰克·迈克尔（Jack Michael）博士发表了《行为工程师：精神科护士》（Ayllon & Michael, 1959），是这个领域的开创性研究成果。这项研究是在加拿大萨斯喀彻温省进行的，标志着我们这个领域研究的开端。1968 年，唐·贝尔（Don Baer）、蒙特·沃尔夫（Mont Wolf）和托德·里斯利（Todd Risley）发表了论文《应用行为分析研究的几个维度》（Baer, Wolf, & Risley,

1968），奠定了应用行为分析的研究基础，这个领域也由此得到了一个称谓：应用行为分析（简称"行为分析"）。30年后，也就是1999年，由杰瑞·舒克（Jerry Shook）和迈克尔·海明威（Michael Hemingway）牵头成立了行为分析师认证委员会，这一群人才汇聚起来，共同成就了这一行业。最早的行为分析师伦理规范叫作《行为分析师专业和伦理规范》，是2014年8月发布的，具有开创意义。后来几年，该规范陆续更新，名字也改成了现在的《行为分析师专业伦理执行条例》。

行为分析师认证委员会通常每五年修订一次伦理条例，所以，最新这次修订也是遵循了这一惯例，并且吸纳了来自专业人士的意见。2020年到2021年期间，蒂拉·塞勒斯（Tyra Sellers）会同一个行为分析师委员会对条例进行了修订，修订后的《行为分析师专业伦理执行条例》分为六节（之前是十节）。

总体来说，新版条例本质上还是规定性纲领。条例的重点不是列举什么是违反规定的行为（即不能怎么做），而是说明在这个不断变化的社会里，怎样做才是最好的、最合乎伦理的做法。从条例中可以看出，对于那些相当年轻的专业人员（认证行为分析师中有50%的人从业少于五年），我们抱有良好的愿望和很高的期望，因为这个行业充满活力、发展迅速，而他们代表着这个行业的未来。在21世纪的今天，作为服务于人的专业人员，应该怎么做，新版条例对此进行了详细的说明，旨在教育这些年轻的行为分析师，让他们明白自己应该承担的伦理责任。作为专业人员，我们的强大在于坚持践行B. F. 斯金纳（B. F. Skinner）在其里程碑著作《科学与人类行为》（Skinner, 1953）中提出的行为科学理念，始终结合不断涌现的新技术，使用合乎伦理的、有效的行为改变方法。这些方法在应用行为分析期刊中都有详细解释。

行为分析师专业伦理执行条例共分六节：

1. 行为分析师作为专业人员应负的责任；
2. 行为分析师在工作实践中应负的责任；
3. 行为分析师对服务对象和利益相关方应负的责任；
4. 行为分析师对督导对象和培训对象应负的责任；
5. 行为分析师在公开表述中应负的责任；
6. 行为分析师在研究活动中应负的责任。

行为分析师作为专业人员应负的责任概述

本章讨论的是第一条伦理标准，也就是条例的第1节：行为分析师作为专业人员应负的责任。这条标准包括16个方面的具体内容，其中有些是新增条款（详见第2章说明），有些是2016年版《行为分析师专业和伦理规范》原有条款或者在此基础上修订的条款。

诚实守信是行为分析师的必修课。这是信任的基础，如果没有这个基础，我们这种循证专业就无法立足。而且，我们也有义务与同事和学生一起宣传这个内在的价值观。不论什么领域，只要是希望争取消费者和资助机构信任的行业，**遵守法律规定、服从行业要求**也是必修课。新版条例还强调行为分析师对自己的行为要**勇于担责**，对雇主、服务对象以及利益相关方要信守承诺。随着行业越来越成熟，这些规范会越来越清晰。对于行为分析师来说，**以明确的身份、在胜任范围内开展专业工作**也是必需的，这样才能全面承担起实施行为技术的责任。随着时间的推移，稳定地促成行为的改变，收到预期的效果，想要做到这些，需要行为分析师**保持胜任能力**，这种能力不会自然而然就能获得，需要花时间研究，还需要努力学习那些达到高水平所必需的技能。新版条例中还新增了**文化敏感性和文化多样性**方面的要求，不过这个要求在其他行业并不陌生。为多样化群体提供服务，这个要求是必需的，而且与另外一条规定密切相关，即不得歧视服务对象、利益相关方、督导对象以及同事。所有这些规定，之所以出现在我们这个行业，都是因为各种各样的需要，有着各种各样的来历。有些行为分析师可能抱有偏见，这就使得他们无法充分尊重服务对象或者同事在民族、种族、宗教信仰或者性取向方面的差异。新版条例直面了这个问题，要求行为分析师**警惕个人偏见，注意自身困难**。挑衅行为（即骚扰他人或者表示敌意）在任何情况下都是不被允许的。对于行为分析师来说，**不骚扰**是明文规定。与服务对象或者督导对象交朋友实在是太容易了，所以新版条例在这方面解释得非常清楚，不鼓励**多重关系**。多重关系可能会导致利益冲突，进而逐渐加深人们对我们这个行业的不信任。新版条例允许偶尔（一年不能超过一次）接受服务对象不太贵重的礼物，因为如果不收的话可能会让他们觉得自己受到了轻视。现行体系中，新入行的行为技术员是在硕士和博士级别的行为分析师手下工作，考虑到他们的权力是不对等的，就有可能出现**强制和剥削**行为，这个问题在新版条例中也有规定。出现权力不对等的状态，主要是因为按惯例，硕士和博士级别的行为分析师基本都是督导、公司管理人员和经理。同样，在新版条例中，**恋爱关系和性关系**也是明文禁止的，因为这很容易影响行为分析师对自己的服务对象和督导对象的专业判断。新版条例还新增了一条规定，服务对象、利益相关方等申请提供信息资料，行为分析师应当迅速**响应要求**，相关部门提出背景调查以及其他执业要求，也应予以积极配合。新版条例还规定，行为分析师应当向认证委员会**主动申报重大信息**，比如自己违反了条例规定，或者被逮捕调查以及其他类似事件。

行为分析师作为专业人员应负的责任详细解读

1.01 诚实守信

　　行为分析师应当说真话、讲诚信，同时营造鼓励他人说真话、讲诚信的氛围。行为分析师不应营造欺诈他人、违反法律或者违反伦理条例的行业环境。任何实体（比如行为分析师认证委员会、执业资格管理委员会、资助方）以及个人（比如服务对象、利益相关方、督导对象、培训对象）要求提供信息资料，行为分析师均应予以配合并且保证真实、准确。提交信息如有不实或者错误，一经发现应当立即予以纠正。

诚实守信是正直品质的一个重要组成部分。诚实守信是所有行为分析师在专业领域和个人生活中都应该主动呈现的一种价值观。我们的工作，用的就是以科学为基础的疗法，我们在提供行为服务的时候需要收集数据、使用数据才能做出正确决策，考虑到这些情况，做到诚信好像应该不会太难。但是，如果面对服务对象、督导或者上级的时候，为了避免尴尬或者痛苦而不得不掩盖事实，问题就出现了。有时候，这种压力是自身引起的，比如睡过头了、碰上堵车了，或者约好为服务对象提供上门服务，结果迟到了 30 分钟。既然给服务对象带来了不便，那么道歉就是顺理成章的事了，然而，这就是说真话会让我们不舒服的地方。你不得不坦白自己没定闹钟（这是真话）。这种做法会给你招来批评，所以，撒个小谎说家附近停电了就能保住面子。做这种事总是有风险的，因为谎言可能会被拆穿，那样受到的批评会更多。说谎还有可能导致其他形式的不诚信。例如，填写服务收费表的时候，你可能很想按约定时间写，这样督导就不会知道你迟到这件事。这就升级了，变成了虚报账单，这种行为就严重得多了。虚报账单是犯罪行为，保险公司一审计就会发现。

有时候，服务对象可能希望你不要举报在他家里看到的事情，这种情况下，你可能也会被迫做出不诚信的行为。例如，通常情况下，服务对象不希望被举报虐待、忽视孩子，如果是家长或亲戚吸毒的话也不希望被举报。有些服务对象（包括家长）可能希望行为分析师少报服务时长，这样自费部分就能少些。有的时候，行为分析师还会面对来自督导或者上级的压力，不得不虚构事实误导服务对象。常见的例子是让行为分析师通知家长，他们需要将服务时长增至每周20小时。管理人员这么告诉行为分析师："你就说这是保险服务供应商出台的新政策，如果家长不增加服务时长，就不给他们续保了。"这种情况下，行为分析师就会陷入一个非常不舒服的局面。这对人的诚信确实是一种考验，你能一口回绝说"对不起，我做不到，这不是事实"吗？

案例 1.01 说真话太危险

"我很想知道，之前给我做督导的认证行为分析师算不算违反了伦理条例1.01条款，就是诚实守信那条。我被拉去和公司里的两位认证行为分析师开会。他们问我公司的士气如何，为什么好像大家都不太开心的样子。我问他们，说实话会不会遭到报复，或者我说的话会不会给我造成什么负面影响，他们都跟我保证不会给我造成负面影响。我跟他们说了公司内部存在的一些问题，还有很多治疗师对于工作量和督导工作的一些想法。我很高兴他们给了我一个说真话的氛围，不过我也一直问他们，我会不会因为这些话惹上麻烦。每次我问的时候，他们都说不会。没想到两天之后，我被叫去和担任督导的认证行为分析师开会，得知我因为说了那些话被解雇了。我觉得特别困惑，我本来以为他们希望我说真话，希望我说说公司出了什么问题。督导没跟我解释什么，就只说了解雇我是因为我跟那两位认证行为分析师说的话。我不确定他们解雇我是不是违反了伦理条例，如果可以的话，请给我解释一下。"

1.02 遵守法律规定、服从行业要求

行为分析师应当遵守法律规定，服从行业内部（比如行为分析师认证委员会、执业资格管理委员会）的要求。

这条规定事关职业操守，还有个人操守。行为分析师的工作对象是弱势群体，他们对我们非常信任，相信我们会尊重法律，也相信我们的专业身份。遵守法律规定，最主要的意思是做守法公民，除此之外，还要遵守行业规定。遵纪守法意味着不会因为超速被罚，也不会因为酒驾被拘。遵纪守法还意味着按时支付孩子的抚养费，还意味着不侵犯邻居的权益。要成为一名行为分析师，需要通过犯罪背景调查。成年后只要有犯罪记录，不管是轻罪还是重罪，还有逮捕拘留，哪怕是起诉以后没有被定罪，在犯罪背景调查中都会被一一披露。这种调查需要追溯倒查多长时间，各个州的规定都不一样。有些机构可能会进行入职调查，除了前面提到的犯罪调查，还有针对教育经历、工作经历的调查，还要调查所有的执业资格证书，不管是目前持有的还是已经撤销的。

案例 1.02　因吸毒被逮捕，怎么办？

"我才发现在我们这一片有个行为分析师五月份的时候因携带违禁药物及用品被逮捕了。他和我不在同一家公司工作，也没有共同的服务对象，所以不管他出了什么事，都不会影响到我的服务对象。但是，我记得我看到过，如果认证行为分析师了解到有人因重罪被逮捕，或者了解到有违反伦理条例的事情，有义务向行为分析师认证委员会举报。这让我想到，他那种行为可能会给他的服务对象带来危险，因此我们有义务举报他。请给我一些指点，从伦理的角度来讲，我是否有义务向认证委员会举报他，毕竟我也不想违反伦理条例的规定。"

1.03　勇于担责

行为分析师应当对自己的所作所为和专业服务负责，还应当履行工作职责。如果出现错误，或者不能兑现承诺，行为分析师应当采取一切适当的措施，直接解决问题，首先保证服务对象的最大利益，其次保证相关各方的利益。

对自己的行为负责，意味着首先要明白所在组织的使命，以及每位专业人员或者专业人员群体的目标是什么。目标确立之后，一个优秀的行为科学组织将会设计一套奖惩政策来强化有助于实现这些目标和使命的行为。勇于担责，包括承担后果，这些后果可能是因为未能达到这些目标、没有遵守公司规定而导致的负面后果。作为行为分析师，我们似乎同时肩负着多重责任。对于所在组织以及服务对象的生活而言，这些责任可能都很重要。未能及时完成评估，意味着服务对象可能不得不再等一个月才能得到专业服务。未能对注册行为技术员进行正规培训和督导，可能意味着服务对象进步缓慢。未能提交保险赔付所需的书面材料，意味着公司将会逾期欠款，生存将会岌岌可危。

缺乏基本的责任感，最常见也是最麻烦的表现可能就是行为分析师不提前通知机构就突然离职。这种行为通常被视为抛弃服务对象，是严重违反伦理条例的行为。在我们这个行业，公认的标准做法是，专业人员如有意离职，需提前30天发出通知。如果聘用的时候对此另有约定，并且写进了工作合同，那么可能还会再提前一点。最开始聘用行为分析师的时候，就应该强调突然离职会严重损害服务对象的利益。想要防止员工突然离职，可以定期召开管理层会议，确保行为分析师对工作环境感到满意，没有离职的打算。

在专业服务的各个层面，上至总经理，下到普通员工，都应将"勇于担责"执行到位，这需要相应的奖惩措施，强化积极行为。如果首席执行官或者负责人不是认证行为分析师，那么涉及的伦理问题就是如何执行伦理条例。对于一个提供行为服务的机构来说，行为后果，不管是正面的，还是负面的，都应该公平施行、始终如一。如果所有员工都清楚地了解了公司的使命和目标，各种奖惩措施执行到位、赏罚分明，这个组织就会继续顺利经营、合乎伦理，员工开心，服务对象也满意。

案例 1.03　该谁担责？

"我们有一个临床支持团队，负责整个机构的培训、监督、审计和支持工作。在最近一次临床审计中，我们发现三起疑似违反伦理规范的事件，涉及一位新来的认证行为分析师顾问。这三件事分别是：新推出行为计划之前没有安排适当的评估，密集干预计划上没有家长签字，与一位身体极度虚弱的服务对象沟通时表现出现严重瑕疵。现场负责人本来应该一直在那里监督，但是很显然没有。

"我们现在正在补救，采取的措施包括额外增加培训时间、增加审计频次，还为这位新来的认证行为分析师分配了一名督导，我们也相信这些措施能够奏效。但是，考虑到这么短的时间内就接二连三地出事，我们也在讨论，应该给予什么级别的纪律处分？应该由谁担责？我的意思是，我们觉得从现场负责人这方面来说，作为认证行为分析师，他的监督是不到位的。有没有一种方法能够明确地区分到底应该警告谁呢，是现场负责人还是新来的行为分析师？"

1.04 以明确的身份开展专业工作

行为分析师必须以书面形式与相关各方明确工作身份并记录在案之后才能提供专业服务。

在应用行为分析领域，专业身份意味着需要履行行为分析师的所有职能，包括开展行为评估，制订和撰写治疗计划，培训和监督团队成员，实施干预措施，评估服务对象的进步，保管治疗记录，与家长和管理人员进行沟通、给出建议，维护服务对象的权益，向服务对象科普他们在治疗过程中拥有哪些权利、应该如何参与，还要履行类似社工的职能，关注服务对象的安全和福祉（比如，根据强制报告制度进行举报），可能还有更多，要看各个机构的要求。

这条规定明确要求行为分析师需要以书面形式列出自己针对每一位服务对象提供专业服务的过程中所起的作用，交给服务对象。我们认为，使用《行为分析师专业实践和工作程序告知书》就能满足上述要求，这是最直接、最高效的形式，本书第13章对此有详细介绍。说明书的第1、2部分明确了行为分析师的专业领域、工作性质，还说明了与服务对象在一起的时候应该如何着手开展工作。针对不同的服务对象，他们的专业身份以及工作内容可能也会有所不同，因此，应该以说明书为蓝本，根据服务对象的具体情况加以修改。所有治疗干预计划开始实施之前，都应该出具这样的说明书，并且就其内容进行充分讨论，针对疑问进行解答，并由相关各方签字确认。

有些认证行为分析师的专业服务是由保险公司或者其他资助方付费购买的，他们经常遇到的问题是："保险公司的角色是什么？他们代表的是谁？"一般看来，保险公司联络人的一个职能就是为自己公司省钱，而且因为他们实际上并不直接接触真正的服务对象，所以他们并不能代表服务对象的利益。因此，如果服务对象的医生已经判断某些服务内容"从医疗角度来说是必要的"，而且行为分析师经过评估，直接了解服务对象的需求之后也认同这种观点，但是保险公司却不同意，那么这也有可能是个亟待解决的伦理问题。

案例 1.04 身份冲突

"我在现在的工作单位有两个职位，工作内容是完全分开的，一项是心理评估的工作，还有一项是以认证行为分析师的身份为不同的服务对象提供应用行为分析服务。我以注册心理学助理的身份对服务对象进行评估和诊断，评估结束之后，又以注册行为分析师（Licensed Behavior Analyst，简称LBA）的身份为这位服务对象进行干预治疗，这样做合乎伦理吗？这种做法好像构成了双重关系，或者可能也算以自私的方式为自己招揽新的服务对象。我提出这个问题是因为我评估过的一位服务对象对应用行为分析服务好像挺感兴趣，而这些服务也确实有可能给她带来好处。我建议她妈妈联系我们这边的其他认证行为分析师，但是最近这位妈妈给我发了一封邮件，问了一个与应用行为分析有关的问题。她发来了一段视频，里面是她女儿一直在做刻板重复行为，她问我怎么才能减少这种行为。我知道我应该是不可以以行为分析师的身份为她的女儿提供服务的，但我还是想问问，因为她好像非常信任我，我们关系也不错，而且我上次见到这位服务对象给她做评估也已经是大约四个月以前的事了。"

1.05 在胜任范围内开展专业工作

行为分析师仅在自己确定胜任的范围内开展专业工作。行为分析师如需在新领域（比如，为不同的群体提供服务、使用新的疗法程序）从事专业活动，必须经过适当的学习、培训，接受应有的督导、参加相应的研讨，并且/或者与能在该领域胜任的专业人员在治疗过程中有过合作，同时将上述活动记录在案。否则，应当将服务对象转介给适合的专业人员。

每一类专业工作的任务清单中，都详细列出了行为分析师的胜任范围[①]。如果专业人员有意拓展自己的胜任范围，根据1.05条款的规定，必须接受"适当"的培训和督导，并且如实记录培训学习经历的性质。关于"适当"的程度，没有明确规定，不过我们建议，行为分析师尽可能争取拿到资格证书，这样才能证明他们获得了新技能。这种证书应该包括下列信息：谁提供的培训或者督导、培训地点、培训日期，证明此次培训经历的机构名称。除此之外，还应按照认证行为分析师任务清单的格式对经过培训已经获得的技能进行完整的描述。行为分析师在自己胜任范围之外开展工作，有可能会受到所在机构的纪律处分，也可能还有来自执业委员会和行为分析师认证委员会的处分。

禁止行为分析师超出培训和实践范围开展工作，主要是担心这样会给服务对象

---

① 原注：登录行为分析师认证委员会网站，了解详细信息。

带来某些伤害。例如，喂养障碍就是一个需要实际接受特别培训才能胜任的领域。处理这个问题具体需要哪些专门知识，详见 2016 年的一篇文章（Peterson, Piazza & Volkert[①]）。其中提到的问题与极度挑食有关，不过挑食只是喂养障碍中的一种。这篇文章发表在《应用行为分析杂志》上，作者将一种经过改进的按顺序进行口腔感知觉训练（这是作业治疗师经常使用的方法）与一种应用行为分析疗法做了详细比较。仔细阅读该文献，可以清楚地发现，行为分析疗法的使用方式极为具体，需要大量的培训和实践。在这项研究中，为了保障儿童的安全，注重细节是非常关键的。如果一位行为分析师在郊区机构工作，平时处理的行为问题都是对立违抗行为、轻度攻击行为以及睡眠障碍，那就不应该接收有喂养障碍的孩子转诊，否则就属于超出胜任范围开展工作。还有一些领域也是需要专门训练的，比如自伤行为、性行为、恐惧症、妥瑞氏综合征或者性偏离问题。

案例 1.05 胜任范围不匹配

"我们公司是新成立的，最近来了一位新同事，是刚刚获得认证的行为分析师，公司给他分配的个案是个十几岁的孩子。这个孩子除了有高功能孤独症之外，还确诊共病精神健康方面的障碍。这位认证行为分析师告诉教学总监，他没有这方面的经验，觉得这个任务超出了自己的胜任范围。他认为自己需要接受更多的培训和督导，所以就去学了一些接纳与承诺疗法、焦虑障碍以及强迫障碍方面的继续教育课程。结束继续教育培训之后，他告诉我，教学总监没有时间给他做什么深入细致的督导，只是让他和其他认证行为分析师一起参加小组会议，所以他感到不知所措。他问我，我是否觉得他应该辞职。我建议他申请不再负责这个个案，向主任申请分一个别的个案给他，像小龄孤独症孩子、轻微行为问题，这样更符合他的培训和实践经历。针对这种状况，您能给我一个公正的意见吗？"

1.06 保持胜任能力

行为分析师应当积极参加有利于提升专业水平的活动，以便保持和提高自己的专

[①] 原注：Peterson, K. M., Piazza, C. C., & Volkert, V. M. (2016). A comparison of a modified sequential oral sensory approach to an applied behavior-analytic approach in the treatment of food selectivity in children with autism spectrum disorder. *Journal of Applied Behavior Analysis*, 49, 485–511. https://doi.org/10.1002/jaba.332

业水平。提升专业水平的活动包括阅读相关文献，参加各种会议、研讨会以及各种培训，完成额外的课程作业，接受指导、建议、督导或者辅导，获得相应的专业证书并及时更新。

对于认证行为分析师来说，保持胜任能力是认证委员会在继续教育方面的明确要求。这条规定说明了保持胜任能力的途径，不过并没有提出什么额外要求，也没有给"胜任能力"一个明确的定义。这一规定的本意是督促行为分析师，不能满足于自己已经学到的知识，也不能满足于自己在研究生阶段以及实习实训阶段获得的技能。应用研究领域的发展日新月异，每个月都会有研究成果刊发出来，认证行为分析师应该始终站在最前沿，了解研究动态。例如，《应用行为分析杂志》（2020年第53卷）就刊发了经同行评议的应用行为分析研究成果，加起来近2500页的篇幅，都与我们这个行业有关。毫无疑问，想要"保持胜任能力"，就需要重点阅读这些专业相关文献。除此之外，行为分析相关主题的学术大会每年都会召开六七次，还有大概20个州和地方的应用行为分析协会也会召开1至3天的会议，全国的专家都会应邀到会发表演讲，还有本地从业人员介绍自己工作的最新进展。在这个迅速发展的领域，保持胜任能力至少算得上一份兼职工作了。

本质上，这项条款主要是为了激励大家。这是为了提醒认证行为分析师，从根本上说，他们有义务了解最新文献，参加学术会议，有可能的话，还应该介绍自己的工作进展，接受他人的意见和批评。

1.07 新增条款——文化敏感性和文化多样性

行为分析师应当积极参加有利于提升专业水平的活动，学习有关文化敏感性和文化多样性的知识和技能。服务对象的背景各不相同、需求各不相同（比如年龄、残障状况、性别认同、移民来源、婚姻状况、伴侣状况、国籍、种族、民族、宗教信仰、性取向、社会经济地位各不相同），作为行为分析师，应当评估自己对不同的群体是否存在偏见，是否能够满足来自不同背景/有着不同需要的服务对象的需求。行为分析师应当对自己的督导对象和培训对象进行评估，了解他们是否对不同的群体存在偏见，还应当对他们的能力进行评估，了解他们是否能够满足来自不同背景/有着不同需要的服务对象的需求。

斯金纳在《超越自由与尊严》一书中谈到了文化这个议题，他的分析应该适合拿来一用：

"人生来就是人类的一员，带着遗传而来的很多特质，作为一个个体，从出生开始就会因事物之间的依联关系得到强化，因此马上就会开始习得各种各样的行为技能。这些依联关系绝大多数都是人为的联系，实际上，就是我们所说的文化，尽管这个术语通常是以其他方式定义的。例如，曾经有两位非常著名的人类学家说过：'文化的基本内核包括传统（即源自历史并且经过大浪淘沙留下来的）观念以及这些观念的附加价值，尤其是后者。'不过，那些研究文化的人研究的不是这些观念或者价值，而是人们怎么生活，怎么抚养孩子，怎么采集食物或者种植粮食，住的是什么样的地方，穿的是什么样的衣服，玩的是什么样的游戏，彼此之间如何相处，如何自我管理，等等。这些就是习俗，其实就是一个族群的行为习惯。"

(Skinner, 1971, p. 127)[1]

斯金纳强调观察行为，还强调观察促使人们做出这个行为的依联关系，这一要求与提升"文化敏感性"密切相关，这恰恰是我们行为分析师擅长的部分。尽管斯金纳关于文化敏感性的论述写得文绉绉的，而且"文化敏感性"也不是行为科学的术语，但行为分析师还是应该把文化敏感性当作一种价值观，抱着同理心、本着人性化的态度看待相关议题。从根本上来说，文化敏感性意味着行为分析师应该具备向来自不同背景的群体学习的能力，还意味着他们应该尊重来自不同文化的群体。这些群体包括服务对象及其家庭、同事、员工、其他专业人员等。在与别人打交道的时候，涉及语言、文化传统以及生活经历等方面的问题，行为分析师应该承认人与人之间存在差异，了解、理解、接纳、认同这些差异，甚至为这些差异叫好。

对于服务对象来说，治疗过程的出发点应该是围绕服务对象制定的目标，而不是专家设置的目标。之后，应该对个性化的强化物以及当时的依联关系进行评估，同时还要进行功能分析，这样可以帮助行为分析师理解服务对象为什么会有这样或者那样的行为。完成这些工作以后，应该制订一个行为方案交给服务对象以及利益相关方，最好是各方都能认可的方案。所谓文化敏感性，其实就是行为分析师根据自己观察到的行为及其与强化物之间的依联关系，为服务对象量身定制行为分析服务。从行为分

---

[1] 原注：Skinner, B. F. (1971). Beyond freedom and dignity. Indianapolis, IN: Hackett, p.131

析的角度而言，量身定制意味着为某一位服务对象特别设计一种产品或者服务。行为方案就应该是量身定制，而不是千篇一律。

文化谦逊这个词经常用来形容行为分析师在工作中、在与服务对象以及他人互动的时候应该表现出来的一种"姿态"。文化谦逊与文化敏感性有关。文化敏感性指的是学习和尊重别人的文化，而文化谦逊指的是对自己的思想和文化认同进行反思。与文化敏感性一样，文化谦逊也不是行为科学方面的术语。换成行为科学的术语表达，可以这样说：我们必须假定促使服务对象做出某种行为的依联关系是真实存在的，是所有家庭成员都能明白的，而且制订行为计划的时候需要考虑这些依联关系，这样的话，这个计划才能契合这个家庭的环境氛围。他们的反应模式源于行为和后果之间的依联关系，如果我们与服务对象以及利益相关方打交道的时候能够理解这些依联关系，那么我们的疗法肯定就能奏效。这种做法使我们能够更高效地回应服务对象以及利益相关方的疑问和关注。根据服务对象/利益相关方的目标、使用他们认可的方式，制订行为计划，恰恰就是社会效度[①]的定义（Wolf, 1978）。

这项新增条款（1.07 文化敏感性和文化多样性）还有一个主旨，就是行为分析师应该针对自己的个人偏见和整体技能进行评估，以便确保自己能够满足来自不同文化背景的服务对象的需求。这里有两个假设：（1）行为分析师存在个人偏见，可能会在某种程度上影响他们与服务对象打交道的方式，而且他们很可能确实是受到影响了；（2）对自己的个人偏见进行评估之后，这些偏见可能会得到某种程度的修正。需要注意的是，我们属于行为科学领域，迄今为止，还没有什么有效的行为技术能够观察和测量"带有偏见"的行为。[②] 同样，针对偏见，也没有达到科研标准的循证疗法，尽管有些讨论性的文献值得一看（Fong, Catagnus, Brodhead, Quigley, &Field, 2016; Miller, 2019; Leland, & Stockwell, 2019; Wright, 2019）。

咨询了这个领域的专家之后[③]，就如何评估偏见提出建议如下。

[①] 译注：社会效度，目前没有统一的术语解释，大意是对于服务对象及其家庭来说，治疗是否可接受，影响是否显著，是否能够获得认可，等等。

[②] 原注：在其他文献中被称作内隐偏见，这可能会造成"微歧视"，微歧视指的是可能对他人造成伤害的、微小的、不太明显的蔑视，完整解释请参考 https://en.wikipedia.org/wiki/Microaggression。

[③] 原注：感谢劳伦·比利博士、努尔·赛义德博士，感谢纳西亚·西林乔内-尤基奇博士，她同时也是教育学专业博士，感谢这几位博士为这个议题出谋划策。

如何评估偏见

这项条款的一个要义就是建议行为分析师针对自己的个人偏见以及督导对象和培训对象的偏见进行评估（Fong, Catagnus, Brodhead, Quigley, & Field, 2016; Fong, 2020）。因为这并不是行为分析的领域，所以我们必须依靠其他专业人员的指导。美国家庭医师学会（American Academy of Family Physicians）推荐了几个办法[①]，比较适合行为分析师考虑：（1）通过与同侪的对话和分析发现自己的个人偏见；（2）站在遭受成见伤害的人的角度看待经历的事情；（3）与来自某些群体的人互动之前，先反思一下，以免本能地先入为主；（4）对他人做出评价的时候，应根据其个人特点，而不是依赖成见；（5）使用对多元文化主义友好的表述；（6）从组织的层面支持多元和融合的文化。

与服务对象/家庭第一次会面之前，应该考虑这个家庭的语言需求，讨论是否需要翻译。除此之外，对这个家庭及其文化的基本信息（比如宗教习俗、家庭活动规律、就餐时间、饮食偏好，还有进门脱鞋这种居家规矩等）有一些了解，可能会有帮助。如果不了解服务对象所处的文化，那么可能有必要做一些功课，这样才能搞清楚一些细节问题。例如，在他们的文化里，怎样进行眼神交流才是合适的，大家更喜欢什么样的对话方式？留意服务对象在每轮对话当中喜欢说多少，也能让互动更加顺利。有些人说得少些，而且会给出明显的信号，表示自己已经说完了，现在该对方回应了。有些人习惯一次说很多，然后才准备好"轮到"对方说话[②]。如果需要上门拜访，那就需要考虑穿什么衣服合适。如果服务对象来自着装比较传统的文化背景，那么行为分析师穿衣过于随便就会有点失礼。

初次接触服务对象，可能是建档的时候，重点应该是以服务对象为中心进行有效对话。最初的对话是为了了解服务对象的家庭文化氛围、日常活动安排、偏好以及看重的东西，这样才能通力协作开始行为治疗。想要开始对话，可以问问下列问题："能跟我说说你每天都干什么吗？""你觉得治疗师什么时候来家里最合适？""我们是靠给予奖励强化积极行为的，你对此有什么想法吗？"

抱着同情心、积极地倾听、合理地提问，这是非常必要的。"你怎么看？""你觉

[①] 原注：www.aafp.org/journals/fpm/blogs/inpractice/entry/implicit_bias.html
[②] 原注：https://en.wikipedia.org/wiki/Turn_construction_unit

得这个怎么样？""你更喜欢哪个？""我想知道要是……会怎么样"，推荐以这样的话作为开场，围绕服务对象的需求、对目前互动模式的感受展开讨论。需要注意的是，你要密切关注对方的反应，才能做出相应的回应。如果服务对象说："我很高兴你能问这个，我确实不太习惯看着一个外人把孩子指使得团团转，行为治疗就是这样的吗？"那么你就可以说，把这个疗法详详细细地描述出来是必须的，这是为了打消他们的顾虑。

与服务对象的首次对话，归根结底就是应该强调以人为本制订计划，在这个过程中应该就他们喜欢什么、看重什么展开讨论。他们是否接受行为治疗、行为治疗包括什么、他们在这其中的角色等，都需要讨论。"那么，就我们刚才讨论的那些，在改变行为方面，你觉得最应该改变的是什么呢？"判断这个行为所处的情境是什么，在他们的文化里意味着什么。例如，"这样做会帮助你儿子和周围的小孩相处得更好些吗？"这种问题可能是家长比较关心的。

作为行为分析师，我们需要始终牢记文化的基本概念。就像斯金纳写的那样："文化是一套做法"，是一个群体颇为珍视并且想要保留下来的一些行为。作为专业行为分析师，我们应该做的就是尊重那些做法，只要那些做法不会给服务对象带来伤害。

案例 1.07 不伤害

"我有一个问题，我有个服务对象，是个10岁男孩，我大概七年前开始为他提供服务。从那个时候起，在假想游戏中，他就一直选择扮演女性角色，在线上游戏中也是选择女性虚拟身份。学习安全技能的时候，比如怎么根据天气选择合适的衣服，他都是去女装区买衣服。孩子的爸爸妈妈之前对这个问题感觉挺不安的，但因为这跟他确诊没有关系，所以在应用行为分析治疗期间，玩游戏的时候，我们都是允许他自由选择的。最近，妈妈提出来，希望我们在他和朋友一起玩线上游戏的时候，利用依联关系，使用一些行为后果强化他，引导他改选男性角色。爸爸的想法则是，如果他选择女性虚拟身份，就不让他用电脑。目前情况就是这样，但服务对象只有10岁，还是未成年人，我们不想给他造成任何心理伤害。怎样才是最好的做法呢？我曾经建议家长带着孩子去找在这方面更有经验的专业人员，帮助他们应对性别相关问题。如果支持爸爸妈妈，像他们说的那样使用依联关系，万一会给服务对象带来潜在的心理伤害，那么作为他的指导老师，我有哪些伦理责任呢？我向机构里的其他人求助过，我们都觉得从外面找资源会更有帮助。"

1.08　不得歧视

行为分析师不得歧视他人。他们应当以公平、接纳的态度对待他人，无论对方的年龄多大、残障状况如何，无论他是什么身份、国籍、种族、民族，无论他的宗教信仰、性别认同、移民来源是什么，也无论他有什么样的婚姻状况、伴侣状况、性取向、社会经济地位，行为分析师不能带有任何法律所不允许的偏见。

如果行为分析师有任何歧视他人的表现，无论是对服务对象、员工，还是对机构里的其他行为分析师，都是有悖于行为分析师的价值观的。不幸的是，有时候这还真是个问题。歧视可能有三种表现形式。

首先，行为分析师可能会因种族、民族、肤色或者残障状况等情况（或者 1.08 条款中列出的其他情况）而区别对待服务对象，不为他们提供与其他服务对象同等质量的服务。这些区别对待可能表现为：确立干预目标时不重视服务对象的因素，在治疗过程中没有密切关注行为技术员的操作、未能确保自变量的完整性，服务对象还没有准备好的时候就单方面判定干预目标已经达成并且开始准备终止服务的书面材料，或者没有好好规划治疗过程、未能保证及时做出调整。区别对待还有其他一些表现，可能比较微妙、很难发现，比如"微歧视"①，包括"日常生活中简单而常见的口头上、肢体上或者环境中的轻视或侮辱"（Sue et al., 2007, p. 271），这些当然也是应该严肃对待的。

其次，认证行为分析师也有可能会因年龄、性别认同、婚姻状况或者社会经济地位（或者 1.08 条款中列出的其他情况）而区别对待督导对象，具体表现为：不给督导对象足够的工作时长，经常取消督导课程，反馈不够充分、无助于提高工作质量，分配任务不公平（例如，服务对象离得很远，车程太长），分配服务对象的时候没有考虑他们没有这方面行为问题的处理经验，分配的上门服务任务有危险、不安全，一对一或者开会的时候说话居高临下，或者在没有正当理由的情况下拒绝签署督导书面材料。认证行为分析师督导和督导对象之间的权力是不对等的，这种情况下，行为分析师更有可能使用种族侮辱性的语言，或者针对督导对象的种族或肤色发表攻击性言

---

① 译注：微歧视，不易被人察觉的细微的歧视行为。微歧视不同于普通歧视，表面上并未有明显的攻击意味，多表现在日常语言、肢体语言，或者其他环境中对特定对象如少数族裔、有色人种、残疾人、女性进行有意或者无意的轻视、怠慢、诋毁和侮辱等。

论，也更有可能做出性骚扰的举动，比如，不恰当的性挑逗或者要求对方以性行为交换利益。督导对象的宗教信仰可能与认证行为分析师督导不同，这种情况也有可能导致歧视，具体表现为：拿督导对象的宗教信仰开玩笑，或者对此发表攻击性言论，在分配工作任务时不认可他们要过自己的宗教节日，不允许他们调整日程以方便过节，针对他们的穿着或者仪表做出负面评价或者讽刺言论。

认证行为分析师对他人的歧视还有第三种形式，当他们身处行政管理职位，如总经理、负责人、教学总监或者其他实权职位，有可能因年龄、婚姻状况或者国籍（或者1.08条款中列出的其他情况）而区别对待下属的行为分析师，具体表现为：拒绝为这些员工兑现公司福利，比如给残障员工的照顾、给员工的产假，内部晋升的时候不考虑这些员工，或者奖惩不公。身为行政管理人员的认证行为分析师如果始终聘用同一种族、性别或者年龄的人，或者区别对待这个条款中列出的任何情况，都会被指控歧视。

行为分析师对于服务对象、督导对象或者同事的歧视，表现形式可能多得不胜枚举，他们必须时刻提高警惕，防止这种情况的发生。如果认证行为分析师发现任何蛛丝马迹表明有任何形式的区别对待，不管是针对同事还是针对服务对象，都有义务将其记录在案，并提请当事人注意（请见《条例应用》Application of the Code，第3页）

另外还应该注意的是，工作场所的歧视或者骚扰违反了1964年《民权法案》第七章的规定。①

案例1.08 职场歧视

"一位认证行为分析师拒绝接受我作为认证助理行为分析师在他们团队工作，因为'观点不同'，但他们也没说清楚到底是哪些观点不同。我猜可能是因为我有个同性伴侣，或者也有可能是因为我社交媒体头像上的一条标语'黑命也是命'。不管拒绝我的真实原因到底是什么，这是什么样的伦理原则？我们公司如果秉持这样的价值观，又怎么可能以合乎伦理的方式处理这种情况呢？"

1.09 不骚扰

行为分析师不应做出骚扰或者敌对他人的行为。

"骚扰也是就业歧视的一种，违反了1964年《民权法案》第七章的规定、1967

---

① 原注：www.pearsonbutler.com/blog/2020/october/5-examples-of-workplace-discrimination/

年《就业年龄歧视法案》(简称 ADEA)以及1990年《美国残疾人法案》(简称 ADA)"。[1]

骚扰，指的是针对他人的任何形式的不受欢迎或者冒犯的行为。骚扰会使职场氛围变得令人恐慌、充满敌意，会让理性的人觉得受到冒犯。如果受害者认为骚扰行为"让自己感到恐慌、敌意或者侮辱"，那么该行为就是违法的。骚扰包括"冒犯他人的笑话、羞辱、绰号或者脏话，身体攻击或者威胁恐吓，嘲弄或者讽刺，侮辱或者贬损，冒犯他人的东西或者图片，还有对他人工作的干扰"[2]。骚扰他人的可能是同事、督导或者为雇主工作的人，甚至可能是服务对象。如果骚扰事件导致受害者"停职、未能升职或者聘用以及薪水损失"，骚扰者所在公司将"对骚扰事件自动担责"[3]。

如果受害者认为骚扰行为"让自己感到恐慌、敌意或者侮辱"，那么该行为就是违法的。

案例 1.09　谁在骚扰？

"我们的一位治疗师受到了来自服务对象父亲的性骚扰。我们马上就把这位治疗师从这一个案中撤了出来，同时针对在服务对象家里提供治疗的服务提出了很多要求。可是现在所有的治疗师都举报说，这位父亲每天都对他们进行语言骚扰，所有人都要求撤出这一个案。我是否能以'这位父亲使我们的工作氛围很不友好'的理由终止为这个服务对象提供服务？我需要再次警告这个家庭，并且给这位父亲制订一个行为干预计划吗？"

1.10　新增条款——警惕个人偏见，注意自身困难

行为分析师应当有自省意识，知道个人偏见或自身困难（比如心理健康状况或身体健康状况、法律问题、经济状况、婚姻问题、伴侣问题等）可能会影响自己有效地完成专业工作。行为分析师应当采取适当的措施排除干扰，以确保不会因为这些干扰降低自己的专业服务质量，同时将这种情况下采取的所有行动以及最终结果都记录在案。

---

[1] 原注：www.eeoc.gov/harassment
[2] 原注：www.eeoc.gov/harassment
[3] 原注：www.eeoc.gov/harassment

这是一项新增条款，行为分析师需要将这个内容加到自己的技能库里。考虑到需要"警惕、注意"，这项条款对于个人认知的要求很高。这里提到可能干扰专业工作的"个人偏见"是基于这样的假设：(1) 行为分析师确实有个人偏见，而且从行为上反映出这种偏见；(2) 这种行为会公开表现出来，并且对工作造成影响。在字典里，"偏见"的定义包括"内在或者外在的一种倾向，尤其是个人的不是那么公正的判断；成见"[①]。看得出来，这些措辞不是行为科学术语，因此我们的建议是，当行为分析师的决定事关他人，包括服务对象、督导对象以及同事的时候，应尽最大努力监督自己的行为。也许还可以考虑问问亲近的朋友或者信任的同事，看看他们是否认为你把个人偏见带到了自己的专业工作当中，如果是的话，就要采取措施纠正这些行为，以便在所有情况下公平对待他人。

网上有很多关于"职场偏见"的材料，这些例子包括：
- 亲和偏见[②]——倾向于亲近和自己一样的人
- 年龄歧视——因为年龄而区别对待
- 确认偏误[③]——倾向于搜索符合自己预设观点的信息
- 性别偏见——认定一种性别比其他性别更适合某些工作
- 体重偏见——因为别人体重偏重就对其产生负面评价

这些只是一小部分，还有很多其他类型的偏见。[④]

1.10 条款的第二部分涉及的是个人困难。这里的目的是让行为分析师监督个人表现，确保任何成瘾行为，比如酗酒、吸毒、赌博或者沉迷游戏等不会对自己的工作造成妨碍。现在获取违禁药物很容易，整个社会氛围还鼓励喝酒，把酒当作社交润滑剂，有些行为分析师禁受不住这样的诱惑，以致自己的专业工作都遭受损失。专业人员应该进行自我监督，对可能发生的任何失误都有预判，如有必要，应该另做安排，让其他合格的专业人员代班。行为分析师遭遇压力、生活变故（比如分手、离婚、家人离世）或者其他冲突事件，对其专业表现产生负面影响的时候，也应安排他人代班完成工作。

---

① 原注：www.merriam-webster.com/dictionary/bias
② 译注：亲和偏见（Affinity bias），也译为亲密偏见、亲近偏见。
③ 译注：确认偏误（Confirmation bias），也译为确认偏差。
④ 原注：www.catalyst.org/2020/01/02/interrupt-unconscious-bias/

案例 1.10A　这是偏见吗？

"我是一名认证行为分析师，我的督导对象正在进行实践，获取认证学时。最近，她申请从一个个案中撤出，因为这个工作总是让她想起自己的家庭创伤。她说因为自己的个人经历，她觉得越来越难克服自己对这个家庭的偏见。我最近与她谈到这个家庭的时候，也注意到她对孩子家长的偏见导致了一些负面影响，对此我感到很是担心。在我看来，出于这个原因申请撤出个案是比较正当的，但我的老板希望我能联系伦理咨询热线再确认一下，我们应不应该再努力一下，帮她克服个人偏见，不行的话再将其撤出个案。"

案例 1.10B　相当困难

"如果有人说的话表明他们有自伤的想法，应该/可以要求提供什么样的文件资料才能证明、表明或者显示他们精神状态正常，可以重返工作？他们说出了这些自伤的想法之后，你会要求他们不断提供或者更新文件材料证明他们正在接受或者定期接受保证自身安全的服务吗？"

1.11 多重关系

多重关系可能导致利益冲突，损害一方或者多方的利益，因此行为分析师应当避免主动或被动与服务对象和同事发展多重关系，如在专业领域建立联系、在个人或者家庭之间发展关系。行为分析师应当将多重关系可能带来的风险告知相关人士，同时密切关注多重关系的发展情况。如果多重关系已经建立，行为分析师应当采取适当措施予以妥善解决。如果不能立即妥善解决，行为分析师应当根据条例规定制订适当的防范措施，以便发现和避免利益冲突，同时制订计划，最终妥善解决多重关系。行为分析师应当将这种情况下采取的所有行动以及最终结果都记录在案。

多重关系是我们这个行业面临的最普遍也最棘手的一个问题。多重关系常常被称为双重关系，因为双重关系最为常见。多重关系有时会引发利益冲突，不过这倒不是最主要的问题。多重关系涉及两种最常见的情形：（1）注册技术员或者认证行为分析师与负责的家庭相处久了，慢慢产生了感情，这种情况下，这个家庭开始把他们看作家庭的一分子，而不是没有关系的高级专业人员；（2）认证行为分析师或者注册技术员与其他专业人员在一起密切合作，慢慢地超越了工作关系，也就是说，工作关系变成了友谊，之后又变成了恋爱关系。不管是哪种情况，我们担心的都是行为分析师的专业判断可能会打折扣，进而损害服务对象的利益。

这项条款建议行为分析师"妥善解决"多重关系，这里的意思是通过某些方式终止这种关系，比如将注册技术员或者认证行为分析师转介给别的家庭。一般来说，这是最好的解决办法，因为要让多重关系中的家庭改变自己的行事风格，不再请行为分析师留下来吃晚饭，不再送他们礼物，不再邀请他们参加自己的社会活动，这样实在是太为难人了。通常来说，解决双重关系，一个比较稳妥的办法是可以允许这种关系持续比较短的时间，在这段时间里寻找接班的工作人员。

1.11条款也提到了"利益冲突"，感觉好像利益冲突跟双重关系是等同的似的，但其实不是。利益冲突涉及的是有着不同"利益"的双方。以行为科学的术语来说，这里的"利益"就是强化物。"一个人的最大利益不符合另一个人或者他所效忠的组织的最大利益，这个时候，就产生了利益冲突。"[1]例如，认证行为分析师可能会建议给孩子增加服务时长，这样他们自己可以多收费，但额外的治疗对家庭来说可能是个负担，而且对孩子提高语言技能也不是必需的，很显然这就产生了利益冲突。

或者，服务对象请行为分析师推荐一位专业人员（比如物理治疗师[简称PT]、作业治疗师[简称OT]或者言语语言治疗师[简称SLP]）的时候，这位行为分析师推荐了自己的亲戚朋友，之后以收费的方式接受了推荐对象的谢意，其实就是"回扣"。"一个人必须对两个需求不一致的个体或者团体负责，这个时候也会产生利益冲突。在这种情况下，为其中一个个体或者团队服务，就会伤害另一方的利益。"[2]例如，行为分析师或者教学总监为了让自己的业绩更好看，令主管满意，接收了额外的服务对象，这种行为对于已经超负荷工作、承受了过多压力的员工来说，就更是一种负担。合乎伦理的做法是，让潜在的服务对象排队，或者把他们介绍给附近的其他机构。最后一个例子，负责接收服务对象的员工为其安排了评估，但是又让他们排队等名额，这种做法实质上就把他们放在了进退两难的境地，因为用于评估的资助费用已经扣掉，服务对象没法再找另外的服务供应商了，这种情况也会引发利益冲突。

---

[1] 原注：https://ethicsunwrapped.utexas.edu/glossary/conflict-of-interest

[2] 原注：https://ethicsunwrapped.utexas.edu/glossary/conflict-of-interest

案例 1.11A 利益冲突影响到学校

"我家孩子去的公立学校,那里雇了一位认证行为分析师,他们叫他'顾问'。就我看来,这位顾问几乎就没为学校里的孩子做过什么,却总是'拐弯抹角'地建议家长,说孩子需要临床服务。他说他会推荐一个合适的地方,然后就说了孩子可以去本地一家机构——就是他自己开的机构!有些据称是需要接受服务的孩子一天有半天的时间不在学校,出来去他的机构接受治疗(当然了,这个是由家长买单的)。在我看来,这样真的不对,肯定是违反伦理的。我可以向行为分析师认证委员会投诉吗?"

案例 1.11B 超级复杂的多重关系

"我女儿是特殊需要孩子,有位认证行为分析师(在没有签订协议的情况下)就开始给她做干预训练,这是经由我丈夫办理的。我女儿属于孤独症谱系障碍,她在一个合法机构接受应用行为分析治疗已经三年了。这位行为分析师先找的我丈夫,就我女儿的个别化教育计划以及其他治疗师的评估结果提了一些建议,之后没多久,我丈夫和她就搞到一起了。现在我和孩子爸爸要离婚了,而这位行为分析师还是插手很多,我女儿的特殊需要服务供应商出具的评估报告,她都要看。她还怂恿我丈夫跟我这个孩子妈妈对着干,甚至伪造案例以示我女儿进步很多,不再需要那么多特殊需要治疗服务了。这简直就是利用自己在特殊需要孩子教育方面的专业背景勾引别人。我不知道这是不是违反伦理条例。"

1.12 新增条款——互赠礼物

互相赠送礼物可能会导致利益冲突,或者由此发展多重关系,因此,行为分析师不应与服务对象、利益相关方、督导对象或培训对象互赠价值超过 10 美元(或与 10 美元购买力相当的其他币种)的礼物。行为分析师应当让服务对象和利益相关方在开始接受专业服务之前就知晓这一要求。如果送礼只是为了表达感谢,偶尔为之,并且不会给收受方带来经济收益,那么也是可以接受的。但是,如果这种行为持续不断或者非常频繁,对于收受方来说,礼物成了稳定而规律的收入来源或者获益渠道,那么累积起来可能也会达到违反这一规定的程度。

旧版条例中明确规定,不得接受任何礼物,无论价值多少,这是为了防止引发多重关系（见旧版条例 1.11 条款有关"双重关系的坏处"的规定），新版条例的相关规定表明在这件事上的处理原则发生了重要变化。送点吃的喝的，对别人的善意举动表示感谢，或者对别人上门表示欢迎，很多家庭都有这个传统，有时候是与他们的文化价值观紧密相连的。专业人员上门不是一次两次，一次还持续几个小时，连续上门好几个月，这是一种很特殊的情况，会让有些家庭觉得有必要用某种有形的东西表达自己的谢意。家长在与行为分析师交谈的过程中，可能会推断出这位行为分析师自己一个人住，总是吃快餐，要是能吃上一顿家里的饭，应该会很喜欢。接下来，他们很快就会邀请这位行为分析师留下来吃晚饭，参加生日聚会，或者跟他们一起去海边玩，所有费用全包。这些好意可能很难拒绝，但是这就会让双方有种心照不宣的感觉，将来不一定什么时候就得"一报还一报"。

> 无论一个人来自什么样的文化背景，给予几乎从来都不是真正的无私行为，因为人们都期待某种形式的互惠。拉沃尔（Laver）博士说过："我们是人，是会算计的人，我们做什么事都会或多或少地考虑未来。"法国社会学家马塞尔·莫斯（Marcel Mauss）对送礼进行了开创性研究，著有《礼物》（*The Gift*）一书，书中说，社会纽带是通过相互交换礼物而加固的。他指出："理论上说，这些礼物是自愿的，但实际上，它们都是基于某种义务的你来我往。"①

新版条例有关送礼的这条规定指的应该不是这种历史悠久的"义务文化"，而是单向的送礼行为，是服务对象给行为分析师送礼这种情况。这项条款也确实警告说送礼到了某种程度有可能会违反伦理条例。不过，什么程度的送礼算是越界，判断起来可能很难，在实践中"照章办事"可能更是难上加难。例如，公司可能需要出台一个行为分析师"收到礼物主动上报"的奖惩制度，这样才能判断这些礼物够不够达到"稳定而规律的收入来源"这个标准。那么接下来，就要对礼物价值和送礼频率进行明确的限定。"每个月 40 美元，连续两个月以上，这样可以吗？这样算得上'稳定而规律'吗？或者时间跨度应该设定为持续 6 个月以上？"当然了，如果服务对象给的是每张 10 美元的礼品卡，那么这就属于经济收益，算是相当明显地违反 1.12 条款的行为。

我们的建议是，机构和组织自行决定如何处理收礼这个棘手的问题，自己判断"禁止收礼"这个规定是否仍然是最好的做法。如果机构的立场就是"禁止收礼"，

---

① 原注：www.theatlantic.com/sponsored/hennessy-2018/what-gifting-rituals-around-globe-reveal-about-human-nature/2044/?utm_source=NL_O_2044_1

那么就需要写进服务协议里（又名《行为分析师专业实践和工作程序告知书》，见第13章），并且提前跟服务对象的家庭解释清楚，而且还要经常提醒，这样的话，他们才不会觉得行为分析师不通情理，或者因为被拒绝而感到伤心。行为分析师也需要说清楚，对于他们来说，最好的强化物就是服务对象的行为改善，所以不需要其他的回报。

案例 1.12A　这么多问题

"我对新版条例 1.12 条款有个疑问，这个问题应该比较普遍。就收礼这件事来说，'偶尔为之'是如何定义的？这个意思是不是一个月一次可以，或者一年一次，一学期一次？如果有限度的话，多少次算多？有没有具体数量？另外，一个组织或者集体可以收受价值超过 10 美元的礼物吗？这个意思是，如果你在学校工作，家长送了一张礼品卡，你能代表学校接受这张礼品卡，让整个学校一起使用这张卡吗？"

案例 1.12B　在送礼问题上较真

"我和同事一直在讨论新伦理条例，有些修订条款 2022 年就要生效了。很显然，'互赠礼物'这部分引发了很多的讨论。我们想知道，如果服务对象给机构送来了礼物，让全体成员分享，那么这个礼物也必须低于 10 美元吗？举例来说，负责一位服务对象的团队一共有 6 个人，对方送来一束花价值 60 美元，这种情况算什么？"

案例 1.12C　不能没有礼貌

"我现在是一个个案的督导，这个个案需要行为分析师为一个来自摩洛哥的家庭提供上门服务。几个星期之前，这家人忙活了一上午，给行为治疗师做了一顿午餐，希望她尝尝摩洛哥风味的菜。我们之前了解过，在他们家的文化里，不接受别人给的食物，会被认为是没有礼貌，所以我们就给行为技术员和行为分析师变通了一下，允许这种做法，免得冒犯人家。我就在想，新版条例这么改的话，我们该怎么给这顿饭估价才不违反 10 美元以下的规定呢？另外，这条新规要求送礼是'偶尔为之'才可以，但我不确定这是什么意思，是指一星期一次还是一个月一次？如果以后这样的吃请是一个月一次，对于行为分析师来说，符合'稳定而规律的获益渠道'这条规定吗？这种事需要上报给认证委员会吗？"

1.13 强制和剥削

行为分析师不得滥用权力或者权威强制和剥削那些自己有权掌控、管理或者影响的人（比如评估别人和督导别人）。

"强制，指的是导致关系中出现权力不对等状态的一种控制行为模式。这些行为让加害者实现了对伴侣、同事等的控制，使后者很难摆脱。"[1] 这种情况在我们这个领域很容易发生，因为在注册行为技术员和认证行为分析师之间、认证行为分析师和公司管理层之间，权力本来就是不对等的。之前就曾有过举报，认证行为分析师强制自己的培训对象和督导对象完成任务清单以外的工作，比如做功能行为分析（简称 FBA）、解释数据、制订行为计划。[2] 关系状态失衡到了一定地步，有些注册行为技术员甚至被迫伪造服务对象的行为数据，以便让没有收效的干预计划看起来起了作用。行为技术员还有可能被迫虚报督导工单，没有督导却伪造督导工时，很多人还被迫虚报没有实际发生的计费时长。很多注册行为技术员在督导面前会非常紧张，不太可能去向认证委员会举报。

剥削与强制类似。剥削指的是"为了个人收益，经常但未一直利用他人或者某种情形"[3]。这种行为有个前提，那就是权力不对等的状态，这一点与行为分析组织里常见的强制一样。从行为科学的角度来看，问题就在于这个剥削者会因为自己的举动得到强化（也就是获得个人收益）。强化物可能有各种形式，比如明明是别人做的工作，自己却可以将功劳据为己有，督导对象做的工作自己却可以得到回报，或者同时处理多项工作以此省出时间。剥削最隐蔽的例子就是有的公司规定，督导对象为了拿到行为技术员或者认证行为分析师的资格在这个公司接受了多长时间的督导（一般是两年），拿到证以后就要在这里工作多长时间。

案例 1.13A 通过附加合同强制工作

"我过去几个月以来一直都在公司接受督导，现在也是。几天前，给我做督导的认证行为分析师通过电子邮件联系了我和他的另外几个督导对象，通知我们说公司要求我们签一个督导合同的附加合同。根据这个附加合同，作为督导对象，我们必须提

---

[1] 原注：www.medicalnewstoday.com/articles/coercive-control
[2] 原注：ABA Ethics Hotline personal communication
[3] 原注：www.nidirect.gov.uk/articles/recognising-adult-abuse-exploitation-and-neglect

供每周至少一次的上门服务，才能继续接受督导。

"说点背景信息以供参考，我们是应用行为分析机构，主要是在机构工作，但也确实提供上门服务，也有一些远程医疗的服务。因为疫情的关系，现在愿意去服务对象家里提供服务的员工较少。为了缓解员工紧张的压力，公司的解决办法就是强制我们补签督导合同的附加合同。在这之前，提供这些服务是自愿的，从来就没有跟接受督导挂钩。我的督导合同里面没有正式的终止日期，不过规定了只有在下列情况下才会终止对我的督导：我进步不够；不再是全职员工；督导会议总是迟到；违反行为分析师认证委员会发布的伦理条例，或者因为违反伦理的行为而被记过。按照我自己对于1.13条款的理解，公司新提的这些要求本来应该是在原始合同里写明的，现在我有权利拒绝签订任何附加合同。我打热线想提的问题是：我的公司可以强制我签订附加合同吗？不签的话他们可以终止对我的督导吗？"

案例 1.13B　通过督导收费进行剥削

"我正在积攒实操时长，攒够了才能参加认证行为分析师考试。我和一家应用行为分析公司签订了督导合同。合同上写着督导收费是每小时 50 美元，但我现在想要结束在这里的工作，看看有没有更好的机会。我知道，督导和我开会讨论我的个案是收费的，因为这些时长没法走保险报销。但是，每次他们督导我做个案的时候也都收费，即便这种督导本质上并不是为了我的职业发展。公司和督导提供这种督导服务是由保险公司付费的，尽管如此，他们还是要向我个人再收一份钱，这种做法合乎伦理吗？他们向我收的钱比我赚的还多，我觉得这就是让我给他们干活还要给他们付钱。我自己本身就是注册行为技术员，所以现在的情况实质上就是他们督导着我按照注册行为技术员的伦理条例干活，还按 5% 的时长比例收我的钱。"

1.14　恋爱关系和性关系

行为分析师不得与当前的服务对象、利益相关方、培训对象或者督导对象发生恋爱关系或者性关系，因为这种关系会带来巨大的风险，引发利益冲突，并且损害行为分析师的专业判断力。自专业关系结束之日起至少两年以内，行为分析师不得与前服务对象或者利益相关方发生恋爱关系或者性关系。行为分析师不得与前督导对象或者培训对象发生恋爱关系或者性关系，除非双方有书面记录，可以证实专业关系已经结束（即所有专业工作都已完成）。行为分析师与他人结束恋爱关系或者性关系之日起至少六个月以内不得接受其成为自己的督导对象或者培训对象。

这项条款详细解释了在我们专业领域禁止各方发生性关系的根本原因，近年来在应用行为分析领域以及文化大环境里发生的一些状况也证实了这些禁令的必要性。尽管就这项条款的意图而言，语言表述非常明确，但是除了纠缠不清和影响专业判断力这些非常明显的后果之外，对其他后果都没有明确阐述。与服务对象或者培训对象发生性关系，会给受害者造成严重后果，远非"利益冲突"和"判断力受损"这些措辞就可以形容得了的。认证行为分析师督导纠缠自己的督导对象，培养出来就为了以后剥削其劳动力，为了自己残忍的目的利用他（她），给他（她）带来的伤害可能会持续很多年。培训对象信任自己的教授，但发现自己与对方的社交互动越来越私密，陷入其中无法抽离，有些培训对象甚至因此未能完成研究生的学业。风靡全球的"我也是"（#MeToo）运动给这些受害者赋予了更多的权利，让他们不再只是逃跑和躲避这些加害者，或者只是向认证委员会投诉，还敦促他们对这些加害者提起刑事和民事诉讼。我们应该可以识别某些行为模式，并且在刚开始建立专业关系的时候就设定清晰的界限。我们这个专业应该成为所有行业的典范；我们是研究人类行为的专家，我们应该能扫得了门前雪，也应该不辜负这些期望。

虽然规定是不得发生恋爱关系或者性关系，但与前服务对象有正常的社交来往还是可以的。可以打电话、打视频电话，或者在社交媒体上互关，但是不能针对他们的行为问题给出建议，不能就他们目前的行为方案做出反馈，也不能讨论其他的服务对象、同事或者与所在公司有关的任何事情。

案例 1.14 性挑逗把我吓呆了

"我在现在工作的公司遇到点状况，想征求一下您的意见。初到那里工作的几个月，有位负责人/督导因为喜欢我，很明显地对我表示出更多的关注，她会用一种饥渴的目光盯着我，表现得非常露骨，还总是喜欢围着我转。她是我的领导，人很聪明，也很成功，所以我觉得有些飘飘然。我当时有男朋友，她也有，她男朋友也是我们公司的员工。后来我开始回避她，除非迫不得已的情况，我也不回应她的眼神。她很难过，除非开会的时候，平时都不跟我说话，也不看我。这让我很不安，因为我喜欢之前那种融洽的关系，我也尽量表现得友好一些。结果她的回应却是开始对我说些挑逗的话，比如说我怀了她的孩子什么的，甚至对认证委员会的规定大放厥词，说结束工作关系两年之后才能和前督导对象谈恋爱简直是荒唐。

"在对我进行能力评估的过程中,她走到我身后,轻轻耳语说,她不能带我出去,因为我们不能发生性关系。我简直吓蒙了,当天早早就回了家,第二天也没去上班。回去上班的时候,我的督导很生气,看上去很害怕,好像犯了错一样。我也是非常生气,因为我觉得她在戏弄我的感情,还乐在其中。

"我最后升了职,同事都很嫉妒我,我真的觉得这是我应得的,因为我工作一直很努力,大家都夸我的干预技术好,与服务对象的互动也好。

"但在这之后我感觉受到了创伤,需要治疗,因为我总是回想起和这些人不愉快的互动经历。我试过好几次想要离职,但他们总是说服我留了下来。甚至到了最后,老板都来挽留我。但是,很显然,最开始那个喜欢我的人想让我走。从您的角度看,除了尽快离开,我还能做些什么呢?"

1.15 新增条款——响应要求

相关个人(如服务对象、利益相关方、督导对象、培训对象)以及实体(如行为分析师认证委员会、执业资格管理委员会、资助方)要求提供信息的时候,行为分析师应当尽责响应,并按约定期限提供信息。行为分析师还必须遵守行为分析师认证委员会、用人单位或者政府部门提出的执业要求(如提供相关证明、接受犯罪背景调查)。

这项条款应该是与有些服务对象曾经遇到的一些问题有关,比如转去其他机构的时候需要相关资料,但是有些服务供应商却不够配合。在有些情况下,他们需要的可能是治疗师和督导为了自己使用方便所做的个案记录,这种资料并不总是可以给服务对象共享的。不过,下列资料应该提供给利益相关方、服务对象和培训对象:

1. 应该为家长/看护人提供:进步报告,以便家庭可以提供给学校或者医生;需要跟踪了解的日常健康习惯或者相关症状等方面的信息(吃了什么东西、大小便情况、什么时间出现的瘀伤);围绕问题行为的所有细节情况。

2. 应该为督导对象提供:作业要求、督导表格或者与其工作表现和作业相关的反馈。

3. 应该为培训对象提供:作业要求、督导表格或者与其工作表现和作业相关的反馈。

4. 应该为认证行为分析师提供:换发新证期限、针对他们的投诉所做的解释或者回应、邀请他们以专题专家身份参加活动的信息。

5. 应该为执业资格管理委员会提供：换发新证截止日期、针对他们的投诉所做的解释或者回应。

6. 应该为资助方（保险公司）提供：围绕治疗计划所做的解释和说明、申诉及其回应；为论证某些医疗手段的必要性接受同行评议的电话信息；要求审查治疗记录、数据、服务日期、评估资料的信息等。

7. 应该为资助方（学校）提供：围绕干预治疗计划所做的解释和说明、行为干预计划（behavior intervention plan，简称 BIP）、处理和解读数据的指导信息、参会邀请、家长关注事项指南、对助教老师和老师的培训信息。

1.16 主动申报重大信息

行为分析师应当知悉并遵守有关单位（比如行为分析师认证委员会、执业资格管理委员会、资助方）关于主动申报的所有规定。

主动申报是伦理条例的一个关键要求。认证委员会列出了三种需要向行为分析师认证委员会伦理部门主动申报的情况。[①]

1. 违反伦理条例，遭到纪律调查、处分或者制裁，遭到政府机构、卫生保健组织、第三方付费人或者教育机构的指控，被判有罪、当庭认罪或者不做抗辩。
2. 因公共健康安全相关原因收到罚款通知或者罚单。
3. 出现某种生理或心理状况致使胜任能力受损。

为了帮助您判断自己是否需要主动向伦理部门申报，行为分析师认证委员会列出一系列问题。每个问题都需要回答"是"或者"否"，如果您回答"是"，那就必须主动申报。表 6.1 是这个问题列表的一部分。

您对姓名、地址或电子邮件做出的所有更改，都不会发给伦理委员会，而是保存在您在行为分析师认证委员会注册的账户里。

现在，认证委员会在自己的网站上发布了"伦理问题主动申报表"，非常方便，网址是 www.bacb.com/ethics-information/reporting-to-ethics-department/self-reporting/。表 6.2 是这个申报表的一部分。

---

① 原注：www.bacb.com/ethics-information/reporting-to-ethics-department/ self-reporting/

表6.1 "是否应该主动申报"问题列表样表

相关的伦理条例	需要考虑的问题	是	否
《注册行为技术员伦理条例》序言 《行为分析师专业和伦理规范》10.02（a）	您违反过伦理条例的规定吗？		
	您是否曾是刑事法律行动的主体？刑事法律行动包括刑事指控、逮捕、当庭认罪或不做抗辩、量刑协商、转处协议、定罪，或者在看守所、监狱或社区矫正场所（比如"过渡教习所"）拘留。		
	您是否曾是民事法律行动的主体？民事法律行动包括法庭诉讼或者任何涉及您的名字或者身份的法律行动（即便您不是诉讼的直接当事人）。		
	您是否曾是监管行动的主体？监管行动包括调查、和解、行政诉讼、调节、仲裁。		
	您是否曾是医疗机构和单位采取行动的主体？包括因履职不力或者玩忽职守而遭到调查和制裁。		

表6.2 伦理问题主动申报表

伦理问题主动申报表
联系方式
全名：*
名
姓
资格证类别/申报人*
注册行为分析师
电子邮件：*
主动申报信息

案例1.16A 是否应该主动申报心理健康问题

"我是应用行为分析在读研究生，在一家小机构工作，这家机构只有一名认证行为分析师督导，他同时还兼着机构负责人、总经理。机构里有20名员工，长期以来，机构上下都和这位认证行为分析师闹得鸡飞狗跳、乌烟瘴气。他这个人特别情绪化，像个暴君一样，喜欢对别人进行精神控制。我觉得他可能有人格障碍，或者什么别的心理健康问题。

"我和一位同事与这位认证行为分析师共事很多，因此遭到了很多精神虐待和控制。上周我就他在工作期间服用违禁药物的事跟他谈了，还说了他这样做影响我们为服务对象提供治疗。他说他用的是替代性疗法，还指责我恶毒、武断、歧视。他要求员工无条件地爱他、接纳他，还说他有孤独症。但我认为他的心理问题比孤独症严重，尽管他可能确实属于谱系人士。

"他变得越来越不理性，情绪也越来越不稳定，总是冲我和其他人大喊大叫，在会议上侮辱员工，反应越来越大，怒气值总是飙升。面对服务对象的时候也是极度不稳定，还虐待他们。曾经有一次，他掐了我的服务对象的胳膊，我的服务对象坐在那儿的时候，他就站在旁边吓唬人家，还冲着人家大喊大叫，暴跳如雷。我不敢跟他正面冲突，怕拿不到遣散费。

"我觉得他应该向认证委员会主动申报自己的状况，不过我也不确定应不应该。"

案例 1.16B　主动申报酒后驾车

"认证行为分析师需要主动申报酒后驾车的事吗？这是一个月前的事了。这位行为分析师会判 6 个月到一年的缓刑，不过没有罚款。这件事不是工作期间发生的，也不涉及服务对象。如果主动申报了，会有什么后果呢？"

▶ 案例点评

案例 1.01　说真话太危险

你当时问他们说实话会不会遭到报复，这样做是对的，不过像这种情况，为了保护自己，建议最好拿到一个书面的保证。基本可以说，你被他们给骗了，他们这样做很明显违反了 1.01 条款。如果你有资料可以证实这件事，那么可以向认证委员会举报。你也可以向公司人力资源部门举报。最后，这样解雇你是不对的，可能违反你所在州的法律。跟律师咨询一下，看看是不是可以起诉。具体怎么做，可以通过网络寻求帮助（employment.findlaw.com/losing-a-job/wrongful-termination-claims.html）。对于发生在你身上的事，我们深表同情，希望这不会影响你讲真话的理念，即便讲真话有时候让人不舒服。

案例 1.02　因吸毒被逮捕，怎么办？

可以举报，可以使用"公开记录的涉嫌违规行为举报表"匿名举报给行为分析师认证委员会，不过你也没有义务必须举报。如果你决定举报，可以登录行为分析师认证委员会的网站，在搜索栏里键入"公开记录的涉嫌违规行为举报表"进行搜索。

事件后续：1 个月以后

"我没有举报那个人。"

案例 1.03　该谁担责？

应该给新来的认证行为分析师一个警告，这也是一个提醒，他们还没准备好独当一面。他们应该多加训练，多问问题，他们的工作需要督导审核之后才能正式提交，可能还需要老资格的认证行为分析师做影子辅助。这种事如果没被发现，任由发展下去可能会怎么样？这位行为分析师了解了这个后果，可能才会认识到现实的严肃性，可能就会夜不能寐、自我怀疑等。给个警告再加上指导干预应该就可以了。

督导应该认识到，带一个新手认证行为分析师不是那么容易的事，他们需要对这个人的所作所为负责，所以给督导一个警告也是比较恰当的。

案例 1.04　身份冲突

不行，你不能既给服务对象做评估，之后又给他们做治疗师。这很容易被视为利益冲突，因为给人做诊断，之后再给他们提供服务，很容易被人看成是假公济私。合适的做法是完成诊断之后，给服务对象提供一个所在区的服务供应商名单。你可以把自己的公司排在最后，不过不要表明你和这个公司有关系。这样的话，就给服务对象提供了多个选择，他们可以自己决定去哪治疗，而你也不会有利益冲突的嫌疑。即便那位妈妈信任你，也还是要给她服务供应商的名单，让她从中选择，这才是正确的做法。

案例 1.05　胜任范围不匹配

我给你这位认证行为分析师同事的建议是以书面形式申请撤出这个个案。在申请中，应该说明理由，强调这是为了服务对象的利益考虑，同时说明自己的担心，因为现在的工作超出了自己的胜任范围。

案例 1.07　不伤害

这个情况很棘手，因为你作为行为分析师的主要职责就是保证服务对象的最大利益。就这件事来说，家长的要求与此正好完全相反。那么现在能做的就是劝说他们不要这样，这也是通常的做法。我的建议是家长不要尝试利用行为后果的依联关系改变孩子，让他接受自己不喜欢的性别角色。这种做法不大可能奏效，而且还会对孩子造成心理伤害。另外，我们非常赞同你的想法，请专门研究性别问题的专业人员介入，为这家人提供指导。

案例 1.08　职场歧视

这种职场歧视是完全不能接受的，而且也是不合法的。你需要立即约见人力资源部门以及单位负责人，商量补救办法。

案例 1.09　谁在骚扰？

如果你之前已经就这种不恰当的骚扰行为对这个家庭进行了书面警告，那么现在就可以终止提供服务了。

事件后续

我们给这家人看了之前有关这位父亲口头骚扰治疗师的来往信件，还有现在"骚扰"行为的具体情况。服务对象的妈妈马上就终止了服务，因为他们认为从第一次性骚扰开始，信任就不存在了。

案例 1.10A　这是偏见吗？

这个应该不算是对这个家庭的偏见。站在这位认证行为分析师的角度，很明显，她的个人创伤经历给她造成很深的影响，所以继续让她负责这个个案已经不符合双方的最大利益了。为了不给这个家庭造成伤害，应该小心地撤出这个个案。另外，如果能有什么办法让她接受一些心理辅导，帮她治愈这些创伤，那也算是对一位有价值的员工表达一点善意、提供一些服务。即便她能接受心理辅导，也不是一朝一夕就能完全康复的，可能需要几个星期或者几个月。因为过去的经历，条件反射似的表现出创伤性反应，这种情况和个人偏见之间的差别可能不是特别容易区分。行为分析师和督导需要做好准备，厘清这些问题，做出正确的决定。

案例 1.10B　相当困难

谈到心理健康问题，最为复杂的一个方面就是患者的洞察力和判断力都有可能受损。因此，有些人可能没有能力意识到，这些问题影响了自己履行工作职责的能力，也没有能力意识到这些问题降低了自己工作产出的质量。所以，虽说条例中有关包容和接纳的理念很棒，和其他行业的说法也很一致，但是可能不会让当事人主动意识到自己需要调整工作/保护服务对象，那么就需要督导和管理层负起责任来，对这些情况密切关注、恰当反应。

　　这种情况必须与人力资源部门互相协调。如何在公司内部妥善处理这种问题，人力资源部门需要发挥主导作用。员工有隐私权，同时也有权因残障状况得到保护，这是最为重要的。总体来说，针对员工是否具备恢复工作的能力进行评估，应该交由训练有素、能够承担这种任务的人负责。行为分析师在这些方面并不专业，甚至人力资源部门的员工都不算训练有素。这需要专业技能，通常属于心理学的范畴。让有资质的专业人员做这种评估，人力资源部门可以考虑把这种做法当作恢复工作的一个必要步骤。

　　毕竟，如果有人到处说自己想要自杀，确实是潜在的危险。这样的人需要帮助。从人力资源部门开始行动，双方都应该参与进来，调整工作内容/申请休假，寻找服务和支持资源。如果确定没有达到恢复工作的标准，那么认证行为分析师督导应该把这个人从自己负责的注册行为技术员名单中去掉。人力资源部门可以与这个人交涉，让他主动申报，或者也可以举报他，视具体情况而定。

案例 1.11A　利益冲突影响到学校

　　很显然，这就是利益冲突，违反了新版伦理条例 1.11 条款。想办法以非官方的方式解决这个问题可能比较好。你需要找到这个人的督导，安排一次会面，就你关注的问题进行讨论。一定要在备忘录里做好记录，可以这样开头："根据我们今早的会谈，我关注的问题如下。"如果发现校方对这个利益冲突的情况并不关心，那么就可以使用"涉嫌违规通知书"向行为分析师认证委员会举报这个人。除了你掌握的第一手信息之外，他们还需要一些文字材料才能采取行动。

案例 1.11B　超级复杂的多重关系

　　这种行为违反了新版伦理条例 1.11 条款，简直令人发指。我们强烈建议你向行为分析师认证委员会提交涉嫌违规通知书。

事件后续

　　妈妈确实向委员会提交了这个通知书。离婚的时候，她还争取到了孩子的监护权，很讽刺的是，这位认证行为分析师和她所谓的"男朋友"最近分手了。

案例 1.12A　这么多问题

　　首先，新版条例中所说的"偶尔为之地表达谢意"，我们对"偶尔"的解读是符合某种文化的场合，比如圣诞节、春节，对于有些家庭来说，在这种时候送礼物表达谢意是他们的传统，拒绝礼物会伤害行为分析师和这个家庭的关系。行为分析师必须了解服务对象的文化，还需要了解在什么情况下可能会收到礼物。不是所有的节日都需要送礼物。因此，"多久一次"这种问题归根结底就很简单了，比如一年一次。再频繁的话，就会导致双重关系了，这是不被允许的。建议每家公司都出台自己的细则，让自己的员工明确收受礼物的原则。从"任何情况下都不得收受礼物，所以请将此规定提前通知所有服务对象"到"我们的规定是，如果拒绝低于10美元的礼物会给家庭带来困扰，那么可以收受礼物，只要每年不超过一次"，具体要求可以在这个范围内浮动。每家公司都应该有自己的细则，并且有责任教育自己的员工，监督执行这一规定。我们的理解是，根据新版条例，行为分析师定期或者不定期地接受服务对象家庭提供的食物或者10美元的礼品卡，这种行为是不符合伦理规范的。

另外，如果某个家庭想要向学校或者机构赠送礼物，不管价值多大，都应该通过学校或者机构内部独立于行为服务团队的部门（比如财务或者业务部门）操作，这样的话，送给团队的礼物基本上就等同于"匿名捐赠"。这种方式的捐赠/送礼，不管价值如何，就都无所谓了。家长不可以带午餐或者零食参加个别化教育计划会议，这个要求也应该写进公司规定里。

案例1.12B　在送礼问题上较真

这项条款好像引发了很多争论。你可以先算算，这个花束平均到每个人身上是10美元以下，就不大可能被举报到认证委员会。就像前面那个案例中讨论的那样，现在每家公司、工作室、机构和组织都应该出台自己的细则以适应新版条例中的这一变化。

案例1.12C　不能没有礼貌

要判断这些饭菜到底值多少钱，也许不大可能，所以我们不用为10美元的上限太过忧心。一星期吃请一次，好像有点频繁，不过如果这家人一年准备一次这样的大餐，那也许还能接受。一顿饭倒不需要上报给认证委员会，不过还是要让所在公司了解这个事情。更主要的问题是有可能发展双重关系（见1.11条款多重关系），这种可能性确实很大，毕竟在我们的文化里，一起吃饭是建立私人关系最主要的途径。您也可以考虑让你们公司出台一个针对这类情况的细则，明确界定一下什么叫"偶尔为之"。这样的话，万一什么时候起了争议，至少你们公司可以说自己确实考量过双重关系的风险，也考虑到了对治疗关系可能造成的伤害。

案例 1.13A　通过附加合同强制工作

这个问题马上就能回答：不可以。你也不用签订这个附加合同。你描述的那些条款本质上就是强制条款，有时也叫附加合同，这种合同不是对双方都有利的。你应该先与自己的督导交涉，如果有必要的话，应该做好咨询律师的准备。

事件后续

"听了热线给的建议之后，我去找了我的督导，指出这个操作违反了伦理条例。他和教学总监讨论了一下，很显然，主任之后也给热线提了这个问题，收到的回复和我的一样。然后我们公司就没再要求我们签那个附加合同。"

案例 1.13B　通过督导收费进行剥削

如果你的督导已经拿了给你提供督导服务的时长补助，那么就是重复收费了，这是不符合伦理规范的，而且极有可能是欺诈行为。这种行为就像是剥削，非常值得关注，也很不道德。听了你对公司的描述，感觉你需要考虑的还有很多。

事件后续

"我找人力资源部门的代表开了一次会，把合同违反了哪些条款（就是有关收费的那些条款）都一一列了出来，我说他们向我收费就是重复收费，因为他们向保险公司收取的费用里已经包含了督导费。会议期间，人力资源代表跟我说，如果我不同意那个合同的内容，当初就不该签字。但是，我没有别的办法，我得攒够了接受督导的时长才能获得行为分析师资格认证，这个必须签合同才行。她把这个费用降到了按5%时长收费。我联系了一位劳动律师①，就我刚入职的时候签订的那个任意合同②进行了据理力争。我猜她后来肯定找了我们公司负责人，也是一名认证行为分析师－博士级。后来，我接到了一个电话，说我不用付这个钱了，这是为了'感谢你三年来一贯出色的工作表现'。我现在换了一家公司工作，这里的操作很合乎伦理，我干得

---

① 译注：劳动律师（employment lawyer），指的是取得律师执业资质、以劳动和工伤方面为主要法律业务的律师。

② 译注：任意合同（at-will contract），没有统一术语，多用"任意合同"、"意愿合同"或者"意愿雇佣合同"指代，根据这种合同，雇主可以在雇佣期间的任何时候无正当理由解雇雇员。

很开心。非常感谢您的指导。"

案例 1.14　性挑逗把我吓呆了

这个事情需要再发好几个来回的邮件、打好几通电话才能厘清。因为是发生在 6 个月前的事情了，已经过了举报的窗口期。另外，因为所有的问题都是私密状态下发生的，没有目击证人，所以也没有什么证明材料。

案例 1.16A　是否应该主动申报心理健康问题

这个情况看起来确实挺吓人的。很显然，这位认证行为分析师/负责人的精神状态不是很好，谁都没有权利这样对待别人。这位认证行为分析师明显违反了 1.16 条款，他的精神状态已经造成工作能力受损，应该主动申报。如果他没有主动申报，您或者其他直接了解这件事的人可以向认证委员会举报。您看到服务对象受到虐待的事，应该第一时间以书面形式通知他的家人。

事件后续

"有几位员工决定暂时留在公司，做好服务对象的交接工作，同时也为自己跳槽做好准备。剩下我们几个人都在积极准备入职新单位。至少有两位马上就要离职的员工提到他们联系了行为分析师认证委员会，我自己心里明镜似的，等我离职那天把遣散协议的事搞定以后肯定也会这么做。我们都害怕遭到报复，有几位员工已经咨询了律师。"

案例 1.16B　主动申报酒后驾车

这是违规行为，因为涉及逮捕了，尽管没有罚款，而且还缓刑了，但也需要上报给认证委员会。这种事的处理需要就事论事，视具体情况而定，所以很难说后果可能会是怎样的。想要了解更多信息，可以登录行为分析师认证委员会网站查询主动申报的注意事项。

第7章　新版条例第2节：行为分析师在工作实践中应负的责任

行为分析专业实践的发展简史

我们这个领域早期的工作者主要是实验心理学家，他们研究的是行为科学原理的实际应用，"研究对象"都是住在国家收容机构那些小屋里的人。这些前辈行为分析师大多没有受过临床心理学的专门训练。他们认为使用从学习理论衍生而来的方法可以改变人的行为。那个时候，责任归属是毫无疑问的，很明显是雇主负责。"服务对象"（不过最开始并没有用这个词）就是雇主。服务对象/雇主常常是收容机构的主管或者管理人员。在某些情况下，孩子的家长也是"服务对象"。

直到1974年，服务对象的"治疗权利"这个概念才进入公众视野。"治疗权利"这个说法最早出现在1971年，美国阿拉巴马州发生了"怀亚特诉斯蒂克尼"（Wyatt v. Stickney, 1971）事件，这起诉讼案具有里程碑意义。该案的争议点在于，在收容机构接受治疗的精神病患者有没有权利接受个别化治疗，有没有权利出院回到社区。虽然这起案件与治疗本身没有直接关系（比如，要求增加专业工作人员的数量、改善设施，还规定这些患者每周应该得到几次淋浴的机会），但是"治疗权利"这个概念却在法律界一炮打响。这起诉讼案使所有的心理学家包括行为分析师都注意到研究范式出现了转变。在行为分析领域，我们马上敏感地意识到，我们的工作方法会给"服务对象"带来伤害，这种可能性是存在的，在很短的时间里，"服务对象的权利"这个词就成了新口号。最初主审此案的法官弗兰克·M. 约翰逊（Frank M. Johnson Jr.）提出了审理意见，这就是后来大家都知道的怀亚特标准（Wyatt Standards）。这起案件开创了一个先例，它使所有精神健康和发育迟缓领域的专业人员意识到，他们的服务必须在人性化的环境中进行，工作人员应该充足且有资质，治疗计划应该满足个性化需求，还要在最少限制的环境中实施。

怀亚特诉讼案宣判以后，如果有人被派去为收容机构中的服务对象提供服务，那么很显然，这个人不但需要对该机构负责、尽力做好自己的工作，还要对接受治疗的服务对象负责，保证他（她）不会受到伤害。以前，人们有过这样的担心，"行为专家"（那时他们还未被称为行为分析师）为了让工作人员能省点事，会操纵"服务对象"的行为，比如惩罚那些大小便失禁的服务对象，这样工作人员就不必替他们换尿布了。随着时间的推移，人们越来越发现，从伦理上来说，除了考虑其他可能受到治疗影响的人（如工作人员、父母、监护人或者其他利益相关方）的需要，还要考虑个案本人的需要，这才是唯一正确的做法。这样一来，行为专家的工作马上就变得困难多了。

到了20世纪70年代末，行为分析越来越普遍，也越来越受到重视。行为分析师发现，自己必须与"康复小组"的其他专业人员一起工作，才能保证服务对象得到恰当的治疗。因此，关于如何与其他专业人员互相咨询与合作的议题也开始出现。除此之外，各方的角色也开始出现分化，人们注意到了"第三方"的存在。如果服务对象（第一方）聘请了一位行为分析师（第二方），在没有利益冲突的前提下，服务对象若不满意行为分析师提供的服务，就可以将其解雇。同样，行为分析师会尽力满足服务对象的需求，这样才能得到提供这些服务的报酬，这样的安排本身就有制衡作用。但是，如果行为分析师是由第三方（比如一家机构）雇佣，为一位入住者（第一方）提供行为治疗，那么理所当然的，该行为分析师就得尽力满足第三方的需求，这样才能保住自己的工作。

到了20世纪80年代，行为分析在智力障碍治疗领域越来越受到重视，很多人都认可行为分析是一个可行的康复策略。也是在那个时期前后，人们认为服务的其他方面也应该加以完善。服务对象也有自己的权利（既受美国宪法保护，也受怀亚特标准保护），包括行为分析师在内的每一个人都必须尊重服务对象的权利，当然了，也必须在治疗之前了解这些权利，这是显而易见的。而且，随着行为分析逐渐成为一种广受认可的主流治疗方法，其他的保护措施也必须到位。服务对象有隐私权，必须做好安排以便保护服务对象的隐私和保密信息（这是《健康保险可携带和责任法案》的前提）。在保存和转移服务对象档案的过程中，也要保障这些权利。另外，行为分析师和其他专业人员必须征得同意才能公开这些信息。

20世纪80年代后期，时机终于成熟，行为分析师站了出来就治疗权利这个议题发出了自己的声音。行为分析协会组织了一个由专家组成的蓝带小组，以期在这个议题上取得某些共识。行为分析协会确实达成了共识，并最终获得理事会通过，共识的主要观点是，服务对象有权得到"治疗性的环境"，在这样的环境中，其个人福祉是最重要的，他们有权得到"有胜任能力的行为分析师"提供的治疗，行为分析师应为其进行行为评估、帮助他们学习功能性的技能，同时评估治疗效果。应用行为分析蓝带小组总结指出，服务对象有权得到"可能得到的最为有效的治疗"（Van Houten et al., 1988）。此处提到了有效治疗，这为行为分析师提供了一个舞台，促使他们再接再厉，将所发表的这个领域的科研成果与经过实证检验的干预应用直接联系起来。

新版条例第 2 节——行为分析师在工作实践中应负的责任，提供了一个清楚而详细的责任清单，行为分析师能够使用清单所列的这些措施治疗自己的服务对象。我们认可并且认真履行这些责任，以此保证我们的服务对象得到他们应得的一流治疗。由此，我们这个行业将提供最高水准的行为干预，以此让大家看到我们对服务对象权利的尊重。

行为分析师在工作实践中应负的责任概述

提供有效治疗，最首要的就是把服务对象的利益以及他们的治疗需求放在首位。作为行为分析师，我们有义务只使用理念一致、有理有据的治疗方法。行为分析师应该**及时**提供治疗服务以及相关书面材料，**保护服务对象的资料**，不得**公开保密信息**。提供服务时，必须**准确计费和报告**，**收费应当合理**，并且以适合服务对象的方式呈交给他们。与服务对象**就服务内容进行沟通**的时候，应该使用服务对象的语言，不得使用行话术语。沟通内容应该包括：在开展评估和治疗之前解释评估步骤和行为改变措施，结束评估和治疗后再以同样容易理解的形式解释评估结果和治疗效果。在提供服务之前应该给服务对象出示自己的资格证书。行为分析师在确立干预目标、选择评估方式和行为改变干预措施、监测服务对象的进步、提供报告的过程中应该尽量让**服务对象和利益相关方参与进来**。如果符合服务对象的最大利益，建议行为分析师在可能的情况下**与同事协作**，共同商讨治疗方案。对服务对象进行评估、制订干预方案的时候，还应该记住非常重要的一步，那就是提前从服务对象以及利益相关方那里**征得知情同意**（了解关键信息请一定查阅名词解释）。行为分析师在评估过程中应该始终**考虑医疗需求**，如果存在医学或者生理因素的合理可能性，应该考虑医疗转诊。在**选择、制订、实施评估方案和行为干预计划**的过程中，始终贯彻一致的理念，这当然是行为分析的核心主题。实施行为干预计划之前，始终都要**进行详细解释**，并且**尽量降低行为干预措施带来的风险**。在我们的专业领域，**收集数据和使用数据**是必需的，这样才能决定是否需要继续或者调整治疗计划，**不断评估干预计划**也是必需的。最后，尽管在连锁反应开始之前就着手处理效果最好，但是在提供服务的同时也应该**处理服务过程中的干扰因素**，比如家长和利益相关方等其他人的行为。消除这些干扰的影响或者排除这些障碍可能是必要的，请其他专业人员介入可能也是必要的。把所有的事情都记录在案，这是至关重要的事。

行为分析师在工作实践应负的责任详细解读

2.01 提供有效治疗

行为分析师在服务过程中应当将服务对象的权利和需求放在首位。行为分析师提供的服务在理念上应当与行为科学原理保持一致，以科学实证为基础，旨在最大限度地实现预期效果，同时保护服务对象、利益相关方、督导对象、培训对象以及研究参与人员不受伤害。行为分析师不应为服务对象提供不属于行为科学的服务，除非曾接受过提供该服务所需的教育、正式培训，并持有专业资格证书。

这项条款有很多要求需要注意，包括：(1) 时刻关注服务对象的权利；(2) 仅能使用与行为科学原理一致的方法；(3) 以科学为基础；(4) 追求最佳效果。2.01 条款的最后一句话与"不属于行为科学的"服务有关，这个表述让人有点难懂，似乎与 (1) 到 (4) 的要求有点冲突。首先，我们需要明白"服务对象的权利"都包括什么。下面简单列出宪法、人权法案以及最高法院规定保护的一些权利[①]：

（1）服务对象

- 有隐私权

- 有自主权

- 有权接受培训，最大限度地发挥潜能，过上独立而丰富的生活

- 有权不接受超出必要限度的约束和隔离措施，有权不接受超出必要限度的限制条件

---

① 原注：Bailey, J. S., & Burch, M. R. (2021). *The RBT ethics code: Mastering the BACB ethics code for registered behavior technicians*. New York: Routledge, p.101

- 有人格尊严，有个人自由，有权追求生活幸福，有权享受人文关怀
- 有宗教信仰自由
- 有权进行社交互动，有权参与社会生活
- 有权进行体育锻炼，有权参加娱乐活动
- 不该受到伤害，不必与世隔绝，不接受过度医疗，不允许虐待忽视
- 有权同意或者拒绝治疗
- 有选举权
- 有权在不受限制的情况下与人沟通
- 有权拥有和使用自己的衣物
- 仅在医生要求下服用药物，服药不得作为一种惩罚手段，也不能是为了工作人员的方便，药物不能代替行为分析计划
- 出现行为问题，须经医生检查身体，排除器质性原因之后才能开始实施行为治疗计划

这么长的清单令人望而生畏，但只是开了个头而已，因为各州立法机构可能还有自己立法保护的权利。

（2）和（3）明确了服务对象的权利之后，下一个需要考虑的方面就是理念一致、基于科学的行为科学方法。这个要求比较简单，因为应用行为分析的基本概念就是研究习得行为也就是操作式行为，操纵社会和物理环境促使改变发生。行为分析师不应暗示某种行为是人体内在的神秘原因引发的，那是无法经由实践检验的理论，也不应认可与此相关的疗法，比如灵气疗法[①]、能量疗愈、引导式冥想。还有一些伪科学的疗法，包括生物医学治疗，比如螯合疗法（chelation）、卢普龙[②]疗法[③]、高压氧疗法（hyperbaric oxygen therapy）[④]。还有一类疗法也属于非循证疗法，包括骑马疗法[⑤]、海豚辅助疗法（dolphin-assisted therapy）、辅助交流法（facilitated communication, FC）、快速提示法（rapid prompting method）、精油疗法（essential oils）、拼写交流法

---

① 译注：灵气疗法（Reiki），一种号称利用宇宙能量治病和养生的修炼方法。
② 译注：卢普龙（Lupron），又名醋酸亮丙瑞林，一种睾酮抑制药物。
③ 原注：www.chicagotribune.com/lifestyles/health/chi-autism-lupron-may21-story.html
④ 原注：https://autismsciencefoundation.org/what-is-autism/beware-of-non-evidence-based-treatments/
⑤ 译注：骑马疗法（horseback riding），又译为"马术疗法"。

（spelling to communicate）[1]。与此相反，理念一致的方法，符合1968年贝尔（Baer）、沃尔夫（Wolf）和里斯利提出的应用行为分析的七大维度[2]。

根据这七大维度的要求，干预方法应该：①具备应用性；②属于行为科学；③具备分析性；④具备技术性；⑤与操作式原理相关；⑥有效；⑦随着时间推移可以泛化应用于其他行为以及其他情境。还可以再加上一个维度：⑧合乎伦理地应用于干预实践。我们的工作有自己的科学体系，杰克·迈克尔博士的经典著作《行为分析的概念与原则》（Michael, 2004）对此有完整的描述。

（4）最大限度地实现治疗效果是一项艰巨的任务，需要训练有素的治疗师、合理的资源预算，需要教师或看护人员全力配合，还需要认证行为分析师倾力投入、熟练协调。

新版条例2.01条款的最后一句话似乎有点不太合适，因为好像是说行为分析师如果有相应证书的话，就可以实施非循证疗法。但是，如果他们遵守2.01条款（1）到（4）的规定，可能压根就不会想到去实践前面说的那些伪科学的方法。不过，如果行为分析师确实要用非循证疗法，那么一定要记住的是不可混合治疗。如果认证行为分析师决定要给服务对象使用热瑜伽疗法，那就必须把瑜伽和行为分析分开操作，这样大众才不会混淆。"应用行为分析热瑜伽"这种说法是不被允许的，因为这就是前面说的混合治疗了。可以这样解决：在一个网站上宣传"认证行为分析师J.琼斯为您提供应用行为分析治疗"，在另一个网站上宣传"瑜伽师J.琼斯带您做热瑜伽"。

案例2.01 肠道清洗疗法可行吗？

"在最近的一次建档过程中，有位孩子的母亲提到她每天都给孩子补充'二氧化氯'。我当时也没想太多，我还以为就是跟其他正常的维生素差不多的东西。她说，这是为了'清洁儿子的肠道'，因为她认为肠道健康对减轻孤独症症状至关重要。

"建档之后，我又对此进行了更多的查证，发现这种疗法很流行，但非常危险，因为这不是循证疗法，而有些孤独症孩子的父母却正在使用这种疗法。这种化学物质常常被冠以'神奇矿物质补充剂'的名头到处推销。考虑到这些新信息，作为一名认

---

[1] 原注：https://sciencebasedmedicine.org/decision-against-spelling-to-communicate-a-small-victory-for-science/

[2] 原注：Baer, D. M., Wolf, M. M., & Risley, T. R. (1968). Some current dimensions of applied behavior analysis. Journal of Applied Behavior Analysis, 1, 91–97

证行为分析师,我真的不知道接下来该怎么继续治疗,也不知道应该做些什么。应该把这件事告诉这位妈妈吗?应该怎么说?我们必须告诉她先给孩子停服这种东西,然后才能开始行为干预吗?我真的不知道。期待您的答复。"

2.02 新增条款——及时

行为分析师应当及时、按时提供专业服务并完成与专业服务相关的必要行政事务。

提出这个要求,是为了让服务对象知道一旦他们通过了准入流程,就能很快获得行为分析服务,无须等得太久。条款中对于"及时"没有明确定义,这就意味着机构需要自己以书面形式规定这些期限,并且告知潜在的消费者。在这种情况下,就得由消费者反馈这些规定是否得以执行,甚至可能就是由他们亲自执行这些规定。有些公司可能会给所有潜在的服务对象做评估,之后就让他们开始无尽的等待,迟迟不为他们提供服务。希望这项条款推出以后,不会再有这种做法。这种做法会让服务对象陷入进退两难的境地,因为用于评估的资助费用已经被扣掉,他们没法再找另外的公司。除了按时提供行为服务之外,还应及时完成行政事务,这些事务包括完成所有报告、完成保险公司需要的服务时长记录材料、安排后续的预约等。

案例2.02 等啊等啊

"我在一家非常大的应用行为分析公司工作。因为不止一位注册行为技术员突然离职,所以公司最近非常缺人手。过去两个月里,有两位服务对象接受了服务前的评估,第二个反倒先等到了正式服务。而技术人员实在太缺了,第一个服务对象一直都没排到,所以他的家人说要起诉我们。我问过为什么第二个服务对象反倒先排到了,我的督导说是'沟通有误'。

"除了这件事,我还注意到,因为一位新来的认证行为分析师向教学总监提出了特别申请,还有一位服务对象也插队排到了前面。而这位服务对象是上周才做的初次评估。

"根据伦理条例,这种做法应该是不合伦理的吧?我看得出来,这是违反2.02条款所说的'及时'要求的。"

2.03 保护保密信息

行为分析师应当采取适当措施保证服务对象、利益相关方、督导对象、培训对象以及研究参与人员的信息保密，防止保密信息因意外或者疏忽外泄，同时遵守适用保密规定（比如法律法规、组织细则）。信息保密的范围包括服务过程（比如直播、远程服务、课程录像）、资料数据以及口头、书面或者电子通信信息。

需要采取哪些"适当措施"保密，可能不是马上就能看出来的，不过我们行业可以借鉴其他行业的做法，比如参考律师是如何为客户保密的[①]。（a）自己知道的信息要注意保密。在自己的生活圈子里不要谈论自己的服务对象，不要让服务对象给自己发送电子邮件或者短信息，以免被家里人或者办公室其他人看到，不要与朋友或者家人分享服务对象的信息，保证所有服务对象的档案都保管在安全地方，房间里有其他人的时候不要与服务对象打电话，最后，不要在社交媒体上显摆自己的服务对象，也不要提到他们。（b）传送文件或者数据的时候，使用《健康保险可携带和责任法案》认可的安全软件。（c）如果组织里其他人可以访问或者处理你的数据或者通信信息，应当对这些人进行适当的筛查，包括背景调查、药检以及信用调查。（为什么要做信用调查？深陷债务的人如果发现把这些信息泄露给别人可以获利，就有可能铤而走险。）

案例 2.03 意外泄密

"我是一名认证行为分析师。我给一位家长发了一张付款发票，但是发错了，本来是应该发给另外一位服务对象的，发票上有孩子的全名、我的工资、服务日期和时长、付款名头（比如行为咨询）等。我又发了一封邮件给那位家长，告诉他我发错了，请他把邮件彻底删除。另外，我还请他不要传播、转发、复制，总之就是什么都不要动。

"还有，我的邮件都是有页脚的，里面有这样的说明：本电子邮件及其传输的任何文件都属于保密信息，仅供收件人本人或者实体使用。如果这封邮件是错发给您的，请通知系统管理员。本条信息包含保密信息，仅供指定的个人使用。如果您不是指定的收件人，就不应该传播、转发或者复制这封电子邮件。如果这封邮件是错发给

[①] 原注：www.agilelaw.com/blog/preserve-client-confidentiality/

您的，请立即通过电子邮件通知发件人，并且从自己的系统里删除这封邮件。如果您不是指定的收件人，这里需要告知您：泄露、复制、转发或者采取任何与此信息内容相关的行动都是严格禁止的。

"我做得对吗？我还需要再做点什么吗？"

2.04 公开保密信息

行为分析师仅在下列情况下才能与人共享服务对象、利益相关方、督导对象、培训对象或者研究参与人员的保密信息：（1）已经征得知情同意；（2）为了保护服务对象或者其他人不受伤害；（3）为了解决合同争议；（4）为了阻止有可能对他人造成人身、精神伤害或者财产损失的犯罪；（5）法律或者法庭强制要求。行为分析师获得授权之后可以与第三方讨论保密信息，但仅限分享为实现沟通目的所需的关键性信息。

需要公开服务对象保密信息的情况很少，在规定中都已明确说明。不过，再加点解释可能会有帮助。（a）征得知情同意之后公开保密信息，意思是如果已经征得服务对象的允许，那么可以公开保密信息。服务对象必须签订一个知情同意书表示允许。例如，如果服务对象有个亲戚搬到了附近，在家里忙不过来的时候帮着照顾孩子，那么，服务对象可能希望这位亲戚知道孩子的行为计划进展情况，这样在家训练的时候就可以与注册行为技术员配合。（b）为了保护服务对象或者其他人不受伤害，可以公开保密信息。服务对象做了什么事，吸引了执法部门的注意，而你刚好又不在场，这种情况下，就用得上这条规定了。为了保护服务对象，以免他被当作罪犯，可能需要通知当值警官，他有孤独症，正在治疗，偶尔会有情绪爆发，但是不会对别人造成危险。你可能得这么解释：他爆发一下就过去了，因为他在麦当劳买的汉堡里面有三块酸黄瓜，实在"太让人难过了"[①]。（c）为了解决合同争议，需要公开保密信息，这种情况不太可能发生，因为合同争议不是突然发生的，也不是毫无来由的，所以，有足够的时间让相关各方讨论要不要公开保密信息。（d）为了阻止有可能对他人造成人身、精神伤害或者财产损失的犯罪，可以公开保密信息。这种情况在社区里也是有可能发生的。如果你和服务对象一起出去，注意到他马上就要不恰当地触摸别人，这个

---

① 译注：一般来说，麦当劳汉堡里都是放两块酸黄瓜，孤独症孩子比较刻板，如果和平时习惯看到的不一样，可能会发脾气。

时候你迅速决定"先发制人",可能还需要这样解释两句:"对不起,这孩子叫特里,她看见别人拿的包跟她的差不多,就会觉得是别人偷她的。她语言发育迟缓,不会用语言表达,所以才会想要抓人家的包。再次跟您道歉,希望这件事不会让您不舒服。我是行为分析师,我们正在就这个问题进行干预。给您一张名片,上面有我和我督导的联系信息,如果您有任何疑问,请尽管与她联系。"(e)应法律或者法庭强制要求,可以公开保密信息。这个意思不言自明。如果是因为与服务对象有关的争议(比如监护权的案子)到庭,那么法官可能会要求你公开某些信息。在这种情况下,公开信息是可以接受的。

2.05 资料的保护和保管

行为分析师应当知悉并遵守所有涉及存储、运输、保管、销毁专业服务相关实体资料与电子资料的适用法规要求(如行为分析师认证委员会的规定、法律法规、合同、资助方以及组织的各种要求)。行为分析师仅在适用法规允许的情况下,在将实体资料制成电子副本或者将原始数据做以总结(如做成报告或者图表)之后,才可销毁实体材料。如果行为分析师从组织离职,该组织依然应当承担上述责任。

来自行为分析方案执行过程中的文档资料,其归属问题一直都相当混乱。这条规定澄清了这一问题。一旦行为分析师从一家组织跳槽到另一家组织,将不再负责原组织的各种资料。行为分析师不得带走资料副本,一旦离职,将不再负责保管这些资料。保管责任由原组织承担。行为分析师还在机构或者工作室工作的时候,应当确保所有服务对象的材料安全。在某些情况下,允许将资料的打印版本转成数字版本,但是必须注意公司的相关规定,公司也必须遵守资助机构的规定。

2.06 准确计费和报告

行为分析师应当准确计量自己的服务,将报告、账单、发票、报销申请和收据所需信息全部填写完整。行为分析师获得授权之后或者按照合同提供行为服务期间,不得借机实施不属于行为科学的服务,也不能据此计费。行为分析师发现报告或者计费不准的情况,应当通知所有相关各方(如组织、执业资格管理委员会、资助方),及时纠正错误,同时将该情况下采取的所有行动以及最终结果都记录在案。

绝大多数时候，计费工作是由行为分析师所在公司的业务部门处理的，所以这个要求倒不算太大的负担。不过，有一项工作例外，就是报告与服务对象的相处时长。这就是名声不太好的所谓"可计费时长"。这种计费必须诚实、准确，否则就会被视为欺诈行为。

遵守伦理的行为分析师可能一般不会提供不属于行为科学的服务，所以应该不会出现获得授权提供行为服务之后借机实施不属于行为科学的服务并且收费的问题。伦理热线最常收到的一个问题就是认证行为分析师还有其他身份，比如执业言语治疗师或者咨询师。这些双证专业人员确实需要注意，如果需要计费，一定要将两种不同的疗法分开。例如，如果一位认证行为分析师兼言语语言治疗师给服务对象上了两个小时的课，为了使语言课进行得更加顺利，使用了行为分析的措施，那么他（她）就得判断一下，这两个小时的课应该算是哪一种治疗方案和授权服务，不能两种都计费。两种服务的准确起止时间都应该仔细记录。除此之外，还应该附上课程笔记，用以证明提供的是与计费代码相符的服务。因为这种计费非常复杂，所以双证专业人员最好是就计费和保险问题向专家咨询，这样以后碰到同样状况的时候就能有章可循。

案例 2.06　南卡罗来纳州两名公司负责人因参与联邦孤独症医疗保险欺诈案入狱，案值 1300 万美元 [①]

南卡罗来纳州的两名妇女因参与联邦医疗保险欺诈案被判入狱，这种非法勾当由来已久，主要是由公司虚报费用，以此向政府医疗保险计划收费共计 1300 万美元左右，据称是用于照顾孤独症儿童。这起案件的受害者包括纳税人、因欺诈而被迫支付更高医疗保险金的人，还有失去了治疗机会的孤独症儿童，犯罪嫌疑人提交了为这些孩子提供服务的账单，而实际上他们并没有真正提供这些服务。这两名妇女之前为南卡罗来纳州早期孤独症项目工作，这家机构是南卡最大的孤独症儿童服务供应商。该案证据显示，被告谎称为参保公费医疗的孤独症儿童提供了服务，以此骗取保险、非法获利。这起非法勾当从 2009 年开始，一直到 2016 年案发，总共七年时间里，"这家公司的文化氛围是如此恶劣，公司所有人都知道这种计费是欺诈行为"。除了虚报费用，公司员工还伪造家长的签名，说他们接受了治疗服务，以此向政府收取费用。

[①] 原注：该案例简介选自 www.thestate.com/news/local/crime/article224618415.html

2.07　收费

行为分析师应当按照适用法律法规进行收费操作并提供收费相关信息。行为分析师不应乱收费。在某些情况下，如行为分析师不直接收费，则必须将相关要求向责任方传达到位，如有错误、模糊或矛盾之处，必须采取措施妥善解决。行为分析师应当将这种情况下采取的所有行动以及最终结果都记录在案。

因为大部分行为分析师都是为营利性公司或者非营利性组织工作的，所以他们几乎不需要考虑提供收费信息的问题。单位的业务部门会处理这些事情。还有一个相关因素，收费多少往往要看私有保险公司或者政府机构的规定。不过，如果行为分析师是自己单干，那么这项条款就适用了。主要目的就是诚实坦率地面对服务对象，没有隐藏收费，以免让他们觉得自己受到了欺骗或者操纵。

案例 2.07　隐藏收费

"我是一名家长，说到收费，我有个伦理问题想问。我儿子有轻度孤独症，我们夫妻俩最近给他找了一位行为分析师。这位治疗师给我们发来了收费表，我们约好了通过电话进行建档访谈。我们知道这次服务是收费的，但是我必须得说清楚，我们从来没签过任何东西表示我们明白她这个收费是怎么计算的。之后她在征得我们同意之后又去学校里观察了我儿子的情况，我们知道这次也是收费的。她还咨询了我儿子教育团队的很多人（老师、言语治疗师等）。她在收费表里提到过，咨询时间超过15分钟就会收费。但是，她和这些人接触之前从来都没提醒过我们，也没问过我们，以我们的能力可以承担多长时间的通话费用。她打电话咨询这些人的时候我们没在场，所以我们也没法控制，而且她也没有告诉这些人，这些咨询是要我们付费的。

"现在她收了我们一大笔的电话咨询费，还有那次初诊之后给我们打的电话也收了费用。所以，基本上，以她这个收费来说，要是我们提前知道的话，根本就不会同意让她做这些咨询，而且她收集我儿子的信息还要跟我们收费。"

2.08　就服务内容进行沟通

行为分析师在与服务对象、利益相关方、督导对象、培训对象以及研究参与人员沟通过程中，应当使用容易理解的语言，保证对方明白所有沟通内容。行为分析师提供服务之前应当清楚地说明服务范围，并且明确在何种情况下将结束服务。行为分析师在开展评估和治疗之前应当解释评估步骤和行为干预措施，评估和干预之后，还应就其结果做出解释。行为分析师应当提供准确的、最新的资质证书，如有要求，还应详细解释自己的胜任范围。

和新版条例的其他条款一样，这项条款也包括几个方面的要求，基本上，就沟通服务内容而言，这项条款说的是行为分析师应该：(1)最开始就提供自己的证书复印件；(2)详细说明自己的胜任范围；(3)使用容易理解的语言（比如，与服务对象谈话的时候不用行话或者术语）；(4)提供服务之前详细解释这些服务的范围；(5)明确什么时候结束服务；(6)开展评估之前解释评估步骤；(7)进行治疗之前解释行为改变计划；(8)评估结果一出就给予解释；(9)可以提供干预结果的时候解释这些结果。

请注意，2.08条款用的是"使用""详细解释""解释"和"提供"这些词，但是没说"必须使用"，也没说"始终详细解释"。这好像是个很重要的漏洞，行为分析师可能就会只是电话联系家长或者留个口信，之后还有可能根本不通知家长就进行评估和干预。这就可能引起服务对象的反感，导致他们怀疑我们的意图。我们认为遵守伦理的行为分析师自己会把"必须"这个词放回2.08条款，每一步都让服务对象或者利益相关方知情，每一步都征得家长/利益相关方的书面知情同意。

案例 2.08　需要的不仅仅是一位翻译

"我是一名认证行为分析师，工作地点是中西部一家机构。最近我分到了一个个案，是兄弟俩，都确诊了孤独症谱系障碍。哥哥15岁，弟弟11岁。这家人来自亚洲，妈妈不会说英语，爸爸经常出差，总是没空。妈妈需要翻译才能沟通。妈妈有严重的心理健康问题（曾经说过想要自杀的话）。爸爸基本不参与，翻译也只是开会的时候才在，所以妈妈在家没什么帮手。15岁的哥哥在家有很严重的问题行为，比如离家出走，还有对妈妈人身攻击，好像是因为他特别痴迷的一款在线游戏不能玩了。11岁的弟弟没有任何功能性沟通能力，在过去的8个月里已经不能独立进食。我建议过妈妈去寻求心理健康方面的帮助。我的担心有以下几个方面：绝大部分问题行为发生在只有妈妈在场的时候，所以家长需要指导。但我担心翻译无法把我说的话准确传达给妈妈，尤其是有些术语，担心翻译不好。我想要帮助这个家庭，但我不确定最好怎么帮，也不确定到底从哪里入手。能给我提点建议吗，什么都行。"

2.09　服务对象和利益相关方参与

行为分析师应当付出应尽努力，让服务对象和相关利益方参与整个服务过程，包括确立目标、选择与制订评估方案和行为改变干预计划，并且不断跟踪监测治疗进展。

这个规定的意图很明显，就是让行为分析师在进行评估（即获取孩子的数据）、制订干预方案或者实施行为改变计划之前要争取家长的同意。这里的"付出应尽努力"究竟是什么意思，不是特别清楚。如果认证行为分析师是在学校工作，需要家长同意对孩子进行评估，那么学校只给家长发一个同意表，这样可以吗？家长只在开学的时候签过一张"一揽子"的同意书，这种同意能算数吗？我们认为遵守伦理的行为分析师应该尽最大的努力直接联系家长/服务对象/利益相关方，给他们解释评估或者干预到底是怎么回事，使用知情同意协议征得他们的书面同意（见 2.11 条款）。这样做可以获得服务对象的信任，让他们更有信心与行为分析师一起合作，完成整个治疗过程。

案例 2.09　先"治"后奏

"有位孤独症谱系障碍的孩子在学校有些问题行为，学校请了一位行为分析师给这个孩子'提供支持'。行为分析师对这个孩子进行了观察，确定了行为功能，给老师和家长建议了干预策略，但是家长不同意这个干预策略，他们提议说如果孩子再有问题行为，就取消下午间点。老师同意试试。"

2.10　与同事协作

行为分析师应当与本行业以及其他行业的专业人员合作，以保证实现服务对象和利益相关方的最大利益。如果可能，行为分析师应当通过协商解决冲突，但应始终将服务对象的利益放在首位。行为分析师应当将这些情况下采取的所有行动以及最终结果都记录在案。

假定一起共事的人支持行为分析评估和治疗方案的话，"与同事协作"这个要求应该还是比较容易达到的，但问题是，如果他们的方法与应用行为分析的理念相反，行为分析师就要面临一个选择，是合作还是妥协，去接受一个完全不同的理念和方法。家长可能说服了别的治疗师跟孩子一起的时候使用一种完全不可信的方法——辅助交流法（Facilitated Communication, FC），现在希望行为分析师也用起来。很显然，这种情况下是绝对不能妥协的，还有很多很多未经证实有效的或者非常危险的所谓"疗法"，也是绝对不能接受的。

案例 2.10　跨专业协作

"我工作的公司有不同的专业部门。公司有作业治疗师、言语治疗师、心理咨询师等。我们定期开会，不管哪个专业部门的同事，碰到比较棘手的问题都可以拿到会上讨论，请其他团队成员出谋划策。我从来没有参与过这些讨论，但我也希望自己在不逾越伦理规范的前提下参与跨专业合作，成为这个团队的一员。

"我知道，如果不做功能评估就不能就行为问题给出建议，所以我总是这样说：'先咨询行为分析师，收集数据，然后才有可能帮上忙。'

"那么'一般性的建议'呢？条例中有规定我们连'一般性的建议'也不能给吗？还有，如果服务对象不是我们自己带的个案，条例中有规定我们不能针对如何改变行为给出建议吗？"

2.11　征得知情同意

行为分析师应当知悉在何种情况下必须征得服务对象、利益相关方、研究参与人员的知情同意（比如，进行初次评估或者实施行为改变干预措施之前，对干预计划做出重大改变的时候，交流或者公开保密信息或者记录的时候），并遵守所有要求。行为分析师应当负责解释知情同意的内容，负责征得、重新征得所需的知情同意，并将其记录存档。如果情况允许的话，行为分析师应当征得服务对象的认可。

知情同意是美国心理学会（American Psychological Association, APA）规定的一个程序[1]，实验中有人类研究对象的时候，研究人员在实验前必须征得参与人员的知情同意，医院也有这种规定，病人动手术之前必须签订知情同意书。征得知情同意的流程包括解释研究目的、步骤、时长；说明参与人员随时可以退出实验，告知参与人员参与实验可能带来哪些风险，可以获得什么奖励；还应该告知研究可能带来哪些益处。除此之外，这种类型的同意书可能还需要包括下列信息：发表科研成果时信息保

---

[1] 原注：www.apa.org/news/press/releases/2014/06/informed-consent

密有何限度，如果他们有问题可以与谁联系。虽然知情同意常常与研究活动相关，但是这个术语现在已经广泛应用在临床治疗当中。

那么，同意和知情同意之间有什么区别呢？同意（又称有效同意或者一般同意），意味着行为分析师需要以通俗易懂的语言向服务对象/利益相关方进行解释，主要是解释评估和治疗都是怎么回事。同意可以是口头的，也可以是书面的，但有签字文件存档的确认力度更大，因此在几乎所有情况下都首选书面同意。从上面对于知情同意的解释来看，有些步骤（即可以获得什么奖励、可能带来哪些益处）在同意中可以省略。而知情同意则必须包括：（1）评估或者治疗的目的；（2）干预过程可能持续的时长；（3）干预措施可能涉及的详细情况（如果需要约束措施、厌恶疗法或者惩罚措施的话，这一部分是必需的）；（4）所有潜在风险或者副作用，当然还有可能带来的益处；（5）告知服务对象随时可以退出；（6）讨论评估和治疗过程中所获信息和数据如何保密；（7）如果服务对象想要退出或者有问题，可以与谁联系。为了保留记录的需要，首选看起来比较正式的、打印版的个性化同意书，不过其他格式也可以接受，看所在组织的需要。

那么，同意和认可之间又有什么区别呢？"只有达到法定同意年龄（美国一般是18岁）的人才可以表示'同意'。而'认可'是对参与某项活动无法表示法定同意的人表示的'同意'。如果工作对象是儿童或者无法表示法定同意的成人，则需征得其家长或者法定监护人的同意以及本人的认可。"[①]

最重要的是：行为分析师需要全面了解所在公司（机构、组织）有关同意和知情同意的规定，还应了解如需征得18岁以下服务对象的认可都有哪些规定。这个要求旨在保证服务对象/利益相关方充分了解他们自己或者孩子将会经历什么。充分了解，将来才不会有让他们觉得意外的事情，导致他们对行为分析师失去信任，进而不能充分合作。

案例 2.11 "认可"在这里适用吗？

"我有一个问题，服务对象是孤独症谱系障碍儿童（不能发声/没有语言，或者能发声/有语言）的话，怎么确认他们同意接受哪些服务呢？我所在的组织对如何征得家长同意是有细则的，但是对如何征得直接服务对象的同意，目前还没有规定。我现在正在学习伦理课，课上也在讨论征得服务对象的同意这个议题。"

---

① 原注：www.uaf.edu/irb/faqs/consent-and-assent/

2.12 考虑医疗需求

行为分析师需要判断某一行为是否受到医学或者生理因素的影响，如有任何合理可能性，则应保证尽自己最大能力评估是否存在医疗需求并进行处理。如转诊至医疗专业人员，行为分析师应当记录在案，并在安排转诊之后跟进服务对象的情况。

考虑服务对象的医疗需求这条规定是在旧版条例的基础上做了少许修改。修改之后，行为分析师的责任是保证在发现医学或者生理因素之后安排转诊并且跟进服务对象的情况。这就使得认证行为分析师的影响力比以前大了一点点，他们可以要求看护人和利益相关方寻求医疗评估，如有必要，还可以要求针对某些无法基于行为分析原理操作改变的行为安排适当治疗。那么，第一个出现的问题就是："什么时候需要提出转诊的要求？"这要看问题的表现性质。在有些情况下，有经验的行为分析师可能会在建档过程中就意识到有点不对劲，需要转诊。例如，某个行为突然就出现了，而在这之前环境没有任何变化；家长轻描淡写地提到孩子受伤了，同时就恰好出现了某种行为；换了别的药吃，或者加了新药，恰好也出现了类似的情况；某种行为出现，同时孩子身上出现瘀青、疹子，或者同时出现食欲不振的情况；某种行为本来已经很长时间不怎么出现了，突然间就加重了。只要出现上述这些情况，或者还有其他症状，都表明服务对象可能受到了医学/生理因素的影响。应该深入探究这些因素，或者排除其影响，这样才能安心地开始行为分析治疗。想要以这种合情合理的方式实现合乎伦理的治疗，面临着一个复杂的问题，那就是涉及看护人。如果行为分析师告诉了他们自己的担心，但是他们不去约诊，或者约了又临时取消了，该怎么办？作为行为分析师，你能不管这些就开始行为治疗吗？答案是否定的。这样做的话，就不是为了最大限度保护服务对象的利益了。如果确实是推进不下去，你的义务就是咨询教学总监，确定怎么走下去才是最好的选择，才能达成那个更大的目标：把服务对象的利益放在首位。这可能意味着引入其他专业资源帮助这个家庭。

案例 2.12A　行为治疗的绊脚石

"我是一名认证行为分析师，我有个学生，有自伤行为。家长没把医学方面的问题（肠胃问题、睡眠问题、偏头痛和体温调节问题）太放在心上。我想制订一个个别化教育计划，目的是减少自伤行为，目前的情况是一天里50%的时间都有自伤行为，我想减到40%，可是家长的期望是减到20%。医疗需求没有得到满足的情况下，我就开始计划减少问题行为，这样做合乎伦理吗？我该对家长说什么呢？我必须确认医学方面的问题与此无关之后才去处理行为问题，这样做合乎伦理吗？"

案例 2.12B　法律方面的压力

"我是一名认证行为分析师，工作地点是学校。我有一名学生，十几岁，不能说话，患有脑瘫和癫痫，四肢瘫痪，还有惊跳反射和下颌震颤的表现。他还戴着个眼控仪。他在学校出过四次状况，在公交车上也有过一次，紧咬牙关，下颌咬得死死的，有时候咬着舌头或者嘴唇，有时候没有。过去发生这种情况的时候，如果持续超过 30 分钟，而且呼吸受到了影响，就会送医。有一次就叫了救护车。他这种情况主要还是医疗问题，但是今年，律师想要做个功能性评估①，我所在的学区可以提供这个服务，所以我就一直在收集他的前因-行为-后果方面的数据。我一直都在想办法联系这个学生的主管医生，但是他一个月才来四次。我给他发了一封信，详细描述了这几次突发情况，因为我实在找不到什么共同的前因。这个孩子来自单亲家庭，但是就这唯一的亲人今年夏天也去世了，他现在是由收费的工作人员照顾的。律师问我他这种表现有没有可能是因为焦虑，我说这个我判断不了，但我会注意一下观察得到和可以量化的情况。我知道我必须排除医学/生理因素，但是，律师那边一直在催促我增加干预目标和支持资源。我是就拿着行为功能评估问卷（Questions About Behavior Function assessment, QABF）②做这个评估呢，还是等主管医生排除医学因素再说呢？如果医生不排除医学因素的话，我该怎么办呢？"

2.13　选择、制订、实施评估方案

选择或者制订行为改变干预计划之前，行为分析师应当选择和制订评估方案，评估方案在理念上应当与行为科学原理保持一致，以科研实证为基础，最大限度地满足服务对象和利益相关方的不同需求、适合他们的背景情况、符合他们的资源状况。行为分析师在选择、制订和实施评估方案的时候，重点应当是使服务对象和利益相关方获得最大收益，同时将风险降到最低。行为分析师应当以书面形式记录评估步骤和评估结果。

---

① 译注：在行为分析领域称为 Functional Behavior Assessment，在教育学领域称为 Functional Behavioral Assessment，此处译为"功能性行为评估"，是根据 2013 年公布的教育学名词术语译法。

② 原注：https://en.wikipedia.org/wiki/Questions_About_Behavior_Function

这项条款与选择和实施评估方案有关，是把旧版条例的几个条款合并到了一起，之后又加了一些新的内容。新版条款概括了很多行为科学领域的内容，如果我们分开列举，可能会更容易明白：(a) 找到基于行为科学的评估方案（当然了，一定得是"科学"的），这条要求就可以筛掉很多流行的教育和发展评估；(b) 最大限度地满足服务对象的需求；(c) 实施评估方案的时候，要让服务对象受益，同时将伤害降到最低；(d) 出具评估报告，详细解释评估步骤和评估结果，将报告交给服务对象和利益相关方。上面这些要求乍一听上去一清二楚，但是仔细看看就会发现这里有很多的假定前提，同时还漏掉了很多信息。这里假定了行为分析师之前已经上过至少一门行为评估的课，还接触过各种各样的服务对象，看到过各种各样的行为，得到过督导手把手的指导，"巩固"了课上学过的这些知识。行为评估是一个巨大的领域，需要针对各种各样的问题行为进行评估，有些评估比较简单，比如针对课堂上不能跟随任务、离开座位等行为的评估，还有偏好物评估，有些评估比较复杂，比如广泛适用于儿童和成人的适应性行为评估、语言评估、社会和职前技能评估。甚至还有更复杂的，比如评估严重攻击行为、破坏行为和自伤行为，评估喂养障碍，评估患有重度残障、抽动障碍、恐惧障碍、注意缺陷多动障碍（ADHD）以及异食癖的服务对象，还要评估是否存在医学因素，包括评估服务对象的用药情况。行为分析师还必须了解简单功能评估、行为功能评估和访谈式综合依联分析（简称IISCA）的最新研究进展，同时还要了解每一种评估方法在信度和效度方面的局限性。行为分析师想要达到2.13条款的要求，订阅《应用行为分析杂志》是必要的。这是本领域的领军期刊，50多卷的期刊刊发了数百篇关于行为评估的文章，供读者分析和学习。除此之外，我们还推荐一些资源[①]供读者参考。

因为绝大多数评估数据需要家庭成员或者其他利益相关方收集，所以应该考虑到他们记录的因变量的真实性可能达不到标准，或者操作不够准确，或者收集过程中没有保持前后一致。他们还有可能受到自身偏见的影响。例如，有些利益相关方为了得

[①] 原注：Luiselli, J. K. (2011). *Teaching and Behavior Support for Children and Adults with Autism Spectrum Disorder: A Practitioner's* Guide. Oxford: Oxford University Press. Glasberg, B. A., & LaRue, R. H. (2015). *Functional Behavior Assessment for People with Autism: Making sense of seemingly senseless behavior*. Bethesda, MD: Woodbine House. Peterson, S. M., & Neef, N.A. (2020). Functional behavior assessment. In J. O. Cooper, T.E. Heron & W. L. Heward (Eds.), *Applied behavior analysis* (3rd ed., pp. 628–653). Pearson Education, Inc.（编注：《应用行为分析（第3版）》中文简体版2023年由华夏出版社出版。）

到更多的服务可能会歪曲这些数据，而有的人为了让治疗师高兴可能会假装治疗是有效的。因为收集评估数据是为了判断什么样的行为治疗方案才最合适，所以这些数据必须是最新的，而且还要准确，与评估目的相关，还要有助于了解服务对象在某些情境中的基线数据，这些要求都是至关重要的。同样重要的是，评估数据还应该让我们可以判断某个或者某些干预措施在一段时间内是否有效。

2.14 选择、制订、实施行为干预计划

行为分析师在选择、制订、实施行为干预计划的时候应当注意：（1）在理念上应当与行为科学原理保持一致；（2）以科研实证为基础；（3）以评估结果为基础；（4）优先使用正强化手段；（5）最大限度地满足服务对象和利益相关方的不同需求、适合他们的背景情况、符合他们的资源状况。行为分析师制订和实施行为干预计划的时候应当考虑到相关因素（如风险、收益、副作用、服务对象和利益相关方的偏好、计划的执行效率、成本效率），还应考虑干预成果是否可以在自然条件下得以巩固。行为分析师应当以书面形式对行为干预措施进行概括（如行为计划）。

这项条款列出了行为分析师在制订干预计划的过程中应该遵循的先后顺序。看起来好像没有必要，但需要反复强调的是，使用在理念上与基本的行为科学原理保持一致的方法，这始终是我们的出发点。这意味着我们研究的是观察得到并且可以量化的操作式行为（即习得行为）以及循证干预措施。我们的科研实证主要来自于这个领域的领军刊物——《应用行为分析杂志》，还有其他几本期刊，也刊登以行为科学原理和方法论为基础的科研成果。根据2.13条款，行为分析干预措施的基础应该是行为评估，恰当的行为评估可以帮助我们发现目标行为的控制变量。我们这个领域最主要的关注点在于大力使用强化物改变行为，通常不鼓励使用厌恶控制（见2.15条款）。

每一位想要实现这些目标的行为分析师都会面临一个非常艰巨的任务：已经发表的研究成果中，有些基本的原则或者发现需要将其转化成可行的、实际的干预措施，这些措施应该被社会所认可并且符合当时的背景和情境，应该尽量保证没有风险，也没有副作用，或者副作用尽量少，但是却能迅速地产生具有社会性意义的效果，同时还能得到家长/看护人和所有涉及其中的利益相关方的欢迎。如果上述条件都能满足，那么只要我们所设计的强化机制能够保持原封不动，不折不扣地得以执行，积极

行为变化这种干预成果就完全可以"在自然条件下得以巩固"。除此之外，还取决于所处的自然环境里有没有巩固干预成果所必需的强化物，类型对不对，数量够不够。自然环境中的变化几乎总是超出行为分析师的控制范围，所以针对干预措施的有效性进行评估的时候，不应该指望这样的奇迹：行为改变一朝实现，就会持续永远。

案例 2.14　惩罚盛行

"我写信是因为之前工作单位的事。那里有几位认证行为分析师在督导，但是他们一直在用惩罚措施，没有什么正式的行为计划，没有把各种强化物都试过一遍，也没有征得家长的同意。有个学生总是抹大便，因为遭到惩罚已经表现出创伤迹象了，但是他们居然能让这个学生带着沾有自己大便的东西东跑西颠的。难道他们不需要遵守 2.14 条款吗？"

2.15　尽量降低行为干预措施带来的风险

行为分析师在选择、制订和实施行为干预计划（包括选择和使用行为后果作为干预手段）的时候，重点应当是最大限度地降低干预措施给服务对象和利益相关方带来的风险。行为分析师仅在证实使用侵入性较低的手段无法获得理想结果的情况下，或者经现有干预团队判断服务对象面临伤害的风险大于实施行为干预计划带来的风险时，才能推荐和实施约束性或者以惩罚为基础的干预措施。如果推荐和实施约束性或者以惩罚为基础的干预措施，行为分析师应当遵守所有必需的审查流程（比如人权审查委员会）。行为分析师必须不断评估约束性或者以惩罚为基础的干预措施是否有效，并记录在案，如果无效，应当及时修改或者终止这些行为干预措施。

在行为分析师的心目中，服务对象的安全应该是第一位的，而这条规定就是关于如何最大限度地降低行为干预措施带来的风险，它讨论了这个问题的两个方面：(a)行为分析师应该始终最大限度地降低干预措施带来伤害的风险；(b)如果使用约束性或者以惩罚为基础的干预措施，行为分析师应该首先证实侵入性较低的手段没有效果。

虽然我们没有总是讨论风险，但只要使用后果改变行为，就总会有风险。就正向强化物来说，其风险是选择强化物不够谨慎，食物强化物可能会导致过敏，使服务对象发胖，影响他们对食物的偏好。如果使用强化物的时候不够谨慎，治疗师可能在无意中强化了错误行为或者引起了消退爆发①。

一般来说，由于约束性措施或者使用惩罚改变行为的做法的副作用很多，而且直接作用受限（即刺激控制②范围太窄），所以我们一般不用。如果经过深思熟虑之后决定使用惩罚/厌恶控制，那么应该咨询相应的人权委员会。这个委员会应该与建议使用这个干预措施的机构互相独立。如果委员会通过了这个干预措施，那么需要对相关人员进行细致的培训，并且密切监督整个干预过程，以保证没有不当使用。利用惩罚/厌恶干预某种行为，这种做法经常会很快起效，或者完全无效，所以干预团队需要做好准备，根据干预结果做出调整，或者停止使用这些干预措施。

案例 2.15　惩罚措施没有经过同意

"周五的时候，我的一位员工联系了我，讨论了一个问题，就是我的教学总监推荐的一项干预措施。很显然，教学总监觉得一个与吃有关的行为干预进展太慢，于是就加了一个要求，服务对象吃下一口食物以后才能坐下，否则就只能一直站着。这位6岁的服务对象本来就超重了，还要含着食物罚站，每天站大概3个小时，这种情况已经持续了4天。这个惩罚措施并没有征得看护人的同意，甚至都没和他们讨论过，就我所知，也没有已经发表的、同行评议的研究成果作为理论基础。主任/认证行为分析师对于处理与吃相关的行为没有多少经验，决定使用惩罚措施也没有跟我商量过。我觉得这个措施很恶心，而且是虐待。

"我的问题是，您认为这是解雇这个人的充分理由吗？（她还培训注册行为技术员也这么干。）我已经举报她了，我不相信她的专业判断。我觉得这违反了我们的伦理条例，我最在意的问题是她这种做法没有遵守'不伤害'这条最基本的规定，她甚至压根就没觉得这种虐待有什么问题。"

2.16　实施行为干预计划之前进行详细解释

实施行为干预计划之前，行为分析师应当以书面形式详细解释干预目标和详细步骤，明确所有时间节点以及针对干预计划及其效果进行同步审查的日程安排。行为分析师应当（在适当的时候）告知利益相关方和服务对象保证行为干预计划实施效果所

---

① 译注：对行为实施消退时，行为可能会暂时加剧，以获取以往会出现的强化物，这就是消退爆发。

② 译注：刺激控制是指一种行为与一个或多个先前刺激之间的关系。

需的环境条件，并且对此进行解释。行为分析师如需修订现有行为干预计划或者新增行为干预措施，应当对此进行解释，并且在适当的时候征得知情同意。

这条规定是关于实施行为干预计划之前如何进行解释的，假定之前所有步骤都已经妥善完成，那么按照这条规定的要求，行为分析师应该以书面形式详细解释他们提议要做的事情。具体来说，行为分析师必须准备一份行为干预计划（简称BIP），详细解释自己想要达成什么目标、如何实现这些目标、大概需要多长时间（这里少不了要估算一下）以及每隔多长时间会对这个计划进行检查和调整（最好是每周，不过也有可能是每个月）。2.16条款后半部分的内容非常重要，因为这里要求行为分析师说明想要取得预期的治疗效果都需要哪些条件。不过，这里没有说明的是，这些条件包括各方充分的合作，还有必须提供的某些资源，比如训练空间、合适的强化物，除此之外，还需要每周都有足够的时间安排治疗。最后一个注意事项是如果需要修订行为干预计划的话，应该怎么办。如果改动不大，那么可以在现有的行为干预计划基础上进行调整，但是如果有比较大的改动，合乎伦理的做法应该是去联系家长/看护人，解释为什么要做出这些修改，重新征得他们的同意。使用修订后的计划，附带说明为什么要做出这些修订、修订会带来哪些变化、家长/利益相关方是否必须参与其中、如何评估修订后的计划。

案例2.16　应用行为分析让我无助而失望

"我有两个孩子，一个2岁，一个4岁，都在接受行为分析服务。他们告诉我说我们不能直接跟认证行为分析师和注册行为技术员沟通，想要沟通必须通过机构负责人。我们没接受过家长培训。2个月前，2岁的这个接受了评估，但是我既没参与评估，也没得到反馈。我没收到过报告，不知道进展如何，也不知道眼下在干什么，他们只是告诉我，说4岁这个孩子是高功能的，需要在家接受教育，由他们来做。他们说，他们觉得这孩子无法适应学校环境，尽管他没有任何问题行为。我只知道负责人告诉我的那些信息，还有认证行为分析师是哪个人，除此之外，得不到任何有数据支持的反馈。

"我一问，她就特别戒备，告诉我信任她就得了，说我问来问去的会影响孩子的治疗。缺乏沟通这个事，她总是怪到别人身上，除了他们公司，谁都怪，可是不跟我们沟通的就是他们公司。我自己就是做医疗的，我知道，应该跟家长解释征得知情同意，而他们没有跟我解释就把治疗计划强加到孩子身上，这种行为绝对是不合伦理的。我很茫然，但是我已经决定换一家机构了，不过我还是想说，孩子们没有能力表达自己的需求，也没有能力说出自己的经历，在应用行为分析的领域里，那家机构的这种行为是不可接受的。"

2.17　新增条款——收集数据和使用数据

行为分析师应当积极保证适当选择、正确执行数据收集程序。行为分析师应当以图表的形式呈现、总结、使用这些数据，以便决定是否继续提供专业服务、是否需要修改服务内容。

对于行为分析师来说，定期、规律、保质保量地收集数据是标准的操作程序。我们行为分析师就是做这个的，所以这个应该不难，但是，绝大多数情况下，数据收集还真是个问题。我们假定，实施干预措施的过程中，每天都收集数据。根据应用研究人员的操作守则，每天都应该把这些数据用图表的形式呈现出来，还应该对这些数据进行评估，这样才能判断治疗进展如何。用现在流行的业务术语来说吧，这需要一个有效的"供应链"才能满足上述要求。首先是治疗师，一般是注册行为技术员，担任督导的认证行为分析师会给他们一套精确的有关体征或者功能的名词解释，然后培训他们熟悉这些名词解释，直到他们完全掌握为止。接下来，再让他们熟悉数据收集程序，包括各种记录表或者某种计算机辅助工具。为了确保收集的数据不会因为观察者/注册行为技术员的偏见而出现偏差，认证行为分析师在进行直接观察督导的时候需要时不时地检验观察者一致性（简称IOA），这样才能保证这些数据是有效的。

案例2.17　名正言顺的不精确

"我是一名注册行为技术员，我有个问题，是关于收集服务对象的数据的。我们每天给服务对象安排1个小时的回合试验教学。我的认证行为分析师督导告诉我们每次课都利用最后15分钟收集数据。我问过其他的技术员他们怎么做的，他们说就是尽量地评价一下刚刚发生的情况而已。按说我们应该明确每一种刺激给出之后分别需要多少辅助或者提示才能出现刺激反应，但是我的'数据'都不是很精确。"

2.18　不断评估行为干预计划

行为分析师应当跟踪监测并且不断评估行为干预计划的进展。如果数据表明没有实现预期的效果，行为分析师应当主动评估目前的情况，并且采取适当的纠正措施。行为分析师如果担心其他专业人员正在提供的服务对自己的行为干预服务造成了负面影响，则应采取适当的措施对此进行检查并且与相关专业人员交涉。

这项条款涉及行为干预计划的持续评估，其中有两个方面的问题需要详细解释：（a）跟踪监测、不断评估，以及在评估过程中应该采取哪些措施；（b）如果其他专业人员的干预影响了目前采取的行为干预策略，应该如何应对。

正如条款解释的那样，下一步应该是请认证助理行为分析师或者认证行为分析师对数据进行评估，以便判断这些数据的发展方向是否正确（表明有进步）。这种分析应该每周都做，数据也应该与相关各方共享，包括家长/看护人、教师和临床主任。理想情况下，教学主任会将数据输入自己的总结表，以便对组织效能[1]进行全面分析。可能采取的纠正措施很多，包括修订强化计划、替换强化物、调整任务分析流程、改变刺激消退速度、重新开展行为功能分析，在某些情况下还需进行全面审查，以便判断整个策略是否有误，是否需要重新分析。

2.18 条款讨论的第二个问题，涉及其他专业人员使用不同的治疗方法对行为治疗造成了干扰。家长或者老师可能坚持要求行为分析师使用他们喜欢的新疗法，比如快速提示法或者支持打字法[2]，甚至是危险的疗法，比如神奇矿物疗法，也就是服用一种工业漂白剂：二氧化氯。家长常常向各种各样的专业人员求助，有些专业人员可能会提倡与行为分析理念相反的疗法，比如穿重力背心、刷身体[3]或者摄入特殊饮食。家长们好像都觉得"干预越多越好"。如果他们使用的干预疗法比较温和，那么可以向对方提议由你收集数据，以便判断这种疗法是否有效。如果收集了上述数据，分析之后发现，恰好就在开始实施这种新疗法的时候，服务对象的表现开始退步了，那么就该与相关人士或者专业人员严肃地谈谈了。不过，这样做的结果可能是你暂停治疗甚至终止治疗，直到对方完成自己的干预为止。

案例 2.18　辅助交流法是用来搞破坏的吗？

"如果服务对象同时还在接受辅助交流训练，那么继续应用行为分析疗法应该遵循哪些伦理规范呢？毕竟辅助交流法不属于应用行为分析领域。如果我们跟家长表达

---

[1] 译注：组织效能指的是组织实现预定目标的实际结果。
[2] 译注：支持打字法，指的是前文提到的辅助交流法，简称 FC。
[3] 译注：刷身体，指的是用软毛刷、干毛巾等摩擦皮肤。

了自己的担心，但他们还是不愿意停止其他疗法，该怎么办？"

2.19 处理服务过程中的干扰因素

行为分析师应当主动发现并且处理可能干扰或者妨碍服务的环境因素（如其他人的行为、给服务对象或者员工带来的危害、外界干扰）。出现上述情况，行为分析师应当排除这些因素，或者将干扰降到最低，确定如何针对干预计划进行有效的调整，同时/或者考虑争取或推荐其他专业人员的帮助。行为分析师应当将这些情况以及这些情况下采取的所有行动和最终结果都记录在案。

首先，我们应该注意"处理"这个词的意思并不代表必须要解决。"处理"仅代表对此知情、已经记录，并且采取适当的措施，而这些可能意味着找到某种解决方案之前治疗会被延误。

服务过程中的干扰因素主要分为两类：（a）人的因素，通常是看护人，不过有时候也有其他利益相关方；（b）环境因素。"人的因素"包括家长或者看护人不够积极，或者对自己在贯彻行为策略过程中的作用漠不关心，或者在某些情况下，甚至有抵触情绪。

应用行为分析的基本概念是，作为行为分析师，我们的工作是发现行为的控制变量，制订可以保证实施效果的有效干预计划（在得到配合的情况下），接下来的任务就是把行为计划交给家长、老师或者其他看护人。在建档阶段，接受服务对象之前就应该明确这一点。我们推荐使用《行为分析师专业实践和工作程序告知书》把这个过程解释清楚。行为分析师解释完毕之后，家长或者看护人应该在文件上面签字，保留复印件以备将来参考。这份文件很重要，第13章还将详细讨论。请注意，不是所有的看护人都能接受这份"合同"里的术语，行为分析师则需要做好心理准备，可能第一个强化物还没给出去呢，他们就走掉了。

现在比较普遍的做法是在合同约定的行为服务中加入家长培训服务（应资助方要求）。但是家长培训这个说法有点不太好听，所以可能需要找个词代替。我们推荐使用"行为指导"这个词，没有暗示家长不够称职、需要培训才能做好家长的意思，这样措辞就不会那么伤人。所有可能需要参与执行行为计划的人，比如亲戚、兄弟姐妹、保姆或者老师或助教，都可以接受行为指导。治疗可能还会面临一个障碍，那就是儿童服务对象自身的条件，不好开口讨论，也很令人难过。这些孩子常常身体不好、营养不良，没有得到善待，甚至被虐待。如果由于自身状况所限还不具备接受行为治疗的条件，那么行为分析师的目标就变成找到可以提供适当帮助的专业人员。

可能影响干预计划成功实施的环境因素包括：资源不足（如员工不够、资金不够、可支配的时间不够、治疗环境不合适）、环境干扰（如噪音太大、温度太高或者太低、人太多、因为囤积障碍导致周围"东西"太多）、居住地不安全（如毒品枪支泛滥、卫生条件太差、昆虫/啮齿动物侵扰）。在这种情况下，经常采取的变通办法就是把孩子带到机构进行治疗，直到家庭条件改善为止。

案例 2.19 过分了

"有个患者在我们机构接受应用行为分析服务已经好几年了。最近，患者父母的婚姻出现了问题，妈妈总是跟治疗师唠叨自己的个人问题，这是越界的行为。不管是家长培训课程，还是直接治疗课程，本来应该是由认证行为分析师分享治疗计划相关信息，讨论回家应该怎么做的，可是患者妈妈的这种做法占用了很多时间。我们跟她就这个事讨论了好几次，也提出了我们的期望，可是这位妈妈还会占用上课时间，讨论与患者无关的事情，对员工也不尊重，还不遵守工作守则。认证行为分析师提出的建议她根本就不执行。她的行为经常不可捉摸，哭闹、走来走去，说话也语无伦次，我们甚至给警方打电话申请对她家进行福利调查，还向儿童和家庭服务部①进行了举报。

"因为这些情况反复出现，多次约谈甚至书面警告也不管用，最近我们给这家人发了一封信，表示由于他们未能遵守工作守则以及服务供应商的指导，服务将在 30 天后终止。

"现在是这 30 天的第一周，这位妈妈开始把矛头对准了认证行为分析师，分析师还在工作，她就直接开始质询应用行为分析服务的问题。她还在注册行为技术员面前炮轰认证行为分析师，这让分析师开家长会或者培训妈妈的时候感到非常不安。

"我想尽快（30 天以内）跟他们解约，因为现在这种不良关系没有什么建设性，也不利于孩子接受服务。这个时候和这家人解约，只给他们不满 30 天的时间去找下家，合乎伦理吗？"

---

① 译注：儿童和家庭服务部（Department of Children and Families），目前没有官方译名。

▶ 案例点评

案例 2.01　肠道清洗疗法可行吗？

你应该知道，2019 年 8 月，美国食品药品监督管理局重申了 2010 年曾经发布的警示信息，反对服用二氧化氯，并称这种行为"等于饮用漂白剂"。这种致命的化学物质已经火了好几年了，期间改头换面好多次。如果你接收了这个人做你的服务对象，那么根据 2.01 条款，你就有义务"保护他不受伤害"，还应该向家长准确地解释你了解到的知识。与家长谈过之后，把这些信息以备忘录的形式发给家长，这样就可以保留记录，以备日后调查。孩子妈妈这么干肯定是瞒着儿科医生的，因为医学专业人员肯定不会让她把这种可能致死的毒药用到孩子身上。

事件后续

好在妈妈理解了我们的担心，同意彻底停用这种"补充剂"。我们把谈话内容整理成了详细的备忘录，她在上面签了名。

案例 2.02　等啊等啊

排队名单上有些服务对象被挤到了后面，可能确实是有原因的（比如保险公司处理文书工作花的时间不一样），但是好像你们公司没给服务对象解释到底是什么原因。但是，如果服务对象是因为保险类型、报销日程的原因被插了队，或者因为种族、民族等原因遭遇区别对待，那就不合伦理了。

案例 2.03　意外泄密

你不是故意犯错的，而且发现错了以后马上纠正了，所以可以放轻松点。如果你是在公司工作，一定要让单位知道这件事，告诉他们你的迅速反应，一定要把所有的事情都记录在案。

案例 2.06　南卡罗来纳州两名公司负责人因参与联邦孤独症医疗保险欺诈案入狱，案值 1300 万美元

这起案件使举国上下都注意到了在行为分析服务领域虚报账单的问题。这件事之后，在佛罗里达州和其他州又有几起类似的虚报账单欺诈案，逮捕了好几个人。

案例 2.07　隐藏收费

这种情况真让人难过，这位认证行为分析师本来应该给你提供一份打印版的合同，清楚地列出所有的费用，让你满意。从你的描述中看，好像是有"隐藏"费用没有解释清楚。你可以向行为分析师认证委员会提交涉嫌违规通知书。如果有此打算，可以登录行为分析师认证委员会网站，搜索通知书表格，按提示提交即可。

事件后续

"我们不会继续和这位治疗师合作了，因为她隐藏费用的事让我们很不舒服。"

案例 2.08　需要的不仅仅是一位翻译

对你们公司来说，这位母亲表现出来的心理健康问题应该是个示警信号，他们应该找个有心理健康培训经历的人来（比如临床社会工作者），这个人还应该会讲这位母亲的母语。好像你们可能还需要看看工作人员里有没有人能处理喂养障碍方面的问题。这件事很复杂，有几个危险因素需要考虑：这位母亲的心理健康状况不佳；15 岁的孩子离家出走，还攻击别人；11 岁的孩子不能独立进食；没人会讲英语。如果你不会讲他们的母语，那么想要有效沟通的话，实在是很艰难。首先应该联系一位能够处理母亲心理健康问题的人，之后再把剩下的问题分类。估计每周得花 30 多个小时做家庭干预。

案例 2.09　先"治"后奏

行为分析师在进行课堂观察（又名"评估"）之前，当然了，在开展行为功能分析、确定干预计划之前，都应该征得家长的知情同意。家长提前知情并提出不同意见，免得将来干预计划出台以后他们不能接受，这是件好事。

案例 2.10　跨专业协作

如果所有相关专业人员都坚持使用循证疗法，那会是个很好的模式。你可以主动给他们演示循证疗法是怎么做的，如果能够征得家长/看护人的同意，甚至还可以帮助他们去做。2.10 条款鼓励来自不同领域的同事通力协作。你可能得先确定他们是否理解了控制变量的概念，之后再去分享更多的理念。如果他们确实理解了这些概念，你还可以提出一些一般性的建议，比如应用行为分析教材写的那些。米尔滕贝格尔（Miltenberger）写的《行为矫正》①，还有库珀（Cooper）、赫伦（Heron）和休厄德（Heward）写的《应用行为分析》②，这两本书里的内容都可以拿来当例子。在了解行为功能的前提下，如何改变行为，改变行为都有哪些一般性的策略，这两本书里都有论述。

需要考虑的是，你提出了一些具体建议，同事也试了（至少是按照他们理解的做法去试了），但是没起作用，或者更糟糕的是，结果还适得其反，他们可能就会怪到你头上，还会怪你那"愚蠢的行为分析！"而不会适得其反的，一般都是通过正强化减少某种行为的方法，比如针对不兼容行为进行差别强化（简称DRI），或者不出现问题行为就给予差别强化（简称DRO）③。有时候，让同事明白有些行为其实是在尝试沟通，以此为切入点使他们开始了解行为分析的原理，这样可能比较好。

至于怎么判断服务对象的行为是不是在尝试沟通，有位行为分析师联系过伦理热线，咨询了这样一个案例。这位行为分析师当时正在带一个孤独症谱系障碍孩子的个案。这个孩子每次想要从冰箱里拿东西的时候就躺在地板上闹脾气，这个时候家长就会把吃的喝的从冰箱里拿出来给这个孩子，直到他不闹了为止。很显然，这种行为是可以通过"行为塑造"干预的，最终可以帮助孩子学会用手指东西，或者发出类似"祈使语"的音节。行为分析师可以把类似的例子变成功能性沟通可以发挥作用的情境。

案例2.11 "认可"在这里适用吗？

"认可"这一理念是至关重要的。"认可"在研究活动中是必需的，在临床实践中也是很好的做法。在医疗领域，"认可"不是一个法律规定。"认可"指的是向服务对象解释操作步骤，让他们多少了解一点儿。只要是提出新的行为干预措施，就按这个程序来做，这是很好的做法。有些行为分析师会给服务对象不同的选项，他们选哪个，就算"认可"哪个。还有的临床医生会认为服务对象没有抗拒就算"认可"。不过，这里有个问题，有时候服务对象会拒绝生活规律发生改变，或者拒绝完成某些任务，而这种拒绝恰恰是其接受行为服务的原因，所以"抗拒"可能就是需要干预的目

---

① 编注：《行为矫正》（Behavior Modification）英文版最新版为第6版，中文简体版第5版由中国轻工业出版社2015年出版。

② 编注：《应用行为分析》（Behavior Analysis）英文版最新版为第3版，中文简体版第3版由华夏出版社2023年出版。

③ 译注：区别性强化，differential reinforcement，也称差别强化。

标行为[1]。你可以在网上查阅其他可用的资源（如登录 https://training.ontaba.org），也可以咨询专家或者督导，看看如何在你们的工作中更好地融入"认可"的理念。

案例2.12A 行为治疗的绊脚石

针对这个案例要问的问题有很多：你了解有关自伤行为的背景知识吗？有过这个方面的培训吗？服务对象的自伤行为有多严重？多频繁？服务对象会去医院或者找医生处理伤口吗？家长没把医学方面的问题太放在心上，有什么原因吗？如果他们是在忽视这个孩子，那么应该报告儿童保护机构。你描述的那些医学症状比较严重，可能不是家庭医生能解决的。

第一步，先根据2.12条款的指导，看看你描述的那些自伤行为是不是这些症状引起的。如果排除了这个可能性，那就需要做一个行为功能评估，探究自伤行为的根本原因。接下来，可以根据自身经验以及大量的自伤行为干预实践为基础制订一个行为计划。

如果还没满足医疗需求就直接开始计划减少自伤行为，这种做法是不合伦理的。

事件后续：6个星期以后

家长终于被说服了，先去处理医学问题。接受医学治疗10天以后，孩子停止了所有药物治疗，接受了多项测试。他确诊了出血性溃疡。医生给他换了用药方案。出院一个月以后，我们终于可以开始针对自伤行为进行功能分析了。

案例2.12B 法律方面的压力

这个情况比较复杂，因为需要考虑很多医学方面的问题。针对这个案例，首先要参考的是1.05条款，保证这是我们的胜任范围，然后是2.12条款，必要的时候寻求医疗资源。作为一名认证行为分析师，如果你在脑瘫等方面的知识有限，那么你可能需要把这个个案转给其他工作经验更加丰富的人，同时强烈建议你咨询医疗专业人员。如果服务对象的主管医生经常联系不上，那么必须要跟所有利益相关方都交代清楚，如果不首先排除医学因素（节约律[2]），就会影响你对行为功能做出准确判断。接下来，应该提供几个可能的解决方法（比如再找一名医生；看看主管医生这个月什

---

[1] 译注：比如孤独症孩子比较刻板，对于新事物或者没有做过的事情会比较抗拒，但是这种刻板恰恰是需要干预的。

[2] 译注：节约律（parsimony），又译吝啬定律、朴素原则、简单有效原理，意为对事件最简单的解释就是最好的解释。

么时候有空，安排一次会面，等等）。

因为这种情况不是很频繁，所以使用行为功能评估问卷可能会有助于我们假定行为功能、收集更多信息。有些参考文献[①]是讨论如何针对低频行为进行功能分析的。虽然不是百分之百的匹配，但也可能会有帮助。再强调一遍，行为分析师必须首先排除医学或者生理因素。

事件后续：2个月以后

我来说说后续吧，那位医生可以确定这个问题是医学问题，和孩子的病症有关，不是行为问题。不幸的是，2个星期以前，孩子去世了。希望从这个案例中得到的信息可以帮到未来和现在的行为分析师。

案例2.14 惩罚盛行

这是严重违反伦理条例的行为，应该填写涉嫌违规通知书，然后提交给认证委员会进行举报。下面是具体做法：这个事必须是6个月以内发生的；你必须有第一手的证据，必须有某种书面资料证明这个指控是真的。如果上面这些都能做到，你就应该举报参与此事的认证行为分析师，因为他们让我们的行业背负恶名。更过分的是，服务对象没有得到尊重和善待。

案例2.15 惩罚措施没有经过同意

很显然，你们这位教学总监/认证行为分析师违反了伦理条例的好几条规定。她在使用现在这个疗法之前并没有把侵入性较低的疗法挨个试一遍，而现在这个疗法很明显会给服务对象带来伤害，没有经过审查流程，家长/看护人也没有表示同意。因为这个人是你的员工，解雇她是完全正当的。她还让其他注册行为技术员使用这种虐待手段，所以请别忘了还得给那些技术员多做培训。

[①] 原注：Hanley, G.P. (2012). Functional assessment of problem behavior: Dispelling myths, overcoming implementation obstacles, and developing new lore. Behavior Analysis in Practice 5 (1), 54–72. David, B. J. Kahng, S.W., Schmidt, J, Bowman, L.G., & Boelter, E.W. (2012). Alterations to functional analysis methodology to clarify the functions of low rate, high problem behavior. Behavior Analysis in Practice 5 (1), 27–39. Kurtz, P. F., Chin, M.D., Robinson, A.N., O'Connor, J. T., & Hagopian, L. P. (2015). Functional analysis and treatment of problem behavior exhibited by children with fragile X syndrome. Research in Developmental Disabilities 43–44, 150–166.

案例 2.16　应用行为分析让我无助而失望

这肯定不是我们行业的最佳做法，与伦理条例的规定也背道而驰。附上这条规定，你可以自己看看，所有决策过程都应该让你参与进来。2.16条款尤其适用于你这种情况。如果你准备换家机构，一定要找官方认可的机构。官方认可的机构必须符合服务对象满意的最高标准（详见第16章）。

案例 2.17　名正言顺的不精确

这种对行为进行大致评价的做法不符合2.17条款中正确执行数据收集程序的要求。可以在每节课之前都建个数据表（督导应该给你做好），这样上课的时候就可以暂停一小会儿，在表上勾选孩子所做的反应。督导应该定期视察你的工作，还要检验观察者一致性，确保你的数据是精确的。

案例 2.18　辅助交流法是用来搞破坏的吗？

在这种情况下，行为分析师可以继续为那位服务对象/家庭提供服务。作为行为分析师，你有义务尽量向家长科普辅助交流法的害处，说明这是缺乏科学证据的做法，尽你所能做到最好。除此之外，我们还有义务告诉家长什么是以行为科学为基础的操作程序，他们想通过辅助交流法教会的那些技能，使用这些操作程序也一样能教会。如果这些你都做到了，但是家长还是要用辅助交流法，而使用辅助交流法对你的服务没有负面影响，也没有降低你服务的有效性，那么你就无需再做什么了。

不过，如果辅助交流法影响了你通过行为分析获得的收益，那么你就有义务和家长讨论这个问题。说得再直白点吧，如果使用辅助交流法占用了本该用来实施行为分析的时间，你没有足够的机会开展行为疗法，干预量不够，不足以让服务对象取得进步，那么你就有义务改变这种状况，说服家长少用辅助交流法，并且/或者给你更多的机会提供行为分析服务。实在不行的话，根据3.15条款，可以考虑终止服务。

案例 2.19　过分了

这个情况听起来实在太乱了。这么"不可为"的情况，你已经处理得很好了。剩下这30天能在机构上课吗？这样做可以保护员工，也有可能会让她的行为不再那么过分。除此之外，还可以留出过渡的时间。因为这件事存在不可控因素，所以向儿童和家庭服务部举报，同时申请福利调查都是非常必要的。你推荐她去做危机咨询和危机评估了吗？你们机构提供这些服务吗？如果没有，你能给他们介绍吗？一定要把所有的事情都记录在案。一定要提供转衔期的过渡服务，并且出具最后的治疗总结。如果没有其他的选择，30天以内终止服务在专业上是站得住脚的，也符合3.15条款的规定。

事件后续

我们现在给这个家庭提供的所有服务都在机构里进行。我们不得不让她带着孩子在候诊室外面等着，因为她要么根本不管孩子，要么干扰其他家长/治疗师的谈话，要么两者都有，跟她谈了好几次都没有用。我们怀疑她跟其他家长也说了自己现在的情况，态度也是非常不好。不幸的是，在机构上课这种服务好像并没有对她的行为产生积极的影响。我感觉从头到尾我们都在竭尽全力为孩子提供优质服务，并且以各种可能的方式、在我们的职责范围内为这个家庭提供支持。可是直至今日，她还是无视我们的规定。我觉得，到了现在这个地步，保护我的员工也很重要。我们联系了本地警察部门，并且向儿童和家庭服务部举报了好几次。我们的认证行为分析师正在撰写全面撤出计划，计划里会说明采取的措施、撤出的原因、提供的资源以及今后的建议。

第8章　新版条例第3节：行为分析师对服务对象和利益相关方应负的责任

行为分析师对服务对象和利益相关方应负的责任概述

行为分析师对服务对象和利益相关方应负的主要责任就是保证实现他们的最大利益，并且不给他们带来伤害。因此，重要的是认识到可能需要让服务对象周围的人都来参与讨论。根据具体情况，除了最主要的看护人之外，这些人还可能是服务对象的兄弟姐妹、奶奶、老师或者社工。只要是能提供支持的人，都应该被当成"利益相关方"。可能出现的一个问题是，行为分析师接收了服务对象之后，在服务过程中发现自己没有足够的资源给服务对象提供有效的治疗。如果最开始就对服务对象面临的问题进行非常客观的分析，然后为他们介绍更适合他们需求的服务供应商，就可以避免这个问题。接收服务对象的时候就应该考虑认证行为分析师的工作量。

为了防止治疗过程中出现误解，最重要的一个步骤就是使用服务协议（见第13章），在协议中对方方面面的责任都进行详细说明，既包括服务对象的责任，也包括行为分析师的责任，以便保证帮助服务对象实现预期目标。协议中还应该说明服务如何计费，在何种情况下可能有必要咨询其他服务供应商以及第三方承包商。如果确有必要咨询其他服务供应商，必须通知服务对象，并且征得他们的知情同意。为了防止出现特殊情况，还应在服务协议中针对信息保密及其限度进行说明。从本质上来讲，行为分析师就是收集数据的人。记录自己工作的时候也有必要按照上述要求操作，以方便别的服务供应商继续使用，这样的话，转衔过渡的时候就可以实现无缝衔接。

为服务对象争取权益、向服务对象科普知识也是行为治疗的一个方面。我们希望服务对象尽可能地获得最高质量的循证治疗，并尽一切可能为他们争取保质保量的治疗。为了避免服务中断，应该备有应急预案，一旦注册行为技术员或者认证行为分析师需要请假，可以安排工作人员代班补缺。

终止服务也有可能是值得高兴的事，因为有时候终止服务是因为服务对象已经达到了所有预期目标，但如果是因为其他突发状况的话，可能需要不同的处理方式。例如，在某些情况下，服务对象可能到了平台期，不能再从目前的行为治疗中获益，这就有必要转介给其他的服务供应商。有的时候，服务对象或者利益相关方决定放弃接受服务，或者之前已经同意了行为干预计划，后来又不再配合，在这种情况下，终止服务也是顺理成章的。还有可能出现这样的情况，在服务对象的家里或者与服务对象在一起的时候，行为分析工作人员感觉不安全，因为服务对象表现出危险或者威胁的行为，这种情况下，可能也需要安排终止服务。最后，有时候，资助出现了变化，也需要终止服务。不管是什么原因，如果必须终止服务，行为分析师应该制订撤出服务计划，在服务对象同意的前提下，交给接手的服务供应商共享。

行为分析师对服务对象和利益相关方应负的责任详细解读

3.01 行为分析师对服务对象应负的责任（见 1.03、2.01 条款）

行为分析师行事应当有利于实现服务对象的最大利益，采取适当的措施支持服务对象的权利，获得最大收益，并且不带来伤害。行为分析师还应当知悉并遵守有关强制报告的适用法律法规。

这条标准很重要，也是一条根本标准，对于服务于人的所有行为分析师来说，都应该是放在首位的事情。业务经营的本质就是这样，有太多偶发事件掺杂其中，以至于我们常常忘了自己的初心是为了服务对象。留住服务对象、好让注册行为技术员有活可干，为了守住盈亏底线，或者只是为了让家长/看护人这些利益相关方高兴，类似的偶发事件极有可能成为我们改变初心的理由，而这些事件与服务对象的最大利益毫无关系。第 7 章 2.01 条款讨论了服务对象的权利，强烈建议大家经常复习这些内容。公司与督导对象和培训对象开会时也应就服务对象的权利展开讨论。我们尊重服务对象的权利，并且在讨论服务对象的干预目标时力争把这些权利考虑进去，这就是在实现服务对象的最大利益。不幸的是，绝大多数服务对象都不一定意识到自己居然有这些权利。

这条规定的后半部分谈的就是行为分析师应该遵守强制报告制度。每个州的强制报告制度各有不同，因此应该查阅所在州的法律规定，以便更好地理解自己的法律义务。强制报告人包括日间看护人、医生办公室工作人员、警官、社工、老师、助教，只要是服务于人的人都包括在内，当然也包括行为分析师。行为分析师不但包括认证行为分析师，也包括注册行为技术员和认证助理行为分析师。重要的是要知道，如果发现疑似虐待行为，无需经过任何人的允许就可以拨打举报虐待的热线或者联系儿童保护机构（简称CPS）。有些公司担心，一旦服务对象的家庭发现举报人来自行为分析服务机构，会造成服务对象流失（说到底还是担心守不住盈亏底线），因此，他们会告诉自己的注册行为技术员打电话之前必须先和自己的督导核实情况。各州法律都规定允许匿名举报，而且还规定，如果举报人是出于真诚举报虐待儿童事件，即便后来证实并非虐待，也不会因此遭到惩罚。只是为了找人麻烦而虚报虐待事件可能会被视为恶意犯罪，让举报人陷入麻烦。

案例 3.01　平板上有毒品照片

"我有一位服务对象，在我的机构接受服务，他使用扩大和替代沟通（augmentative and alternative communication, AAC）设备[①]辅助沟通，这个设备是家长的。我们的技术人员在更新设备上的图片时，发现了吸毒的照片，还有教人在家制作甲基苯丙胺的截图，于是把这件事情告诉了我。我仔细看了那些照片，应该是这个平板绑定了孩子父亲的网络账号，因此设备上就下载了他手机里的照片。我担心这是虐待/忽视案件，于是联系了儿童保护机构，并且在提交正式举报的时候附上了相关图片和视频的复本。

"我觉得自己是在履行伦理责任，把服务对象的健康和安全放在首位，同时这也是强制报告制度赋予我的责任。但是，因为我确实是登录了服务对象的设备，看了那些照片，我知道那些照片是个人信息，是属于服务对象父亲的信息，但我还是发送给了我自己，我想确认一下，这算不算违反伦理规范？如果算的话，我打算联系行为分析师认证委员会，向他们报告这个情况。"

3.02　新增条款——识别利益相关方

行为分析师在提供服务的时候应当准确识别利益相关方。涉及利益相关方（如家长或者法定代理人、教师、校长）不止一个的时候，行为分析师应当明确自己对各方

[①] 译注：在这里就是指平板电脑。

所负的责任。行为分析师应当在开始提供专业服务之前就将这些责任记录在案并向各方传达到位。

"利益相关方"是个挺陌生的词，这个词听起来有点老套，也确实是个旧词。这个词最早出现在18世纪，当时指的是在赌博或者赌局中下了注的人[①]。如果你把钱放在牌桌上，或者赛马时下了注，那么你就是"利益相关方"。随着时间的推移，这个词的词义发生了很多演变，现在指的是"在某个问题及其解决过程中拥有既得利益的某个组织内外的人"[②]。这个词在经营领域非常流行，在这个领域，想要成功"发布产品"，有个必不可少的工作，就是确定利益相关方都有哪些人，然后以各种各样的方式与他们交涉，以此保证新项目的顺利推进。在这个语境中，利益相关方可能是"积极的支持者"，也可能是"积极的反对者"，这取决于他们的态度、利益和权力。在行为分析领域，"利益相关方"这个词的意思好像比较温和，主要意思是"谁有发言权，谁有知情权？"例如，有个孩子经常偷偷跑掉，想象一下，注册行为技术员在走廊上追着孩子跑，跑出后门，穿过操场，跑向十字路口，针对这一系列的行为，各个利益相关方分别会有什么反应。有些反应是显而易见的。如果你是在公立学校工作，那么很明显，老师就是利益相关方之一，因为但凡是针对教室里发生的行为进行干预，老师都必须参与进来。那么校长呢？

校长必须知道发生了什么事情，以免出现什么问题。那么当值负责安保的治安警官呢？特殊教育主任呢？学校的心理医生呢？护士呢？他们希望参与多少？在治疗方案中有多少发言权？这项新增条款给行为分析师提出了很多问题，尤其是关于每个利益相关方应该参与多少的问题。再想象一个情境，你提供上门服务，服务对象是个孩子，对自己的兄弟姐妹、父母，还有家里那只叫"莫利"的宠物比格犬，都有攻击行为。就当作练习了，考虑一下，在行为干预计划（BIP）的制订过程中，如何让这些人参与进来。除了他们，还有谁可能是利益相关方？

案例 3.02　与学区签订合同带来的风险

"有个学区聘用我作为独立承包商负责完成一名学生的行为功能分析工作。我已经向学区提交了分析报告。按要求，学区应该在会见前两天把报告交给家长。但是，

---

① 原注：https://gamestorming.com/stakeholder-analysis/
② 原注：https://www.ipma-usa.org/chgagent/where-did-the-term-stakeholdercome-from/

家长现在直接跟我要这个报告。按一般规定，不管服务对象要求提供什么文件，我们都要在24小时之内满足要求。可是学区告诉我，我不能直接给家长提供这个报告。能给我提点建议吗？非常感谢。谢谢您的帮助。"

3.03　接收服务对象（见1.05、1.06条款）

行为分析师仅在确定自身能力可以胜任、现有资源（如是否有足够的时间和能力负责个案督导工作、人员安排）能够满足服务需求的情况下才可接收服务对象。如有指令要求接收超出自己确定的胜任范围、现有资源无法对接的服务对象，行为分析师应当采取适当措施与相关各方讨论关心的问题并妥善解决。行为分析师应当将这种情况下采取的所有行动以及最终结果都记录在案。

在工作实践中，认证行为分析师可能不会参与决定是否接收服务对象。大多数情况下，组织中的某个人（可能是社工或者负责接收服务对象的员工）只是把服务对象加到等候名单里，几乎不做任何筛查，这就算是"接收"了。等到轮到服务对象的时候（也许是几个月之后了），才开始真正的筛查。可能到了这个时候才发现服务对象的行为性质不属于机构的胜任范围，现有资源无法满足其服务需求，因此不适合这个机构。还有一种接收模式，直到机构获得批准可以收费开展建档评估甚至是全面评估的时候才做筛查，而只有到了这个时候机构才能判断个案情况是否超出机构的胜任范围。

还有一种筛查和接收服务对象的模式比较合乎伦理，是由机构对服务对象进行比较严格的筛查，之后再把他们加进等候名单里。这就意味着，服务对象知道只要一轮到自己马上就可以接受治疗，因为机构已经确认服务对象是在自己的胜任范围之内。如果机构判断个案情况超出了自己的胜任范围，可以很快通知服务对象，这样的话服务对象可以再找其他合适的机构。

出于经济原因，即便机构没有人手能够负责某一类型的个案，也会有很强的动机去接收新的服务对象。这就意味着，告知相关各方自己不能接受超出胜任范围的工作，这个责任就落在行为分析师身上了。这样回绝别人可能确实很不舒服，因为这会让人感觉认证行为分析师没有团队精神，但是考虑到服务对象的最大利益，这确实是最合乎伦理的解决办法。如果针对认证行为分析师的决定出现争议，那么有必要以书面形式将自己的担心呈交管理层。

案例 3.03 多少算多？

"我联系热线是因为工作量和督导效果的问题。目前，我们公司的业务量很大，但是可用的认证行为分析师有限，所以没有替换的人手。因此，为了避免撤出个案，公司要求认证行为分析师接手辞职员工的工作。

"我所在的州实行的是三级模式。不过，这就导致每位认证行为分析师需要负责30到35个个案。作为教学总监，我一直在推行质监措施，但是我们公司的首席执行官却希望我额外再加48小时的服务时长，先不要管质监的事。

"我说这个工作要求让我不舒服，我还提到了伦理条例，上面有关于保证督导效果的要求。但是，除了工作时长（目前是每周50个小时）之外，我也没有什么确凿的证据证实公司这样做实在是太过分了。

"这件事该怎么处理，您有什么建议吗？"

3.04 服务协议（见1.04条款）

开始服务之前，行为分析师应当保证与服务对象和/或利益相关方签订服务协议，明确相关各方应该承担的责任、将要提供的行为服务的范围、行为分析师按照伦理条例应该承担的义务、就行为分析师的专业工作向相关实体（如行为分析师认证委员会、服务组织、执业资格管理委员会、资助方）进行投诉的程序。行为分析师应当根据需要或者相关各方（如服务组织、执业资格管理委员会、资助方）的要求更新服务协议。更新之后的服务协议必须与服务对象和/或利益相关方共同审核并签字确认。

行为分析师要为每位服务对象和利益相关方量身定制"服务协议"，这项条款针对服务协议列出了具体要求。很多利益相关方都是旁观者，他们只需要知道服务对象在接受治疗，既不是"反对者"，也不是"支持者"。这个服务协议与我们说的《行为分析师专业服务和实践告知书》类似，第13章将会详细介绍这个告知书。这里提到的服务协议应该包括下列内容：

（1）相关各方应该承担的责任——这里应该包括一个要求，服务对象的家庭和利益相关方在任何时候都有义务尊重治疗团队的工作人员。还应该包括一个声明，注册行为技术员应该被视为专业人员，而不是家庭成员，以免将来与任何利益相关方发展多重关系。除此之外，还应该提到一个要求，治疗师上门提供服务时，家里必须有一位成年人始终在场。还应该说明如果不能遵守约定时间，将会如何处理。

（2）将要提供的行为服务的范围——这一部分应该详细说明将要提供什么类型的行为服务、多长时间一次。还应该说明这些服务是根据行为计划安排的，行为计划将会交给服务对象确认。协议里还应该说明，服务对象不能频繁要求改变计划，如确有要求改变计划，需要交由现场的认证行为分析师（不是注册行为技术员）处理。

（3）行为分析师按照伦理条例应该承担的义务——认证行为分析师应该交给服务对象一份伦理条例的复印件，在上面用记号标出适用于服务对象情况的条款，还应该以通俗易懂的语言详细地解释这些条款对于服务对象这个消费者意味着什么。

（4）如何向认证委员会以及其他参与提供服务的组织提交涉嫌违规通知书。最重要的是，服务对象需要知道，如果他们怀疑有人虚报账单或者涉嫌其他虐待行为的话，应该联系保险公司或者政府机构的哪些人。书面协议应该交由相关各方签字确认，每人保留一份复印件。

有两项重要的附加条款没有被包括在3.04条款中，新版条例的后半部分会提到这两项条款。

（5）根据3.15条款，服务协议还必须包括"可以终止服务的情况"。这里的说明应该充分而详细，这样的话，等到需要激活这一条款的时候才不会让服务对象和利益相关方感到意外。

（6）根据3.16条款，"行为分析师应当在服务协议中明确在何种情形下会将服务对象转介给其他行为分析师"，以便为这种情况做好准备。希望这种操作可以实现无缝衔接，这样服务对象才不会出现行为倒退。

案例3.04　对付服务对象的妈妈

"我有一个家长，总是跟我唠叨她自己还有另外一个孩子的事，我不知道该怎么处理，希望听听您的建议。她总是哭，本来应该是讨论应用行为分析的时间，90%的时候她都说这说那的，就是不谈我的服务对象。不管我是冷淡回应，还是微妙（还有不太微妙的）暗示，都不好用。她自己也是相关领域的专业人员，但我感觉她好像把我当成了参谋/朋友/和她一起抚养孩子的人，而不是她女儿的认证行为分析师。我不和她就这些事情进行互动，也没回应不恰当的话题，但我觉得很不舒服，感觉自己的时间没有得到合理利用。该怎么让她更专业一点儿，更得体一点儿，不要试图发展双重关系，能给我一些建议吗？"

3.05　财务协议（见1.04、2.07条款）

开始服务之前，行为分析师应当将与服务对象、利益相关方和/或资助方协定的补助费用和计费标准记录在案。资助条件发生变化的时候，行为分析师必须与相关各方重新讨论相关事宜。行为分析师仅在签订特别服务协议并且遵守伦理条例的前提下提供公益援助性质的服务或者交换服务。

绝大多数行为分析师都是受雇于应用行为分析公司或者非营利性组织，很少有行为分析师是个人提供服务的。如果你是在公司工作，你所在的公司有和资助方签订的服务报销合同，那么就应该是公司负责出具财务协议。所有的保险公司都需要报销凭证，之后才能履行报销合同，这样提供服务的团队才能拿到这个服务费，这个流程相当长。一旦走完这个流程，就会给各位行为分析师发放凭证，这样他们才能通过认证，成为在"系统内"提供服务的人。每位"系统内"的认证行为分析师才能根据服务团队签订的合同提供服务。

如果你是个人提供服务，就得自己和所有保险公司走完这个报销流程，之后才能确定报销比例。到了这个时候，才能综合计算管理费用和自己运营公司所需的各种花销，最终确定自己每个小时应该收多少服务费。这个流程比较复杂，如果你在运营方面不是特别有经验，那么比较明智的做法是聘用一位顾问帮你走完所有流程。如果出现了某些事情，资助取消了，或者用光了，你就应该尽早通知服务对象，并且为他们提供参考，以便联系其他服务供应商（详见3.15条款第6条）。

如果是公益援助性质（免费）的服务，就需要以书面合同明确工作范围，还要明确可以"交付"什么样的服务（生产的产品）、免费服务可以持续多长时间，如果付费的话，服务价值多少，以及与这项工作有关的其他细节。[1]你应该把这些当作一个提案交给未来的服务对象（即便这项工作并不收费，仍然应该视对方为服务对象），就协议细节进行讨论，保证所有人都能收到签字确认、标明日期的合同。交换服务需要一样的书面材料和存档记录，以防将来出现争议。[2]

---

[1]　原注：http://givehalf.co/worksheet/pro-bono-agreements/

[2]　原注：http://www.rocketlawyer.com/sem/barter-agreement.rl?id=2056&partnerid=103&cid=1795580607&adgid=72188619352&loc_int=&loc_phys=9011582&mt=p&ntwk=g&dv=c&adid=346363145440&kw=barter%20agreement&adpos=&plc=&trgt=&trgtid=kwd-321814405638&gclid=EAIaIQobChMI3Prwg6i78AIVM2tvBB3I2witEAAYASAAEgLTg_D_BwE#/

案例 3.05 蒙在鼓里

"我签约为一家机构的应用行为分析服务提供督导，我是那家机构唯一的认证行为分析师。今天早上我才得知，到现在为止，我所有的服务对象都已经接受了三个星期的服务了，居然还不知道自己是按小时付费的。

"这家机构现在还推出一个高收费计划。例如，他们打算每个小时收80美元，还不包括督导费。而本地的其他公司只收50美元，包括认证行为分析师督导费。有些服务对象有政府资助，有些是自费。本地还有其他公司也提供应用行为分析服务，收费要低一些。公司负责人负责发票和收费（还有人力资源、运营维护）。之前他们告诉我说所有收费都是整理好的，他们直接和服务对象谈。到今天早上我才知道实际情况不是这样的。在这种情况下，我对服务对象需要负什么责任呢？"

3.06 咨询其他服务供应商（见1.05、2.04、2.10、2.11、2.12条款）

为了保证实现服务对象的最大利益，行为分析师应当在征得服务对象知情同意的前提下，按照适用法规要求（如法律法规、合同、组织规定和资助方规定）安排服务对象咨询其他服务供应商，并且为其提供转介服务。

我们来看这样一个情况，行为服务开始以后，服务对象突然出现了一个行为，建档的时候没有提到过，做基线评估的时候也没有出现过，但是现在确实需要治疗。这个行为可能是喂养障碍、语言问题、自伤行为或者其他类似问题。如果这个问题不是认证行为分析师的实践范围或者胜任范围，那么比较合适的对策就是联系家长/看护人，征得他们的同意（知情同意）联系其他可以在这方面提供专业咨询的专业人员。行为分析师应该向家长/看护人解释清楚，自己跟这名专业人员没有关系，转介服务也没有连带关系（即没有转介费用）。联系这些专家之前，应该始终跟所在组织确认，是否存在任何复杂因素，关系到与咨询其他服务供应商有关的规定、规则、细则。

3.07 第三方服务合同（见1.04、1.11、2.04、2.07条款）

行为分析师应第三方（如学区、政府机构）要求签订合同向服务对象提供服务时，应当说明自己与各方的关系属于何种性质，并且在服务开始前对可能出现的所有冲突进行评估。行为分析师应当保证在合同中明确下列内容：（1）相关各方应该承担的责任；（2）将要提供的行为服务的范围；（3）所获信息的可能用途；（4）行为分析师按照伦理条例应该承担的义务；（5）信息保密有何限度。行为分析师应当负责根据需要修改合同，并且与相关各方当场审核。

首先需要指出的是，准备服务协议并不是认证行为分析师的工作，通常是由首席执行官、负责人或者业务经理负责。

现在我们对这些法律语言都了解清楚了，接下来再介绍几个名词：相关各方的"一方"可以是人，比如服务对象、家长/看护人或者利益相关方，也可以是一个组织（比如学校）或者保险公司。既然有"第三方"，那么之前肯定有"第一方"和"第二方"。例如，有家人送自己的孩子去学校（这家人就是第一方，学校就是第二方）。校长说想从外面找人给孩子做个评估，所以联系了能做评估的行为分析公司。这个外面的公司就可以定义为第三方。在这种情况下，公司就需要征得家长/看护人的同意再进行评估。公司给出的建议中如果有学校自己的行为分析师不认可的疗法，那么行为分析师就有义务以保护孩子（服务对象、学生）"健康与福祉"的方式行事。

再举一个例子，服务对象（第一方）每周在行为分析机构（第二方）接受20小时的治疗，服务费用由家庭保险支付。有一天，保险公司（第三方）检查了这个个案，认为这个孩子现在每周只需要10小时的治疗。在这个例子当中，根据3.08条款，行为分析师应该拒绝，维护服务对象的最大利益，并且就这一个案向保险公司交涉，说明服务对象确实需要每周20小时的治疗，这是必要的医疗措施。

按照3.07条款，学生上学，学生就是第一方，学校就是第二方，学区或者也有可能是法官（第三方）要求外面的行为分析师（不是学校自己的认证行为分析师）提供服务，这位外面的行为分析师就是在应组织的要求工作。确切地说，上面提到的第三方就是这位外来认证行为分析师的服务对象。这位行为分析师就得保证服务合同要满足上面提到的5个方面的详细要求。这就可能有点复杂了，因为合同可能是别人准备的，这个人可能不是行为分析师，也完全不了解3.07条款。那么这位外来认证行为分析师就必须仔细检查这个合同，标记需要修订的部分，再返给第三方修改。如果合同达到了3.07条款的要求，这位行为分析师就可以签字确认，应该也可以提交给家庭和学校，让他们审核确认。如果三方都同意合同条款，那么这位行为分析师就可以开始工作了。

前面提到合同中必须包括5个方面的内容，举例来说就是：

（1）相关各方应该承担的责任：行为分析师应该保证相关各方都了解自己在行为分析服务过程中起到什么作用。具体来说，行为分析师的作用就是提供服务，第三方的作用就是保证服务对象可以得到服务，服务对象或者服务对象代理人的作用就是针对治疗表示知情同意。在服务协议或者合同中明确上述内容，可以保证将来不会在这方面出问题。

（2）将要提供的行为服务的范围：行为分析师应该以实用的形式明确列出根据合同规定需要提供哪些具体服务。与学校签订合同的时候，行为分析师可能需要开展行为评估、制订治疗计划、培训老师和专业人员助手，并且向个别化教育计划团队通报行为数据和进展情况。行为分析师应该逐一解释上述操作，并且举例说明这些服务是如何交付的。服务说明越具体越好，这样可以保证让第三方知道在合同中达成了哪些共识。

（3）所获信息的可能用途：行为分析师应该保证合同涉及的相关各方都了解将如何使用有关信息。例如，出于安全考虑，行为分析师针对某个行为开展评估的时候可能需要不止一位看护人在场。行为分析师应该解释清楚，评估结果将会交给合同涉及的相关各方检查，以便保证他们明白确实需要额外监督。要在合同里说明这些不难，可以这样说："评估过程中获得的信息将会用来判断为了防止受伤需要采取哪些安全措施。"

（4）行为分析师按照伦理条例应该承担的义务：在所有的行为分析服务合同或者协议中，都应该说明行为分析师有义务遵守《行为分析师专业伦理执行条例》。把这些话说在前面，将来遇到有可能需要终止合同的情况，行为分析师就可以做出决断。例如，如果第三方要求行为分析师执行某项任务，而这项任务超出了条例第 2 节中所说的服务范围，行为分析师就可以引用条例规定，说明自己不能完成这项任务，同时可能需要为服务对象安排接受其他人的服务。这就避免让行为分析师在提供服务的过程中做出不合伦理的事情。

（5）信息保密有何限度：行为分析师应该解释清楚保证信息保密的各种措施，并且列出信息保密有何限度。最好的做法就是争取接受《健康保险携带和责任法案》培训，因为通常来说，这是信息保密和服务对象健康信息保护的黄金标准。或者，如果与行为分析师签订合同的一方有自己的信息保密规定，也可以遵照执行，这也是一个比较好的做法。这种情况下，行为分析师可能需要了解第三方关于信息保密的规定，之后再在合同中详细说明。

案例 3.07　谁是你的服务对象？

"我所在的公司就提供某项具体服务与一家托养机构（即集体之家）签订了合同，这家公司是和保险公司签订的合同。托养机构的责任是保证行为分析师监督整个项目，以便他们能够提供这项服务（并且可以报销）。因此，我们公司和托养机构签订了合同，作为他们与保险公司所签合同的附属合同。在这种情况下，保险公司不是我们的服务对象，这家托养机构（以及他们的服务对象）才是我们的服务对象。但是，我们需要遵守保险公司与托养机构所签合同的要求，这是我们合同的一部分，只有这样，托养机构才能履行对保险公司的义务。

"在我们的合同中，已经明确了应该提供的服务（比如评估、治疗计划、员工培训、进展报告、实时监测），同时也做出了这样的提醒：'外部机构将按照保险公司的要求提供上述服务。'这样的话，就表明了我们对服务负责，既尊重服务对象，也遵守保险公司服务供应商指导手册的要求。"

3.08　行为分析师在第三方服务合同中对服务对象应负的责任（见 1.05、1.11、2.01 条款）

行为分析师应当将服务对象的健康与福祉放在首位。如果第三方要求行为分析师提供的服务与行为分析师的建议不一致，或者超出行为分析师的胜任范围，或者可能导致多重关系，行为分析师应当以保证实现服务对象的最大利益为念，妥善解决这些冲突。如果无法妥善解决这些冲突，行为分析师可以争取额外培训或者咨询，可以在完成转介交接流程之后终止服务，也可以为服务对象介绍其他的行为分析师。行为分析师应当将这种情况下采取的所有行动以及最终结果都记录在案。

对于相关各方的定义，这一条款在措辞上与 3.07 条款完全相符（请复习 3.07 条款）。如果保险公司等外部组织要求行为分析师减少服务时长，那么这里所说的情况就可以代表认证行为分析师的立场，因为行为分析师是为服务对象提供服务的，代表服务对象的最大利益。如果认证行为分析师坚持自己的建议，就要妥善解决争议，不能轻易让步。如果是这样的情况，就意味着行为分析师要靠数据说话，用数据证明这些治疗时间对于服务对象来说是十分必要的，以此说服保险公司不能减少服务时长。这就需要一些谈判技巧，还有可能遇到一些抵触。如果认证行为分析师不具备这些技巧，可能就需要请专业顾问介入，或者申请额外培训。最糟的结果，就是认证行为分析师告诉第三方自己不能提供这个服务，第三方需要另找他人。认证行为分析师应该将所有交接过程以及最终结果记录在案。

3.09 与利益相关方就第三方合同约定的服务进行沟通（见2.04、2.08、2.09、2.11条款）

行为分析师应第三方要求向未成年人或者没有法定权利做出决定的个人提供服务时，应当保证让家长或者法定代理人知道将要提供的服务基于何种理念，都有哪些内容，并且知道他们有权获得所有与服务有关的资料和数据的复本。行为分析师应当知悉并遵守所有知情同意的相关要求，无论是应谁要求提供服务。

这项条款是"第三方"三部曲中的第三部。这里谈到的是认证行为分析师为第三方（比如医疗补助计划、保险公司或者家事法庭）工作这种情况。规则很简单：为第三方工作的行为分析师应该向第一方的法定代理人交代清楚将要提供什么样的行为服务，基于何种理念，都有哪些内容，要让第一方知道他们有权获得第三方行为分析师出具的所有报告和数据的复本。这里说的"未成年人或者没有法定权利做出决定的个人"指的是有监护人的人或者被保护人①。

案例3.09 "风险"评估

"有位家长和学区打官司，于是法官要求我完成这名学生的行为评估。按学区的说法，这个孩子对其他孩子造成了威胁，但是家长对此提出了异议，因此希望由一位经验丰富的行为分析师完成这次评估。我给孩子做评估需要征得家长的同意吗？我需要给他们解释服务范围吗？"

3.10 信息保密的限度（见1.02、2.03、2.04条款）

行为分析师应当在开始提供专业服务之前就告知服务对象和利益相关方信息保密的限度以及何时需要公开这些信息。

各州立法机构对于信息保密及其限度都有自己的法律规定，因此需要研究自己所在地的相关规定。信息保密对于服务对象及其家长、看护人和利益相关方都是非

---

① 译注：被保护人，指在法律上因年老、疾病或其他原因无法独立管理自己的生活事务、需要由法定监护人代为处理的人。

常重要的，因此必须小心保护服务对象的信息，防止泄密，以免造成某种伤害。①将服务对象的信息公开放置或者放在未上锁的柜子里，都有可能被他人取得，进而对服务对象造成伤害。例如，家长和利益相关方可能不希望邻居知道自己的孩子有孤独症，因为邻居知道以后可能会告诉自己的孩子不要跟这个孩子一起玩，或者在邻里之间传闲话。与此类似，学校的心理医生给一名学生做评估，家长可能也不希望这位心理医生知道孩子之前已经确诊注意缺陷多动障碍，以免先入为主，影响评估结果。但是，在某些情况下，也可以公开保密信息。下面给出了一些例子，不过请记住，具体的法律条文都是由各州自己的立法机构制订的。第 13 章给出了《行为分析师专业实践和工作程序告知书》的例子，告知书的第 5 部分就是如何就信息保密的限度与服务对象沟通。

5. 信息保密

可以通过下面这种方式就信息保密的限度与服务对象沟通：

在 [此处填入所在州的名字]，服务对象及其治疗师之间的关系需要保密，受到法律的特别保护。任何观察到的、讨论过的或者与服务对象有关的信息，我都不会公开。除此之外，为了保护您的隐私，对于记录在您医疗档案里的信息，我也会限制使用。我需要您明白，根据法律规定，信息保密也有限度，比如下列情况下就可以公开：

- 我有您表示同意披露信息的书面文件。
- 我判断您对自己或者他人造成了危险。
- 我有充分理由怀疑有虐待、忽视儿童、老人或者残障人士的情况。
- 我应法官要求公开信息。

将上述文件出示给服务对象的时候，可以使用下面这种措辞：

- 有些保密信息，如果您同意我转达给别人，需要填写一份信息披露同意表，并且签字确认。
- 如果行为分析师认为您有可能伤害自己和/或其他人，他们可能联系执法官员或者医疗人员，采取一切必要措施保护您或他人。

---

① 原注：https://cmhc.utexas.edu/confidentiality.html

- 如果行为分析师有理由相信有虐待或者忽视儿童的情况，他们需要作为强制报告人向相关机构举报。
- 如果行为分析师认为有虐待、忽视老人或者残障人士的情况，或者对他们进行经济剥削的情况，则必须向相关机构举报。
- 如果行为分析师接到法院传票或者法庭命令要求提供文件，他们必须照做。

3.11　记录专业活动存档（见1.04、2.03、2.05、2.06、2.10条款）

一旦确立服务关系，在整个服务过程中，行为分析师应当详细记录服务情况，保证记录质量，同时妥善保管文档资料，方便自己或者其他专业人员提供服务，保证责任划分清楚，满足相关要求（比如法律、法规、资助方以及组织机构的细则）。建档和保管的方式应当满足及时沟通和服务交接的需要。

说到工作质量，行为分析师在记录存档方面应该是个典范。我们的常规操作就是记录所做事情的数据，还经常把这些数据做成图表，呈现给他人。这项条款提醒我们，不管是建档面谈，还是电话和会议，都需要有详细的记录，存档备用。考虑到当今社会好讼成风，给每一位服务对象都建档留痕可能是比较明智的做法，这样的话，如果需要转介给其他行为分析师，交接就会比较顺利，接手的行为分析师可以知道你做了什么、怎么做的，实现服务无缝衔接。可以这样想，如果是你接手别人转介过来的服务对象，你会希望收到什么资料，这样想就很容易明白为什么要有这样的规定了。当然，除了这些，为了保证责任划分清楚，关于资料存档还有各种各样的规章制度以及公司细则。这里还有一点应该注意：注册行为技术员以及认证行为分析师有一个很普遍的做法，就是在治疗过程中做些非正式的笔记，这是为了提示自己或者提醒下一位治疗师还有哪些工作需要完成。这些是工作记录，不必和服务对象分享。

案例 3.11　照章记录

"我工作的机构为2到13岁的孤独症孩子提供一对一的应用行为分析服务。我们的行为技术员每次给服务对象提供2到2个半小时的治疗。

"每次课的最后10到15分钟，我们都用来填写账单记录，这个时候服务对象就在旁边干坐着。上课期间写这些东西合乎伦理吗？还是说这项工作应该在计划治疗时间之外完成？

"同样的，每天最后 30 到 45 分钟，我们还得把服务对象当天学习情况的所有数据做成图表，这个时候，孩子们经常是自己在边上玩或者看电子产品。我们一边照看着他们，一边还得见缝插针地运行电脑程序。上课期间做数据表合乎伦理吗？还是说也应该在计划治疗时间之外完成？

"中午的时候，几位行为技术员给 7 名服务对象分别上 30 分钟的小课，另外几位行为技术员趁这个时间去吃午饭。这 30 分钟里，填写账单记录就得占去 10 分钟，这就意味着行为技术员要交接服务对象、运行几个电脑程序、再花 10 分钟操作计费账单，基本就顾不上服务对象。

"我觉得这 10 分钟里我能提供的治疗不算太多，也不合乎伦理。"

3.12 主张恰当的服务（见 1.04、1.05、2.01、2.08 条款）

行为分析师应当提倡循证的评估和行为改变干预措施，同时向服务对象和利益相关方科普相关知识。行为分析师还应主张提供实现预期目标所需的量、质恰当的行为服务和监督检查。

作为行为分析师，我们有义务尝试各种各样可用的行为分析措施，并且向服务对象和利益相关方科普相关知识。为了做到这些，我们都应该跟踪了解相关研究文献，比如订阅《行为科学期刊》，在工作中建立学术阅读小组，参加全国及各州学术会议，报名参加研讨会、工作坊。有时，为了实现服务对象的最大利益，我们还必须积极推广这些方法，而服务对象可能会担心这些方法太复杂、有副作用，甚至担心到底有没有效果。不可否认，目前还没有一整套完善的科学体系能够帮助我们判断，针对每种行为和每位服务对象，究竟什么才是量、质恰当的治疗。然而，我们确实也有非常丰富的研究文献可以提供指导，还有经验丰富的同事，以他们的专业知识帮助我们做出决策。

案例 3.12　能多计费就多计费

"我们公司的政策是，先看服务对象的保险能负担多少小时的费用，然后就按保险公司的上限时数收费，根本不管服务对象实际需要多少。例如，有些服务对象也许只是在技能方面有一点点小缺陷，临床上比较合理的建议是每周几个小时的治疗，但是他们实际接受的治疗时长却总是保险公司的上限时数（有时一周有 20 个小时），尽管临床建议并非如此。我对这个制度提出了质疑，得到的回复却是：'没事，反正是保险公司付钱。'我看过一节课，服务对象是一名5岁的阿斯伯格综合征男孩，他在机构接受'喂食治疗'，负责的是一位认证助理行为分析师。我问这位行为分析师目前的治疗目标是什么，她说之前给服务对象制定的目标已经达到了，但是反正保险公司还在继续支付治疗费用，公司就让她继续了。"

3.13 转介服务（见1.05、1.11、2.01、2.04、2.10条款）

行为分析师应当根据服务对象和/或利益相关方的需求提供转介服务，如有多个服务供应商，应当提供多个选择。如果行为分析师与服务供应商有关系，可能因转介服务收取费用或者好处，应当向服务对象和利益相关方公开这些信息。行为分析师应当将所有转介服务记录在案，包括相互关系、收取费用或者好处，应当付出应尽努力跟进服务对象和/或利益相关方的情况。

为了保证不超出行为分析实践领域和行为分析师个人的胜任范围提供服务，有时必须将服务对象转介给其他专业的专家。当然了，根据具体情况的不同，服务对象家庭需要的专业人员也有所不同，可能是个案工作者、物质滥用[①]咨询师、社会工作者、危机支持工作者，也可能是临床心理学家、物理治疗师或者言语语言病理学家。为了避免服务对象面对这些专业人员时感到不安，可以给他们提供本地服务供应商的名单，让他们自己选择。我们非常不赞成行为分析师推荐和自己有私人关系的人。行为分析师把服务对象转介给朋友或者同事，换取推荐费用（就是所谓"回扣"），这种做法非常不好，而且不合伦理。如果非要这么做，那么一定要让服务对象知情，并且记录在他们的档案资料里。跟进服务对象的情况，了解他们的进展如何，一直是非常好的做法，而且也应该记录在案。

3.14 促进服务连续性（见1.03、2.02、2.05、2.08、2.10条款）

为了保证实现服务对象的最大利益，行为分析师应当避免中断或者干扰服务。无论是计划内（如搬迁、短期请假）还是计划外（如生病、资助中断、家长要求、紧急情况）中断服务，行为分析师均应及时付出应尽努力促进行为服务的连续性。行为分

---

① 译注：物质滥用是指一种对物质使用的不良适应方式，可能导致临床上明显的损害或痛苦。

析师应当保证在服务协议或者合同中包括服务中断的应对方案。一旦服务中断，行为分析师应当向相关各方交代清楚采取哪些措施促进服务的连续性。行为分析师应当将这种情况下采取的所有行动以及最终结果都记录在案。

行为分析师决定从机构或者公司辞职，或者机构决定必须辞退某位员工，发生这种事情有很多原因。行为分析师可能会因为管理层、同事甚至督导对象或者培训对象违反伦理条例而忧心忡忡，进而决定尽快离职。同样的，公司也可能会觉得自己的行为分析师与公司政策分歧太大或者有虚报账单的行为，必须马上解职。这项条款对行为分析师和公司都是一种压力，促使他们考虑这种事情会对服务造成怎样的影响。如果立即解雇员工，可能会有十位服务对象突然没有认证行为分析师督导，甚至更多的注册行为技术员不能提供治疗服务，这会导致严重的治疗中断。如果这位行为分析师几乎没有提前通知就突然离职，那么也会发生同样的事情，严重地干扰服务。这两种情况都需要公司有足够的认证行为分析师，这样才能应对服务意外中断的情况。服务中断也有计划内的，比如员工临时搬家、处理紧急情况、父母离世，等等。服务协议（又名合同）中应该向所有员工清楚地说明离职的正常程序。最常见的做法是提前30天通知公司，让公司有足够的时间找人接手。公司有义务让服务对象了解服务可能中断的情况，并且说明采取什么措施尽可能地减少服务中断带来的影响。

案例3.14　连锁反应

"最近，我们有位注册行为技术员去另外一家公司面试了。我告诉这位技术员负责的个案家庭，说他（她）可能会跳槽，所以他们有可能得排队等服务了。我知道一家服务供应商，只要这个家庭准备好，他们就可以马上接手，但是我不知道这个家庭是否愿意转到这个服务供应商那里。我这还有另外两家公司可以介绍给他们。这个家庭给我发了邮件，说他们还是希望我能继续为他们提供服务，直到他们找到合适的服务供应商为止。但是这种约定就很模糊了，因为我也不知道他们到底什么时候能找到符合他们标准的服务供应商。我能肯定的是，我应该不会同意。我想知道，如果告诉他们我只能保证再提供30天的服务，这样够提前吗？

"我还要做些什么才不算抛弃服务对象呢？"

3.15 新增条款——以恰当的方式终止服务（见1.03、2.02、2.05、2.10、2.19条款）

行为分析师应当在服务协议中说明需要终止服务的情形。在下列情形下，行为分析师可以考虑终止服务：(1)服务对象已经达到所有的行为干预目标；(2)服务对象不再从服务中获益；(3)行为分析师和/或督导对象或培训对象所处环境或工作条件可能存在潜在危险，并且无法妥善解决；(4)服务对象和/或利益相关方要求终止服务；(5)利益相关方不服从行为干预的计划要求，虽经应尽努力也无法排除障碍；(6)服务失去资助。如需终止服务，行为分析师应当向服务对象和/或利益相关方提供书面计划，经双方确认之后存档，在整个退出过渡阶段都要不断检查和调整这一计划，并且将所有措施及步骤记录在案。

终止行为分析服务也可以是让人高兴的事情，前提是相关各方都为下面这样的结果感到振奋：(1)服务目标已经按时达成，改变了的行为现在有自然强化物的强化，可以泛化到新的情境并且不会退化，家庭/看护人已经无需再费力支持这些行为，服务对象自己就可以独立完成。

令人难过的是，并不是所有时候都有这种皆大欢喜的结果。不管怎么努力，下面这些情况都有可能发生：(2)服务对象到了平台期，尽管尝试了很多不同的方法，一直停滞不前，或者还有可能退步，相关各方都一致认为，服务继续下去也不会再带来什么收益。

因为前期筛查不够充分，也有可能发生这样的情况：(3)尽管注册行为技术员（或者督导对象或培训对象）努力为服务对象提供服务，但还是碰到了一些社会或者环境因素，使他们无法再继续提供服务。在上门为家庭提供服务的时候几乎总是碰到这种情况，妨碍因素主要有下列几点：(a)家庭条件不适合进行培训，比如家长囤积很多东西，导致家里没有足够空间；家里缺乏适当的卫生设施；家里有虫害或者违禁药物、化学品或危险武器等；(b)不知道出于什么原因，这家人觉得自己可以用粗鲁的语言攻击治疗师，以血统、肤色或者性别身份有关的脏话骂他们，或者某种行为方式让行为分析师觉得非常不舒服，不想再上门为他们提供服务。根据公司规定，在第一次出现上述情况的时候可以给家长/看护人一个书面警告，以文字形式表达清楚如果再次发生类似情况将会导致什么后果。所有这些都应该记录在案，以防家长/看护人将来对终止服务提出异议。

出于各种各样的原因，还有可能出现第（4）种情况：家长/看护人，甚至是利益相关方，比如保险公司要求终止服务。之所以出现这种情况，可能是因为家庭财务状况出现了变化，家长对行为分析师或者公司不认可或者不满意，家庭内部出现父母分居或者离婚等变故，也有的时候单纯就是因为家长不再相信行为分析这种治疗方法了。

近些年来，还出现了第（5）种情况，也不算少见，（行为分析师提出）终止服务，主要是因为家长/看护人之前已经同意了行为计划，现在又不配合了。发生这种情况，可能有各种各样的原因，家长没有做好准备、无法投入时间学习和执行这些治疗措施，行为分析师对家长/看护人培训不到位，导致任务无法完成，或者任务完成以后几乎没有强化，看护人和行为分析师的时间经常碰不上、培训不够充分。还有一种情况也需要终止服务，这种情况比较常见，就是家长/看护人意识到行为分析不是免费保姆服务。有些家长一旦意识到自己得给孩子做家庭治疗师，就打退堂鼓，不想配合了。

终止服务，可能还有一个原因：（6）不管什么原因，服务资助都要停止了。这种情况对于行为分析师来说常常特别煎熬，因为他们可能已经看到服务对象取得了很大进步，不希望就这样半途而废。但是，资助一旦没了，就没法要求机构继续提供服务了。机构应该把相关文件的复印件交给服务对象/家长/看护人，这样的话，等到将来资助到位的时候就可以恢复服务。机构应该将所有记录保留七年（见 4.05 条款），免得家长/看护人得到资助但又找不到这些文件。

上述六种情况都应该写进服务协议里，因此我们推荐使用《行为分析师专业实践和工作程序告知书》（或者相似的文件），第 13 章将会详细介绍这个文件。针对第（3）种和第（5）种情况，我们强烈建议在协议中进行详细解释，包括违反协议条款可能导致的后果。

案例 3.15　家长拒绝付费

"有一家个案拒绝付费，到现在断断续续有好几个月了，要么就是突然减少服务时长，这样很影响我们的工作，导致无法达成预期的治疗目标。到期了也不缴费，这让我们感觉家长对服务不感兴趣了。我们觉得自己无法保证为这个家庭提供充分的行为服务，这一点从学生身上也能看出来，学生几乎没有什么进步。之前跟他们签订的合同里也约定了付费事宜。根据合同，没有付费，我们也不能提供服务。如果他们能够付费，我们会再继续服务一个月，支持他们转衔过渡到下一家服务供应商。

"不付费可以作为终止服务的正当理由吗？"

3.16 新增条款以恰当的方式提供转介服务（见1.03、2.02、2.05、2.10条款）

行为分析师应当在服务协议中明确在何种情形下会将服务对象转介给所处机构或者其他机构的行为分析师。行为分析师应当付出应尽努力，妥善安排转介服务，同时出具书面方案，明确计划转介日期、转衔活动安排以及服务相关各方，在整个转衔过渡阶段都要不断检查和调整这一计划。如有必要，行为分析师应当与相关服务提供方协调合作，采取适当措施，尽量减少转介交接对服务产生的影响。

如果行为分析师从公司离职、解聘、休长假，或者已经确定公司没有足够的资源提供相应服务，或者公司倒闭，就需要把服务对象转介给其他行为分析师。假定公司员工人手充足，认证行为分析师离开之后有人接手，那么前三种情况可能就是内部转介，应该比较平稳顺利。如果是一家小公司，只有一两位行为分析师，那么其中一位离职就会给公司带来很大负担，就有必要转介给别的机构了。当然了，如果机构要倒闭，就必须为所有服务对象准备好转衔计划。转介服务的文书工作应该包括一份书面计划，内含：(a) 转介日期；(b) 转介过程说明，比如哪位员工负责哪项工作（打电话联系接手机构，协调转衔工作；联系家长/看护人告知转介计划 [必须当面说]；培训接手的行为分析师；准备转介服务书面材料并交付接手机构）。

转介服务告知书样例

在某些情况下，可能有必要将服务对象转介给其他服务供应商，或者终止××公司的行为服务。如果治疗团队认为从临床角度来讲有必要继续提供服务，××公司将协助找到合适的服务供应商接手目前的工作。××公司将会与您选择的服务供应商合作，保证服务无缝衔接，还将与治疗团队密切合作，保证顺利交接，不会给服务对象或者看护人造成负面影响。

▶ 案例点评

案例 3.01　平板上有毒品照片

在这种特殊情况下，你是凭本心做事。你是为了保护服务对象的最大利益，没有任何的恶意。联系认证委员会之前，应该约见你的律师，向他解释目前的情况，看看你会不会受到什么伤害。鉴于你是在凭本心做事，而且已经向儿童保护机构这样的相关机构进行了举报，你的做法是合乎伦理的。律师可以从法律角度给你一些建议。

事件后续

这位认证行为分析师说："就我所知，这家人不知道是谁举报的他们。但我确实知道儿童保护机构已经去调查过了。他们的结论是我们没有给机构带来任何影响。看到你的建议之后，我也认为我的做法是合乎伦理的，没有向认证委员会报告什么。"

案例 3.02　与学区签订合同带来的风险

按学区的指示去做，应该不太符合服务对象的最大利益。伦理条例要求我们将服务对象（在这个案例里就是这家人）的利益放在首位。学区的指导思想好像就是尽可能少花点时间，开会的时候给他们分析一下报告，给个答复就行了。针对这个案例，最合乎伦理的做法就是尽快给这家人提供报告，这样他们才能有足够的时间做好回应的准备，还有可能寻求法律咨询，毕竟是这么重要的事情。行为分析师应该始终维护服务对象和利益相关方的权益，履行职责的时候总是考虑他们的最大利益。行为分析师可不是那种谁出价高就为谁做事的人。不过你要注意，如果真的为这家人提供了这份报告，你可能会被学区炒鱿鱼，而且可能以后也接不到他们的活，所以你要做好准备，承担正义之举带来的后果。重要的是，你可以把相关的伦理条例给学区联系人看看，让你的诉求听起来更有理有据。

案例 3.03　多少算多?

很显然，这个工作量超过了《行为分析师认证委员会实践指南》建议的标准。[①] 这位首席执行官（可能不是认证行为分析师）可能希望你们超量工作，但他的动机很是可疑。这里最主要的因素极有可能是利润，而不是医疗质量。按你所说的这个工作

---

① 原注：Applied Behavior Analysis Treatment of Autism Spectrum Disorder: Practice Guidelines for Healthcare Funders and Managers

量是违反伦理条例的，你可能需要主动举报。请查阅《行为分析师认证委员会实践指南》第 31 页，可以看到建议每位认证行为分析师最多负责 24 个个案，这还是假定有认证助理行为分析师协助的情况。总是要求员工超负荷工作，肯定会有人起来反抗。你有权争取一个人性化的工作环境，祝你好运。

事件后续

"非常感谢你的回复。我确实是鼓足勇气才回绝了那些要求。你的建议超级有用！非常非常感谢。我跟首席执行官打电话谈了这件事，已经争取了他的同意，不用再加时了。"

案例 3.04　对付服务对象的妈妈

建议你在《行为分析师专业实践和工作程序告知书》（见第 12 章，在第 2 条下面适当增加自己需要的内容）的基础上作以修改，向她说明：根据 1.11 条款，你不能和她讨论私生活，否则就是违反伦理条例。下次见面的时候，先这样说："我们需要讨论一件事，这件事困扰我一段时间了。坐下来聊好吗？"然后，把告知书拿出来，从头到尾都给她讲一遍。讲到不能谈及私生活那部分的时候（反正不管你怎么措辞，一定要把不遵守的后果说出来，比如可能终止服务），一定要让这位妈妈确认已经明白这是什么意思了。只是点点头还不够，一定要说出来。之后，把文件全部讲完。你和她都要签字确认，各执一份。然后说："好了，现在我得去陪大卫了。我看他都等得不耐烦了。"真正的考验是你下次去的时候，先打个招呼，然后直接去找服务对象。如果这位妈妈想找你说话，你可以用肢体语言表示"别说了"，同时提醒她之前签过协议。

案例 3.05　蒙在鼓里

如果你是这家机构唯一的行为分析师，那么你就有责任按照伦理条例 3.05 条款的要求告知你的服务对象他们都有哪些权利和义务。

事件后续

这位认证行为分析师说："我印象中是有过服务协议的。现在这家机构的负责人想要修改协议。两位负责人因为收多少钱而争论不休（一个想要跟本地大多数其他诊所收的差不多，一个说反正不管收多少都是政府买单，那就多赚点）。"

案例 3.07　谁是你的服务对象？

这是第三方合同的一个例子，是由一位同事提供的，他（她）自己运营一家小规模的应用行为分析机构，这个例子回答了本书第一作者提出的一个问题：如何厘清这些关系，让行为分析师搞清楚谁是自己的服务对象呢？

案例 3.09　"风险"评估

"是的，你当然需要家长的知情同意才能开展这种评估。这个应该不难做到，因为是他们要求评估的。这种评估好像不是行为分析师平常做的那种，所以你需要在同意书里附上你的资质证明。法官也得确认你有资格做这种不太寻常的工作。"

案例 3.11　照章记录

1. 计费条款里算的就是和服务对象面对面的时间。按照新版条例第一节里的那些条款，这个时间就是"捆绑"的，意思是报销的时候就把课前活动和课后活动的时间都算在内了，这就包括了填写记录的时间。

2. 至于做数据，上课的时候随上随做这种做法也是可以接受的，这也算作一对一治疗课程的一部分。

3. 这个问题比较复杂，有些跟这个差不多的做法确实容易让人质疑。午餐时间也要计费的话，必须得有治疗才行，或者是一对一的，或者是集体活动，还得是确有必要治疗，并且经过授权同意。不能抱着这样的想法：孩子在治疗中心的每一分钟都得收费。[①]

在很多情况下，如果家长知道自己孩子接受的治疗其实很少，可能就会要求转到别的服务供应商那里去。

案例 3.12　能多计费就多计费

毫无疑问，这种做法不仅违反伦理，而且违反法律，是欺诈行为。这位行为分析师后来向公司提出了抗议，既有口头的，也有书面的，反对他们不管有没有必要都按上限时数收费。她还向保险公司举报了这家公司，然后立刻就辞职了。

[①] 原注：这个专业点评是由米歇尔·西尔科克斯提供的，她是我们伦理热线的专家，专门负责解答保险和计费问题。

案例 3.14　连锁反应

这个案例不像是终止服务，更像是转介服务。这个家庭希望你在他们找到其他服务供应商之前一直为他们提供服务，这种要求是不合理的。你应该给他们提供一份服务供应商的名单，准备好书面材料，保证与他们选择的机构无缝衔接。提前30天通知应该是足够了。

案例 3.15　家长拒绝付费

根据3.15条款，如果你能证明你已经尽力与他们交涉让他们缴费，安排的缴费时间对他们来说也比较合适，但他们依然没有付费，你就可以终止服务。你应该给他们提供一份本地服务供应商的名单，并且准备好转介的书面材料。

第 9 章　新版条例第 4 节：行为分析师对督导对象和培训对象应负的责任

行为分析师对督导对象和培训对象应负的责任概述

不管是哪个领域，高质量、手把手的指导都是培养专业人员的一个重要方面。行为分析师认证委员会撰写了非常完备的《督导培训课程大纲》（2.0）（BACB，2018），最新要求是督导必须接受 8 个小时的培训，这个要求进一步凸显了督导的重要性。

委员会还规定，取得认证资格的人在每个认证有效期内都要接受 3 个小时的继续教育（简称 CEU），学习有关督导的课程，这就是对提供督导服务的行为分析师提出的要求。这条新规要求行为分析师在承担督导工作的时候必须"遵守所有的督导要求"。培训别人之前，首先要保证培训任务是在自己的胜任范围之内。除此之外，还必须判断自己在保证质量的前提下最多能同时督导或者培训多少人，把这个上限人数上报给领导，以免工作超量。如果督导的人数太多，可能就无法保证质量，因为他们不但要对自己的督导工作负责，还要对督导对象的专业活动负责。

如果培训人数安排比较合理，督导就必须按照规定、使用循证方法提供培训和督导。培训中必须包括多样性相关议题。实际的督导工作包括监督工作表现、给予表扬和反馈，并且在培训对象出现问题的时候实施改进计划。行为分析师督导必须确定督导对象有能力执行某项任务，并且能够主动评价他们的督导工作，才能将该任务委派给督导对象。

如果发现需要更换督导，应该尽量减少对督导对象的负面影响。如果必须终止培训工作，督导应该仔细规划，尽量减少负面影响。这条新规出来以后，督导对象应该会有更多机会得到督导的直接观察，获得明确及时的反馈，切实改进工作表现。

行为分析师对督导对象和培训对象应负的责任详细解读

4.01 遵守督导要求（见 1.02 条款）

行为分析师应当知悉并且遵守所有适用的督导要求（比如行为分析师认证委员会的规定、执业资格审查的要求、资助方以及组织机构的细则），包括督导形式和结构的相关要求（比如亲临现场、视频会议、一对一、一对多）。

作为督导，手头随时都要处理信息，信息之多令人望而生畏。单是随时了解行为分析师认证委员会发布的所有表格这一项，就需要非同寻常的能力，搜索信息并且迅速调用，再梳理这些信息、输入电子表格，之后还要在合适的时候提供这些信息。想要迅速了解这些要求，可以登录行为分析师认证委员会的网站，在搜索栏里键入"督导"进行搜索，可以找到工作经验检核表、督导会议表格、最新规定的简报、现场工作任务清单、月度和最终工作认证表格、拒签认证的表格[①]，还有工作达标要求、注册行为技术员审计表格、督导指导要求、督导培训课程大纲等。

假设你是在给注册行为技术员做督导，还需要学习注册行为技术员和认证助理行为分析师手册。除此之外，如果你工作的那个州对职业资格有要求，你还得看看那些要求并且存档备用。现在绝大多数行为分析服务是由政府机构或者保险公司资助的，督导就得跟踪了解这些单位的要求。除此之外，还得了解自己工作单位的政策、细则和操作手册。

最推荐的一种督导形式就是现场直接观察，不管是在教室还是机构、在家还是社会性情境。推荐现场直接观察，是因为当时所有的事情都可以看见、听见，如有必要，还可以直接给培训对象反馈。这应该是改进工作表现最有效的途径了。出于各种各样的原因，很多督导采取了次优办法，那就是现场监控录像，他们从监控里可以看到、听到服务对象和治疗师的一言一行。但是，使用这种形式就会错过某些情境因素，比如兄弟姐妹或者家长在附近区域的一些活动。为了使这种形式更加合理有效，治疗师应该配一个入耳式的耳机，督导可以通过这个设备给予提示和反馈，给治疗师一些鼓励，或者实时地提出改进建议（这类做法中，有一种形式是不能接受的，详见 4.04 条款）。第三种办法是由治疗师录制给服务对象上课的视频，然后发送给自己

---

① 译注：如果督导拒绝对督导对象已完成的工作给予认证，则需填写该表格。

的督导，这种办法不是特别推荐。使用这种形式，反馈太不及时，因为收到反馈的时候，治疗师肯定已经进行别的任务去了，所以这个办法几乎起不到什么作用。最后，还有一对一或者小组会议，会上可以就行为分析治疗的问题或者研究议题展开讨论。这种形式虽然也算督导，但是没有研究文献证实这种形式能够切实提高治疗技巧或者行为干预技术水平。不过，这种会议可能也是必要的，可以帮助培训对象掌握处理复杂个案、制订干预策略所必需的语言技能。

案例 4.01　谁有资格督导？

"作为一名认证行为分析师，我一直都在督导学生的现场工作，是我们本地的大学让学生在我这里积累督导学时的。我不确定他们是不是按行为分析师认证委员会的工作标准操作的，因为曾经有位大学的认证行为分析师－博士级（以下简称BCBA-D）指使学生来找我，让我补签一个'认证行为分析师学时'的证明。学生说印象中当时是那位BCBA-D在督导她的工作，而我猜那位行为分析师以为当时是我在督导这名学生。我跟他说清楚了，我当时没在督导这个服务对象，跟这名学生也没有任何联系。这名学生是在为我们机构的一个签约家庭提供上门的应用行为分析服务，但这个项目是由一位在我这里工作的认证行为分析师督导，而这位行为分析师并没有完成8小时的督导课程，也没有直接督导这名需要认证的学生。大学的那位BCBA-D告诉这名学生这个就算督导，因为确实是有一位认证行为分析师在督导这个项目，虽然只是每个月签一些表格而已。这件事让我很不舒服，而且他们不是第一次要求我这么做了（间接通过学生要求的）。我觉得那位BCBA-D没有达到行为分析师认证委员会的要求，因为我接手这些学生的时候，他们的实习期已经过半了，可是却从来没接触过跟踪表、数据收集体系，甚至连自己应该达到什么标准（百分比的要求、联系人的数量等）都不知道。我听到很多这所大学的毕业生都在抱怨，但我却不知道应该如何回应，这实在是太不公平了。他们花了这么多学费，却得不到或者很少得到恰当的督导，也没积累什么工作经验。对待认证资格和督导工作，我是很认真的，但我认为这所大学根本没把这些当回事。"

4.02　督导能力（见1.05、1.06条款）

行为分析师仅在自己确定胜任的范围内督导和培训他人。行为分析师仅在掌握有效督导的知识和技能之后才能提供督导服务，同时应当通过专业提升活动不断评估和提高自己的督导技能。

　　这条规定包括两个方面的要求：(1)仅在自己的业务范围内进行督导；(2)跟踪了解督导领域的专业动态（也就是学习督导继续教育课程）。

　　针对这条规定，区分业务范围和胜任范围是很重要的。"业务范围指的是专业活动，是由外部审查组织确定的；胜任范围指的是某一特定个体的活动，是由这个从业者自己决定的。"① 在我们这个领域，要确定认证行为分析师的业务范围，可以查阅认证行为分析师任务清单。② 虽然在行为评估表中对"问题行为"的解决技能有一般性的描述，在行为改变措施中对"使用条件性强化物"和"使用行为塑造"这种一般性的方法也有概括性的解释，但是都没有提到可能涉及服务对象的哪些具体行为。针对"选择和实施行为干预措施"，列出的也是一般性的技能要求，例如："根据数据决定目前需要哪些服务"，"以观察得到和可以量化的方式描述干预目标"。

　　这样看来，意思就是行为分析师只能在自己接受过研究生教育的技能领域开展督导工作。这个范围可能很窄，就是常见的行为表现，比如缺乏语言和社交技能，还有一些轻微的破坏行为和违抗行为，不能跟随任务，也许还有一些强度较低的攻击行为，而且目标人群也相当有限，很有可能仅限于患有孤独症谱系障碍的幼儿。如果一位督导只接受过这种培训，那么可能就没有能力督导注册行为技术员去做某些涉及复杂行为问题的个案，比如严重的自伤行为、危险的破坏性和攻击性行为，还有频繁的离家出走、持续的非食物异食癖以及进食障碍，或者性欲亢进和性欲倒错。正如有的学者（LeBlanc, Heinicke, Baker, 2012）所述③，在上述这些领域掌握足够的技能，达到督导这类个案的水平，需要一个相当漫长的过程，完成一系列的程序。首先就要阅读最新文献和应用行为分析的研究成果，联系专业组织，了解属于这一范畴的服务对象或者行为表现，然后还要接受该领域专家细致的培训和督导，获得相关证书、证明自己具备这个方面的能力。作为督导，还得查阅行为分析师认证委员会的文件，了解"研究全新的实践领域"方面的内容。④

　　这项条款的第二部分规定认证行为分析师按照督导培训课程大纲的要求完成8小时的督导培训课程。除此之外，还要在每个认证周期内完成3节督导方面的继续教育

---

① 原注：www.ncbi.nlm.nih.gov/pmc/articles/PMC6269378/
② 原注：www.bacb.com/wp-content/uploads/2020/08/BCBA-task-list-5th-ed-210202.pdf
③ 原注：http://www.ncbi.nlm.nih.gov/pmc/articles/PMC3546640/
④ 原注：http://www.bacb.com/wp-content/uploads/2020/06/Respecialization-Guidance_20200611.pdf

课程。要想保证继续教育课程算数的话，内容必须是行为分析方面的（大体上符合 1968 年贝尔、沃尔夫和里斯利提出的要求[1]）。虽然关于有效督导技能的文章很多，但是这个领域的实验工作却很少，所以我们现在只能借鉴其他领域的工作，希望能够归纳出一些基本的原则。这项条款中还提到了"不断评估……自己的督导技能"，详细内容请查阅 4.10 条款。

案例 4.02 胜任范围是什么？

"我和现场督导有点争执，她总是违反我们的合同规定。我是婚姻与家庭治疗专业在读研究生，现在正在实习。作为一名认证行为分析师，我的就业/现场督导（不是临床督导）很不合格。尽管按照合同规定她只是我的就业督导，但她经常打乱我的日程计划，还要安排我的实习工作，这样的事情发生十多次了。还有好几次，她想要指导我的实习，而这其实是临床督导负责的工作。我提醒她好几次了，也向人力资源部门报告了这件事，但是都没有什么结果。能给我个回复吗？不胜感激。"

4.03 督导工作量（见 1.02、1.05、2.01 条款）

行为分析师仅可在保证提供有效督导和培训的前提下接受一定数量的督导对象或者培训对象。行为分析师应当知悉并且遵守相关要求（比如行为分析师认证委员会的规定、执业资格审查的要求、资助方以及组织机构的细则）。行为分析师应当以发展的眼光考虑问题，决定接收督导对象或者培训对象的时候应当考虑相关因素（比如现有服务对象的需求、现有的督导或者培训工作量、时间和后勤资源）。如果行为分析师认为自己的督导工作已经满负荷，继续增加将会影响有效督导，应当开展自我评估，并将评估结果记录在案，同时告知领导或者相关各方。

新版伦理条例中不止一次提到认证行为分析师督导应该把"保证服务对象的最大利益"放在首位（条款 1.03、2.10、3.01 和 3.08）。说到督导工作量的问题，有时候会跟公司经济利益发生直接冲突。

目前，督导工作量是我们这个领域最棘手的问题之一。因为涉及经济利益（接收的服务对象越多，计费服务时长越长，盈亏底线守得越好），公司要求督导接的个案越来越多。公司还要求督导额外接收注册行为技术员助理、督导对象和培训对象，基

---

[1] 译注：即前文提到的 1968 年贝尔、沃尔夫和里斯利提出的应用行为分析的七大维度。

本不考虑这些人的专业水平，也不考虑要花多长时间才能保证行为分析服务的质量。这项条款说得很清楚了，"有效督导"是一道红线，督导必须守住这个底线。如果督导觉得自己无法保证督导质量，就有责任采取必要手段与公司交涉。如果出现下面这些情况：督导达不到督导时长占比5%的要求，不能及时回复培训对象的邮件或者电话；服务对象投诉培训对象或者督导对象；注册行为技术员因为缺乏支持表现出明显的倦怠；督导对象请教有关服务对象的问题时，督导却稀里糊涂地搞不清楚他们在说什么，那就表明这位督导的工作不太合格。

作为督导，想要守住伦理底线、遵守4.02条款，就得学点新技能，这个技能可能有点陌生，那就是超过工作量限度的时候就要懂得拒绝，拒绝自己的教学总监、拒绝公司首席执行官或者负责人。而这项条款就给了督导这样做的权利，还提供了一种自我评估的方法，从某种程度上也能对公司管理层形成反制。

开展自我评估，把花在督导工作上的时间量化，可以这样做：抽取一个比较有代表性的时间段，比如一星期，来做一个时间和活动的相关性研究[①]。先把相关行为分类，比如花在督导对象身上多少时间，有直接的，也有间接的，还比如为培训对象准备培训材料、分析他们的服务对象数据、报告他们的工作表现等。

接下来，需要准备一个数据表，把时间切分成10到20分钟的小段，记录这些时间段内的活动，想办法全天都带着这个数据表做记录。除此之外，还得准备一个计时器，提醒自己做好记录。每天工作结束之后，把花在每项活动上的总时间以及花在所有类别的活动上的总时间都算出来，做成表格。把这些信息做成一看就懂的直方图。每天做一张图，一星期以后，就能很清楚地看到目前的总工作量和不同类别的工作量。附上一个总结，说明这些图表示什么，如果这些能够证明你的督导工作已经超量的话，那就准备好去和领导谈吧。

案例4.03　工作不限量

"我是一名认证行为分析师，和另外一位分析师在同一家公司工作，为孤独症谱系障碍孩子提供应用行为分析治疗。我们机构去年才开业，所以非常需要尽快扩张业务，这样才能实现财务上的可持续发展。大概两个半月之前，公司要求我们一下子做了很多建档评估，还承诺说6个星期之内会再招一名认证行为分析师接手这些多出来的服务对象。现在已经过去两个月了，还没招人进来。一次我和直接领导（不是认证

[①] 原注：www.wikihow.com/Conduct-a-Time-and-Motion-Study

行为分析师）一起开会的时候，我问要不要给现在的工作量设个上限，等招到认证行为分析师再重新安排。我得到的答复是，没有上限，我们还会继续承担所有服务对象的服务任务。我又问我们每周会不会分配到更多计费工时，这样才能消化多出来的业务量，她说有可能，因为另外一个地方的认证行为分析师每周已经有75小时的工作量了。我问让认证行为分析师这样超负荷工作，有没有伦理方面的问题，她说她不知道，还说会把这件事反映给公司领导，随后她就结束了谈话。

"如果到目前为止我评估过的所有服务对象都实际开始治疗的话，我每周就得有40个小时的工作量，这个时间还不包括不计费的治疗活动所花的时间，也不包括计费的家长咨询时间。我觉得我得提出异议，但我怀疑我要是这么做的话，工作就悬了，因为他们之前告诉过我，如果我的计费时长不够，薪水可能就会被削减。

"要在服务对象的评估报告里说出'从医学角度而言，多少多少的行为咨询服务是必要的'这种话，我实在是说不出口，而且我们现在工作量这么大，根本就忙不过来，不可能真正提供这么多小时的服务。"

4.04 对督导工作担责（见1.03条款）

行为分析师应当对自己的督导工作负责。督导对象或者培训对象的专业活动（比如为服务对象提供的服务、督导、培训、研究活动、公开表述）是督导关系的一部分，行为分析师对此也应当承担责任。

担责，通常指的是失败了要承担后果，做得好也有回报。这项条款包括两个方面的责任：（1）督导应该对自己的督导工作负责；（2）督导应该对自己的督导对象和培训对象的工作行为承担责任。我们将对这两个方面分开讨论。

对自己的督导工作负责，意味着注册行为技术员和认证助理行为分析师提供行为分析服务以及培训对象积累实操时长的时候，督导要对他们的工作进行监督。除此之外，可能还需要给注册行为技术员做培训和评估，给所有督导对象和培训对象提供书面合同，定期约见与观察督导对象和培训对象、达到督导时长占比5%的最低要求，保证他们完成分配的计费工时任务，这是每个月都要精确记录的。

对培训对象和督导对象的专业行为承担责任，就是另外一回事了，因为这种事可能没有定论。督导时长占比要求不低于5%，这就意味着在95%的时间里培训对象和督导对象是没有监督的。这种事细想起来还是很可怕的，尤其是他们的服务对象是孩子，工作环境是家里这种非结构化的环境，旁边甚至可能连个大人都没有。如果发生了什么事，或者孩子举报治疗师"摸了我的隐私部位"，那么督导就要对此承担责任。如果家长发现孩子身上有特别的瘀青或者伤痕，或者孩子说："就因为我把果汁洒了，梅就打我后背。"督导也要对此承担责任。如果一位不会说话的服务对象出现了不同寻常的行为，比如看见治疗师就哭，或者注册行为技术员伸手拉他的时候就往后退，那么督导也有可能被追责。如果经过调查发现他们确实虐待了服务对象，最终可能意味着你不得不举报这位注册行为技术员违反了注册行为技术员伦理条例。你所在的组织也有可能会因为你所督导的注册行为技术员的行为对你问责。

案例 4.04　没有责任心

"认证行为分析师督导只是通过远程医疗进行'观察'，既不开麦克风，也不开摄像头，上课期间和课后都不给任何反馈，这种做法合乎伦理吗？这位认证行为分析师的督导工作从来都没有明确的目的，只是通知我带着电脑去上课，这样他就可以远程观察我。有时候这种课一上就是 4 到 5 个小时，认证行为分析师不提供任何形式的反馈，上课的时候从来不在摄像头里露脸，也不对着麦克风说话，还以督导咨询的名义扣掉保险费用，这种做法合乎伦理吗？"

4.05　新增条款——保留督导工作资料（见 1.01、1.02、1.04、2.03、2.05、3.11 条款）

行为分析师应当按照所有相关适用法的规要求（比如行为分析师认证委员会的规定、执业资格审查的要求、资助方以及组织机构的细则），包括按照信息保密的要求，将有关督导对象或者培训对象的资料建档，并及时更新、精心保管、妥善处理。行为分析师应当确保自己以及督导对象或者培训对象的存档资料准确无误、完整无缺。行为分析师应当妥善保管存档资料，以确保在必要的时候按照监督检查需要有效交接。行为分析师应当将督导工作相关资料保留至少七年，或者按照法律规定以及相关各方要求的时限保留资料，并且要求督导对象或者培训对象按此要求办理。

督导工作需要书面资料，除了书面资料还是书面资料，好像没完没了。你把这些资料妥善保管在哪里呢？培训对象走了以后你又该怎么做呢？第一个问题，你得有条有理，保证给每一位培训对象/督导对象都建一整套档案，不管是数字档案还是纸质档案。在这套档案里，行为分析师认证委员会要求的每种类型的文件以及申领所在州执业资格（如果所在州有这个要求的话）需要的所有文件，都要单独放在一个子文件夹里。档案里还要包括保险公司或者政府资助机构需要的所有材料，还有自己公司特别要求的东西。需要的文件可能包括培训对象或者督导对象的申请表和简历、初始能力评估表和后续能力评估表、培训对象/督导对象的所有工作成果、督导期间的观察数据、认证日志和跟踪表，还有给培训对象/督导对象的反馈。还要放上签字确认的月度/最终评估表复印件，给培训对象/督导对象做过哪些培训，比如心肺复苏术培训、约束措施培训或者《健康保险携带和责任法案》培训，培训证明的复印件也要放进去。作为督导，需要把很多资料存档保留七年之久，这里提到的还只是一小部分。如果你从一家机构转到另外一家，还需要把所有这些东西一起转过去。督导对象/培训对象将来可能会联系你，请你提供一份评估的复印件，或者是能证明他们接受过某项培训的文件，这种时候你得拿得出来。

案例 4.05　可疑的做法

"我想咨询的是一位培训对象的事，我给他做了 5 个月的督导。他想要少干点活，不那么累，所以，经过双方协商，我们终止了合同。他把自己的月度工作记录和最终工作记录发给了我，还不小心在'督导签名'那里签了字。我告诉他签错了，他又发了一遍给我，不过这次发来的是空白表。我在督导那里签了自己的名字，发回给他，之后他说他也签了。我跟他要扫描件，他却说不可能给我。我告诉他，我得要一份复本，问他能不能发邮件给我。他答应说有时间就发，但是可能得过几个月。我担心他不及时回应，不把我需要的记录表还给我。他说他这边已经联系了行为分析师认证委员会请求帮助，因为他不想发我。这种情况下，我应该做些什么呢？有没有什么办法能确认我保留材料的所有操作都是正确的？"

4.06　提供督导和培训（见 1.02、1.13、2.01 条款）

行为分析师应当按照相关要求（比如行为分析师认证委员会的规定、执业资格审查的要求、资助方以及组织机构的细则）开展督导和培训工作。行为分析师应当制订并实施循证的督导和培训措施，注重使用正强化，并且根据督导对象或者培训对象的具体情况进行个性化调整。

为了满足这个要求，督导应该首先查阅督导工作的相关规定。这些内容都包含在8小时的培训课程里，督导培训课程大纲中也能找到，就在行为分析师认证委员会网站上。除此之外，想要了解成为认证行为分析师督导需要哪些条件，认证行为分析师手册也是必读材料。作为一名认证行为分析师督导，需要承担下列工作：（1）督导，注册行为技术员、认证助理行为分析师以及培训对象积累实操时长的时候，要对他们进行管理；（2）评估，学生争取注册成为行为技术员或者续证的时候，要对他们进行指导和评估，包括初始能力评估和后续能力评估；（3）培训，制订40小时的注册行为技术员培训方案，或者在他人提供40小时培训的时候，对其进行监督。

对注册行为技术员进行督导的时候，"对自己督导的所有注册行为技术员的行为都要承担责任"（《认证行为分析师手册》，第44页），包括处理注册行为技术员的所有涉嫌违规行为，还可能包括根据公司规定在内部处理突发事件，如果是涉及虐待服务对象或者虚报账单的严重情况，可能还需要向认证委员会举报，提交涉嫌违规通知书。

注册行为技术员上完40小时培训课程，并不代表培训已经完成。实际上，这只是开始。在很多方面，对于公众来说，注册行为技术员就是应用行为分析的脸面，因此需要对他们进行全方位的培训，比如如何与服务对象打交道，如何与家长/看护人以及利益相关方打交道。一句话说得不合适，或者处理敏感问题的时候错走了一步，都有可能引发连锁反应，导致利益相关方反对已经开始的治疗，甚至反对整个应用行为分析行业。同样的，日复一日实施行为干预措施的时候也是一样。辛辛苦苦干预了一个月，已经减少了不当行为，一不小心出了什么事情，起了强化作用，之前的所有努力就有可能毁于一旦，甚至导致违抗行为，破坏、攻击或者自伤行为。显而易见，注册行为技术员每天、每周接受的监督和培训都关系着干预是否成功，是否能给家长/看护人以及利益相关方留下正面的印象。注册行为技术员的培训模式应该和培训牙医、医生、建筑设计师以及建筑分包商等其他专业人员的模式相似。

本书第一作者最近在装修房子，在这期间就曾目睹了这样一件事：电工老手对自己的学徒说："检查电路，不热才行。"学徒回答："知道了。"几分钟后，这位电工去接线盒那里重连一个开关，刚用钢丝钳夹起一根电线，"砰"的一声就炸了！火花四溅，他跳了开去，喊道："啊，我还以为你检查过了呢！！""我的天，对不起，老板，我确实检查过了，真是对不起。"这种情况就是我们这个领域的完美写照。不管哪天，只要督导对象或者培训对象没有认证行为分析师在场监督，就有可能犯错，导致悲惨后果。把自己服务的孩子一个人扔下几分钟，自己着急忙慌跑去卫生间，孩子就有可能跑出去不见了，或者可能从厨房水槽下面翻出一瓶清洁剂，还有可能吞下了一个小玩具。

只挂个督导的名不干实事是很危险的。简简单单问督导对象一句"怎么样"，然后就谈天说地去了，这样当然很容易。但这不是真正的督导，真正的督导需要直接观察、给予反馈、反复练习，然后再给予反馈，直到充分改变某个行为，最终达到任务目标。督导不是行为科学的术语。在行为科学里，对应的是"塑造"这个术语（意思就是使用行为技能训练塑造某种行为[简称BST]）。督导只有和自己的督导对象/培训对象直接面对面互动才能塑造其行为。4.06条款非常重要，是所有注册行为技术员、认证助理行为分析师及其督导都应该了解和执行的规定。使用循证疗法，主要强调使用正强化，并且根据督导对象/培训对象的具体情况进行个性化调整。

案例 4.06　很少督导，没有培训

"我是一名注册行为技术员，已经快攒够实操时长了，正要参加认证行为分析师考试。来到现在这个公司不长时间，我就发现我的认证行为分析师督导老是不在，也不专业，而且经常侮辱别人。他跟服务对象家长谈话的时候总是居高临下，明知道他们不懂那些术语，还要用。他给我的服务对象出具的报告和给之前那些服务对象的一样。在这些报告里，还有其他孩子的名字，服务对象的信息也不准确，还有伪造的数据。给我安排的现场督导，他经常不参加，就算参加了（通过远程方式参加的），也只是一小会儿而已。上课期间，他能出去好几趟，每次都是15到20分钟。他从来没给我演示过回合试验教学、行为训练、指令训练这些应用行为分析干预措施到底应该怎么操作。就这样过了6个月，服务对象的妈妈向公司投诉了好几次，我的督导辞职了。听公司其他注册行为技术员说，他对自己的绝大部分服务对象和督导对象都是这样的，已经好几年了。督导本来应该给我们分配任务，再教我们怎么用专为这个任务设计的课程，但是我的督导什么都没做过。"

4.07　新增条款——融入多样性、应对多样性

在督导和培训过程中，行为分析师应当主动融入并讨论与多样性有关的议题（比如不同的人可能年龄大小、残障状况、性别认同、移民来源、婚姻状况、伴侣状况、国籍、种族、民族、宗教信仰、性取向、社会经济地位各不相同）。

在督导和培训过程中融入多样性相关议题，代表着实际应用中又多了一项要求。毫无疑问，督导对象和培训对象在日常工作中会碰到很多和自己不一样的人。他们会和不同的人打交道，对于行为及其改变方法，每个人都有自己的想法。对于别人的观点或者建议，行为分析师不应该第一时间就拒绝接受，而是应该时刻准备着去倾听，并且努力去理解，无论这个人是什么种族、年龄多大、有什么性取向等。作为督导，应该给自己的培训对象提供背景信息，这样他们才能做好准备，与来自不同背景的人合作，不带偏见或成见，而是互相尊重。无意识的偏见也是督导应该和培训对象一起探索的一个议题，接纳所有人，不要让那些成见在不知不觉中影响人际互动。从实际应用的角度来说，可能最重要的就是，督导只要发现培训对象和督导对象对他人有不公平、不敏感、不宽容的表现，不管是在工作场所还是面对个案，都应给予提示和反馈。

案例 4.07　在休息室听到的对话

"我坐在休息室一个角落的桌子那里检查个案记录，这个时候两名注册行为技术员走了进来，他们之前应该是在大厅聊天，说的是公司最近新招的几位学员，进来的时候还没说完。其中一个说：'把数据做成图表实在太简单了，我一个小时就能做完。'另一个说：'那些人就是懒，真是烦死我了。我压根就不明白为什么要带上他们一起干，是出于多样性的考虑吧，我猜。'他们俩没看见我，我也没说什么。我该怎么办呢？"

4.08　工作表现监督和反馈（见 2.02、2.05、2.17、2.18 条款）

行为分析师应当以循证方式不断收集督导对象或者培训对象的数据，对其工作表现进行监督（比如观察、结构化评估），并将所有活动记录在案。行为分析师应当及时给予正式与非正式的表扬与反馈，以期改进其工作表现，并将正式反馈记录在案。

如果督导对象或者培训对象的工作出现问题，行为分析师应当针对具体问题、按照明确步骤制订改进计划，就计划与其沟通，实施计划并评估实施效果。

这条规定与 4.06 条款的内容有很大一部分重合，基本都是要求使用行为塑造技术训练督导对象和培训对象，并且记录训练过程。这项条款简单说明了这个过程的本质。说到使用"正式表扬与反馈"，意思是反馈不应该是"非正式的"，比如"干得不错，蒂凡尼，加油干"。这里的"正式"一般是指落实在纸面上，能让对方看到，并且留在档案里以备将来参考。

这项条款还有一个要求，那就是为督导对象/培训对象部署"改进计划"。这个词经常用在业务领域，旨在改进员工的工作表现，就督导工作而言可能包括下列内容：明确改进目标；就这些目标与督导对象/培训对象进行互动/讨论，让他们清楚地理解这些目标；可能还要分析其中的功能变量，即为什么督导对象/培训对象会有这样的问题表现，如何提供后续支持或培训，如果未能达到计划目标将会产生什么后果；针对他们的工作表现给予定期反馈，之后对其达成目标表示认可。

案例 4.08A　对工作表现漠不关心

"我在工作单位碰到一些特别严重的伦理问题。情况是这样的，因为缺乏监督，有位注册行为技术员同事多次不让服务对象吃东西，尽管行为干预计划里根本就没有不让吃东西这样的内容。我把这件事告诉了单位，他们就给员工发了个通知，提醒说我们不允许不让服务对象吃东西，尽管明知这是违反伦理条例的行为，他们也没打算把这件事告诉服务对象的家长，还想在内部把这件事消化掉。除了伦理方面的问题，公司现在的工作也没有达到督导要求，注册行为技术员没有得到占比 5% 的督导时长，因此出现了很多问题，比如没有保证治疗信度，使用厌恶疗法，鼓励适应不良行为，注册行为技术员缺乏培训，导致执行干预计划的时候严重走样。

"我担心的是，如果我联系服务对象的家长，会不会遭到报复。我已经联系了我的直接督导，他说他很高兴我去找他，总比家长自己发现这个情况要好——这个意思就是他们没打算告诉家长。我不确定这件事里哪些部分需要举报，也不知道通过什么方式举报。我不知道作为一名注册行为技术员我能拿到什么文件资料，也不知道自己能提供什么材料。请给我点建议吧，不管什么都会对我有很大帮助。"

案例 4.08B　主观评价

"我正在努力积攒督导时长，这样才能参加认证行为分析师考试。我现在正在换工作单位。我得让现在的督导在我的最终认证表上签字，证明我在现在的公司已经攒够了多少工时。可是她拒绝在我的表上签字，说我'违反伦理'。我问为什么，她却拿不出什么书面证据材料。还有一件事，我现在是执业行为分析师助理（Licensed Assistant Behavior Analyst），她之前在我申请执业资格的那些工时认定证明上签过字，既然她都签字确认执业资格的工时证明了，那么现在不给我签字认定这是认证行为分析师的工时，这样合理吗？我该怎么推进这件事呢，您能给我一些建议吗？"

4.09　委派任务（见 1.03 条款）

行为分析师仅在确认督导对象或者培训对象能够完成任务且该项任务符合相关要求（比如行为分析师认证委员会的规定、执业资格审查的要求、资助方以及组织机构的细则）的前提下，才能将该项任务委派给督导对象或者培训对象。

委派任务给助手，减轻督导的工作负担，同时也让新手有机会获得第一手经验，这种做法由来已久。装修过房子的人可能都发现了，几乎所有的木匠、电工、水管工和油漆工后面都跟着一个学手艺的。作者的房子装修了几个月，在这个过程中，就注意到这些培训对象从头到尾都有"督导"。在这种情况下，木匠"师傅"总是给学徒演示怎么干活，需要什么工具，怎么才能干得更顺手，当然了，碰到电线的时候还会演示怎么保证安全，怎么小心谨慎。

在行为分析领域，督导对象和培训对象的工作也与此类似，只是他们仅有 5% 的时间有人"监工"。尽管官方规定最少是 5%，但实际操作起来就变成了最多是 5%。以手艺人、技术工的例子来说，他们每天与助手接触很多，所以很容易就能判断这些助理有没有准备好"自立门户"，而且因为他们几乎总是对这些助理进行"直接观察"，所以必要的时候马上就能反馈纠错。可是，在行为分析领域，要判断督导对象或者培训对象是否已经准备好，能否承担委派的任务可就难得多了。督导对象可能是看过怎么使用代币（注册行为技术员技能学习 C-12）[1]的短视频，或者看过一篇相关的文章，但是，"你准备好在斯蒂芬小姐的课上使用代币了吗？"这种问题可比看起

---

[1] 原注：www.bacb.com/wp-content/uploads/2020/05/RBT-2nd-Edition-Task-List_181214.pdf

来复杂多了。督导对象可能迫于压力会回答:"准备好了。"但这并不代表他们真的能担得起这么复杂的任务。几乎可以肯定的是,认证行为分析师督导没有直接培训过他们怎么做这个,所以也就不知道他们在这方面的技能水平如何。如果他们培训过这项技能,也观察过两三次注册行为技术员怎么用代币,那才真的有把握"肯定"学徒确实已经准备好了。想要贯彻 4.09 条款,让督导对象或者培训对象有能力在日常工作中完成所有任务,需要做的还有很多。

案例 4.09　准备工作、确立目标、委派任务

"最近我从一家应用行为分析公司离职了,我在那里只工作了很短的一段时间,个人感觉他们没有提供符合伦理规范的服务。我最关心的问题是,他们雇用的注册行为技术员基本都是研究生,因为这些学生可以做服务对象的'个案经理'。每名注册行为技术员负责三个个案。有一名认证行为分析师每个月和这些注册行为技术员/研究生见一次面,直接观察大概一个小时,然后针对教法提点建议,对这些服务对象没有任何评估。

"注册行为技术员就只会凭感觉选一些他们认为对服务对象有帮助的目标,这些目标也很少更新,因为他们没有额外的时间做这项工作。有一次,有一位服务对象从楼里偷跑到了一条非常热闹的大街上,可是当时楼里都没有认证行为分析师。现场只有三个人是通过公司危机预防方案认证的,他们应该为服务对象提供直接监护。这是故意把服务对象置于危险之中。有什么办法举报公司吗?"

4.10　评估督导和培训效果(见 1.03、2.17、2.18 条款)

行为分析师应当通过他人和服务对象的反馈以及督导对象或者培训对象的学习效果不断地对自己的督导工作进行主动评估。行为分析师应当将自我评估情况存档,并且根据评估结果对督导和培训工作做出及时调整。

"不断地进行评估",意思是至少每个星期或者每个月对督导的效果进行一次评估,"效果"好坏要看督导对象进步多少,距离优秀的标准还有多远。这就需要跟踪监测督导对象工作表现的量化数据和行为技能训练的实施情况,或者至少得到一些反馈,并且发现有迹象表明在一段时间内关键变量有所提高。实际上,就相当于督导设计一个实验,分别控制不同的实验条件,每个实验条件都可能是一种改进督导对象工

作表现的干预措施。根据刚刚开始接受督导时所做的评估，很有可能每位培训对象的因变量数据都各不相同，这些情况都可以写进督导合同里。考虑到每位督导可能负责10到20个督导对象（4.03条款建议的督导工作量），这可不是件容易的事。

还有一种评估督导效果的方法，就是观察培训对象所带的服务对象，测量他们的整体表现有多少改进。这种方法跟前面那个方法的模式是类似的，只是每一位督导对象所带的每一位服务对象可能都有大概五六个因变量要监测。为了提高可行性，培训对象将会跟踪这些数据，并把数据做成图表，交给自己的督导。出于某种压力，督导对象可能总想把数据做得好看点，以此证明自己的服务对象取得了进步，所以，需要时不时地检验观察者一致性，这样才能保证所有人都是诚实的。

上述两种评估方法都符合行为分析和循证方法的标准。认证行为分析师的督导对象和培训对象不止一个，要对所有人的技能发展情况进行跟踪监测，了解哪些人需要多加培训，哪些人只是需要时不时的强化就能保证高质量的工作，这项工作可能相当困难。因此，我们推荐使用图9.1中的行为分析总结表，就是用在项目管理中的那种表[①]。

还有一个自我评估的方法，就是由督导申请让同行或者上级主管直接观察这些督导对象和培训对象，或者检查上面提到的数据收集过程，给予反馈，并就这些反馈做出有意义的回应。

4.11 新增条款——促进督导工作的连续性（见1.03、2.02、3.14条款）

行为分析师应当尽量不中断或者打乱督导工作，如计划中断（比如短期休假）或者意外中断（比如突然生病、遭遇紧急情况）督导工作，则需尽力及时做出安排，以方便督导工作继续进行。如确需中断或者打乱督导工作，应当向相关各方交代清楚将采取哪些措施保证督导工作的连续性。

对于行为分析师督导来说，这项条款是新版伦理条例的又一项重要新增内容。这里主要考虑的是，如果中断或者打乱督导工作（比如督导辞职、调转，或者请假一段时间），服务对象可能会因为缺少服务受到负面影响。如果没有督导，注册行为技术员就无法开展工作，就意味着没有安排行为课程。因此，行为分析师督导应该保持警

[①] 原注：在搜索引擎里搜索图片"项目管理总结表"，可以看到很多例子。

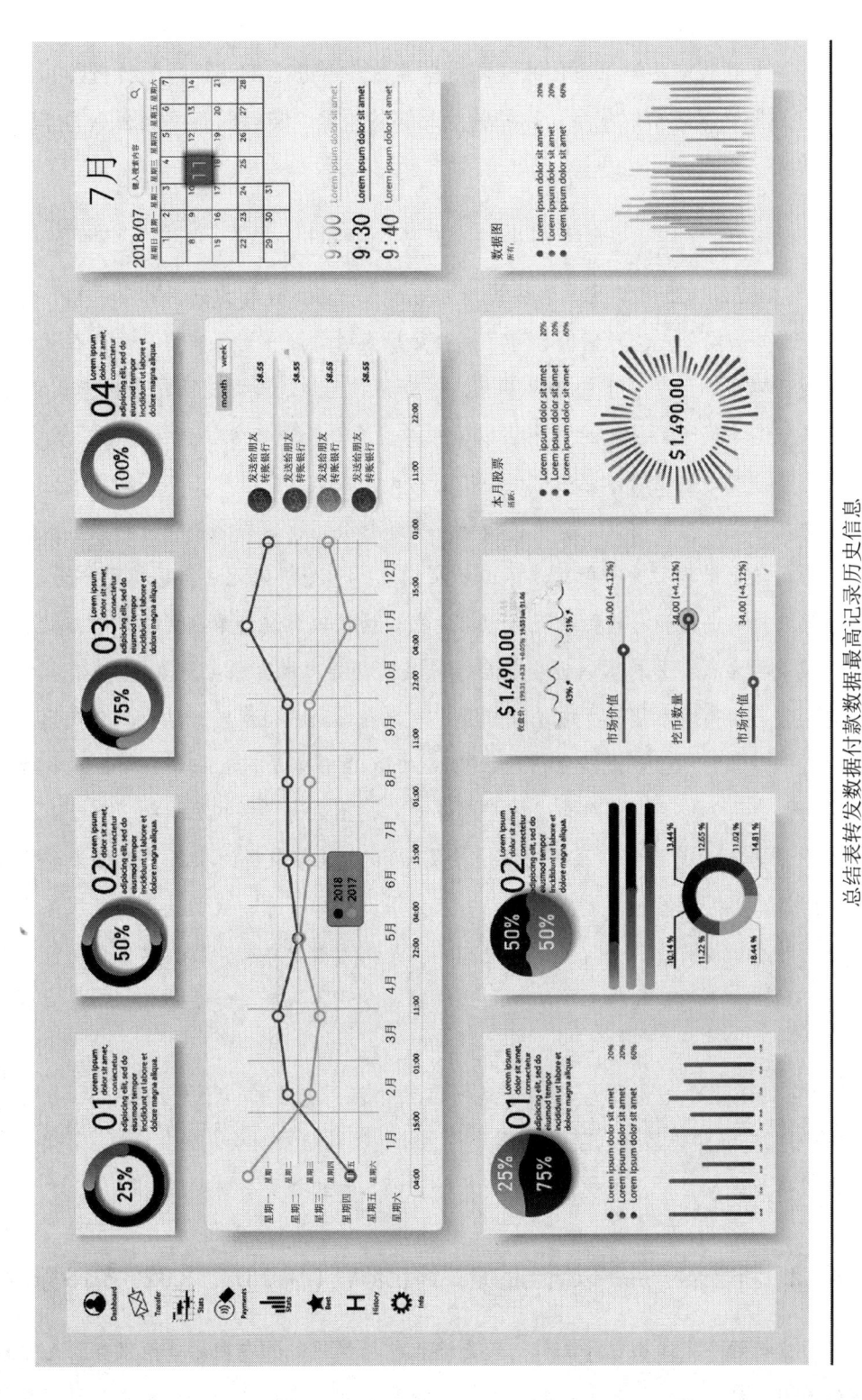

图9.1　可以在这个总结表模板的基础上进行修订，用来跟踪督导对象的进步
总结表转发数据付款数据最高记录历史信息

惕，充分认识到哪些情况的出现将有可能导致服务中断，并且马上向教学总监报告。实际上，这条新规应该最适合用来提醒那些身为教学总监的认证行为分析师，让他们与所有的督导保持密切联系，以便收到足够的预警，掌握所有可能影响工作顺利进行的情况。

案例 4.11　失去了连续性

"我所在的公司目前情况是这样的，这周五有一名认证行为分析师要离职，她是提前三周通知公司的。这段时间，除了通知她所负责的服务对象家庭，我们每天都要抽时间处理剩下的十个个案的撤出事宜，因为我们不知道公司能不能及时招来新人，什么时候能招来新人，能把这些个案以恰当并且合乎伦理的方式移交过去。很显然，这段时间督导就是缺位的，留在机构的注册行为技术员无法独立工作。助理主任威胁我现在的督导说，想要离职，需要再提前2周通知公司，这样才能保证把服务对象移交给新来的认证助理行为分析师。因为认证助理行为分析师无法自己撑过2周时间，所以等新来的认证行为分析师也没有什么意义。她还威胁说如果我的督导不接受这个条件，她就要向行为分析师认证委员会举报我的督导'抛弃服务对象'，还有其他事情。这家公司的离职率很高，在伦理方面也有很多做法值得商榷，这也是我们离职的原因。我知道最好的做法是提前30天通知公司，但对方是这么一家公司，这种要求有意义吗？我认为伦理条例是为了保护服务对象，不是为了保护公司的。到了这个地步，我们觉得不管怎么做，服务对象肯定是要面临服务中断的状况了。如果我们撤出，他们就需要等一段时间才能再找到一家公司。如果不撤，我们就得暂停服务大概一个月的时间。他们让我介入给双方说和，但是作为教学总监，我和这家公司没有直接工作合同，这也不是我的工作职责。这种解决办法不过就是打个补丁，而且我也要辞职了。

"现在到了这个地步了，这些家庭面临两个选择：(1)留下来，接受服务暂停（不过我不相信我走以后公司能真的遵守行为分析师认证委员会的规定）；(2)接受撤出报告，离开这家公司，另找地方重新开始。第二种选择更会好些吗？"

4.12　新增条款——以恰当的方式终止督导（见1.03、2.02、3.15条款）

行为分析师决定终止督导工作，或者终止包括督导工作在内的其他服务，无论出于何种原因，都应与相关各方一起制订一个督导工作的终止计划，尽量减少对督导对象或者培训对象的负面影响。行为分析师应当将这种情况下采取的所有行动以及最终结果都记录在案。

这条新规说明的是如果认证行为分析师判断有必要终止对注册行为技术员、督导对象或者培训对象的督导，应该遵循哪些步骤。第一步，督导需要检查之前为督导对象出具的合同，仔细研究在什么情况下可以终止合同。如果行为分析师在合同中完全没有提到可以终止合同的情况，就会比较麻烦。因为终止合同可能有各种各样的原因，所以很难预设所有情况，因此书面文件中可能会有漏洞。在这种情况下，对于督导来说，就只剩下一个尴尬的选择，要么让培训对象保持现状，同时针对问题行为制订一个修正计划，要么冒着被举报的风险把人辞了。在某些情况下，督导对象的行为性质可能非常恶劣（比如虐待服务对象、虚报账单、骚扰同事），那么确认行为属实并妥当记录违规行为之后就应该马上开除此人。

还有一种情况也很常见，那就是督导对象的表现让人摸不着头脑，比如无故缺席督导会议，经过多次反馈也不改正错误，对督导不够尊重，不打招呼突然消失等。几个月之后，督导对象突然冒出来请督导在自己的月度或者最终工作认证表上签字，但是因为之前的不告而别，督导并不愿意签字。

在有些机构，督导对象和培训对象需要签订一份合同，根据合同规定，他们可以接受"免费"督导，条件是通过认证行为分析师考试之后还要在机构待满两年。合同里经常还有一个非常隐蔽的条款，内容是如果培训对象在参加认证考试之前决定离职或者因为之前接受的"督导"服务质量太差不想为机构工作，就要追缴高达几千美元的督导服务费用。机构利用了督导对象的单纯，造成的负面影响就是督导很难达到这项条款的规定，即"制订一个督导工作的终止计划，尽量减少对督导对象或者培训对象的负面影响"这个要求。

案例 4.12A　这样终止服务不合伦理

"我是一名认证助理行为分析师，在一家小型应用行为分析公司工作。公司负责人是一名认证行为分析师，应该是督导我来做我独立负责的一些个案。但是，一年时间里，她就没给我督导过什么。我指出了这一点，同时提示说在这种情况下，我实际的工作可能超出了我的专业实践范围，可是之后我却被解雇了。我对她说这样终止督导服务是不合伦理的。最后她把我的工作分配给了一名注册行为技术员。这种情况我应该举报吗？"

案例 4.12B　通知太晚

"四周前我开始给一名申请行为分析师认证的人做督导。督导她的这段时间里，这个人对团队后勤人员出言不逊，还好几次拒绝执行我们为一位行为恶化的学生制订的行为干预计划。我的教学同事多次向我和管理层报告了这种不专业的行为。我跟她签订的合同里有明确规定如果想要终止合同必须提前 30 天通知。有没有什么理由，即使合同中没有明确规定，也可以立即终止合同而又不违反伦理的？合同里确实说明了出于某些原因我可以拒绝签字确认督导对象的工作时长，比如'危及服务对象或者团队成员的福祉'。我觉得确实是有这种情况。我立即终止合同能站得住脚吗？"

▶ 案例点评

案例 4.01　谁有资格督导？

确实应该是这位大学"督导"做错了。你应该联系这位 BCBA-D，表示你的担心，尽量以非官方的方式解决这件事。一定要把采取的所有措施都记录在案，电话沟通之后也要再发一封电子邮件跟进一下，表示发这封邮件是为了"回顾之前交流的内容，把我们讨论过的问题总结如下……"。如果这些措施没起作用，你可能就要面临一个尴尬的境地，就是向这所大学和行为分析师认证委员会举报，前提是你有第一手材料。如果你这里没有，学生应该是有的，他们可能需要向大学和认证委员会举报这种违反伦理条例的行为。

案例 4.02　胜任范围是什么？

违反合同规定的行为，确实是违反了新版条例 1.05 条款。你的现场督导可能超出了合同约定的职责范围，也超出了自己的胜任范围。约见现场督导和临床督导一起讨论一下上面提到的条款，看看是否能以非官方的方式解决这件事情，这样可能会有帮助。请注意，你需要有第一手的材料和记录，证明这位现场督导确实有违反伦理条例的行为。将来会通知她是谁提交的涉嫌违规通知书。

案例 4.03　工作不限量

你现在承接的个案数量是不符合伦理条例要求的，这么大的工作量，你也没法提供合乎伦理的专业服务。你提到有位认证行为分析师每周有 75 小时的工作量，这怎么可能做到呢？就算每周工作 7 天，每天也要工作 10 到 11 个小时，这还不算开车、治疗准备工作等花去的时间。很明显，这个数字是很可疑的。这么大的工作量违反了 1.01 条款"诚实守信"、2.01 条款"提供有效治疗 / 干预"，尤其是 4.03 条款"督导工作量"的要求。想要搞清楚对于自己来说多大的工作量才合乎伦理，可以考虑通过一个时间样本研究大致了解自己的工作量，这个研究是这样的，记录一下每天花在督导工作、达到保险公司和行为分析师认证委员会要求所需的工作、治疗准备工作、上班来回路上等的时间。

你的领导可能不太了解我们的伦理条例，不太了解工作量必须合乎伦理的规定，也没意识到接收太多服务对象可能会带来什么后果。尽管你很可能是在担心自己的工作和薪水，但是你要知道，认证行为分析师的数量很少，所以他们在工作关系中还是有优势的。而认证行为分析师中能提供督导服务的少之又少，这就给了你相当的主动权。去和领导谈这些确实不太容易，但这也是认证行为分析师工作的一项必备技能，因为我们要保护自己，同时还要维护服务对象的权益。

事件后续

这位认证行为分析师非常遵守伦理，很强硬地回绝了这种安排，另外还有一次公司违反疾病控制中心关于新冠肺炎的指导意见，她也没有同意。她提交了辞职报告，第二天就被接受了。她说自己现在的工作单位比以前那个遵守伦理，工作量也合理，员工也很遵守健康安全指导意见。

案例 4.04 没有责任心

不符合，这种做法不合伦理，很明显，违反了新版条例 4.04、4.06、4.08 条款。实际上，不只是违反伦理条例的问题，还应该考虑涉嫌欺诈。如果你已经提醒了这位认证行为分析师，想要以非官方的方式妥善解决此事，却没起作用，那么你就应该向行为分析师认证委员会、执业资格管理委员会（如果你所在的州有执业资格管理委员会的话）以及保险公司（资助方）进行举报，毕竟你也不想和欺诈行为扯上关系。

案例 4.05 可疑的做法

这位督导对象非常不负责任。你和这样的人一起工作，一定是付出了很多。这种做法违反了注册行为技术员伦理条例的很多条款，比如 1.03、1.04、1.09，尤其是 1.10 条款，因为他应该是做了"虚假、不实、误导性的"表述。

案例 4.06　很少督导，没有培训

很显然，这位认证行为分析师完全没有遵守 4.06 条款的规定。应该把他举报给行为分析师认证委员会，免得他跳槽到别的公司，继续这样滥用权力，这种行为非常恶心、无所顾忌。如果你手头上有材料能证明这些事，6 个月以内任何时候都可以进行举报。

事件后续

"我想告诉你，我从那家公司辞职了，来了另外一家公司，在这里我开心多了。我只差几个小时的实操时长就有资格参加认证考试了。上次我联系你们热线大概一个星期以后，收到了公司的一封'正式解约'函，上面说我得在 90 天内付给公司 5812.50 美元。现在已经过去 107 天了，我没有付这笔钱，也没有再收到这家公司的任何消息。我听说他们有两位认证行为分析师已经收到了认证委员会的正式警告。目前还没有什么纪律处分，但是认证委员会确实提到将会调查这件事情。我还听说保险公司已经开始对这家公司进行调查。"

案例 4.07　在休息室听到的对话

很明显，这些注册行为技术员并没有贯彻执行你们公司有关文化多样性的培训要求。不过，公司培训过，并不代表你在自己的培训（你没说这些注册行为技术员是不是你的督导对象）和督导工作中不能再讨论这些议题。可以和人力资源部门的同事讨论一下，看看怎么解决最好。

案例 4.08A　对工作表现漠不关心

注册行为技术员多次不让服务对象吃东西，这种事应该记录下来，包括时间、地点、在场人员等信息。如果你能确定到底是谁想要瞒着家长（家长有权知道孩子发生了什么），向这个人提出这件事，要求立即通知家长。把这个过程记录下来，并且妥善保管复本。督导放任这种事发生，彻底违反了新版条例第 4 节中包括 4.08 条款在内的好几个条款，也违反了第 3 节中关于服务对象权利的条款。

案例 4.08B　主观评价

你的督导如果没有文字材料支持对你的指控，只凭主观评价就拒绝签字确认你的最终工作认证表（简称 EVF），这种做法是站不住脚的。你的督导合同里对类似的事

是怎么规定的？找出合同，仔细看看。你的督导会愿意跟你说说你违反了哪些条款，怎么违反的吗？如果不愿意，那么她自己就在违反伦理，而且也违反了合同约定。

既然她都签字确认执业资格的工时证明了，那就没有理由不认可那些工时。请她出示你违反伦理的证据材料，问问她可以采取什么行动/补救计划，可不可以给你一点建议。再问问她，你应该主动申报自己违反了伦理条例的哪些条款。如果这些办法都不好用，可能就要填写一份申诉表（下载地址：www.bacb.com/contested-experience-fieldwork-form/），不过前提是你之前每个月的工作认证表都签字/完成了。

案例 4.09　准备工作、确立目标、委派任务

你提到研究生作为注册行为技术员负责个案，做个案经理，你的担心是合理的。这件事比表面上看起来要复杂一点点。登录行为分析师认证委员会网站，搜索认证行为分析师/认证助理行为分析师工作标准，再键入"培训对象"进行搜索，就能看到哪些工作是认证行为分析师/认证助理行为分析师能做而普通注册行为技术员不能做的。这些工作包括"提炼行为案例、解决问题、做出决策"，还包括提供"行为课程、数据表格和报告"[1]等书面材料。但是，这些培训对象必须在认证行为分析师的密切监督下才能工作，一个月见一次不符合要求。这些培训对象不做评估，也不更新服务对象的干预目标，这种做法是不合伦理的，如果你有书面材料支持这些指控，就可以举报他们。因为行为分析师认证委员会的管辖权仅限于行为分析师，所以没办法向认证委员会举报公司。如果公司首席执行官是认证行为分析师，那么可以举报这个人，前提是有书面材料证明确实有违反伦理条例的行为。

案例 4.11　失去了连续性

这大概是我们热线碰到的最复杂、最棘手的案例了。公司马上就要倒闭，服务对象的利益完全得不到重视，认证行为分析师都在争先恐后地离职，好像谁都不想最后离开。你是对的，伦理条例的本意就是为了保护服务对象，让他们不要遭遇不合伦理的对待，不是为了保护放任这种事情发生的公司。你提到给家长两个选择，这个主意还是不错的。

案例 4.12 A　这样终止服务不合伦理

如果你根本没有接受督导服务，可能会被立即解雇。认证助理行为分析师督导标

---

[1] 原注：www.bacb.com/wp-content/uploads/BACB_Experience-Standards_200501.pdf

准[1]针对督导频率以及未能接受恰当督导可能产生的后果规定如下，供你参考。根据规定，你可能需要主动申报自己工作没有接受督导的情况。

督导频率

认证助理行为分析师提供行为分析服务期间，每个月必须和督导约见至少一次。除此之外，认证助理行为分析师的督导在没有见面互动的时候也必须保证可以提供咨询服务。注意：如果认证助理行为分析师在某个月内没有提供行为分析服务，则该段时间不必接受督导。

未能接受恰当督导

认证助理行为分析师违反督导要求，达到一定程度，将被立即终止认证。不过，行为分析师认证委员会允许被终止认证的认证助理行为分析师凭借过去的认证资格参加认证考试。如果认证助理行为分析师重新获得了认证，将来会对其督导加大审查力度。

另外，你和这位认证行为分析师签过督导合同吗？如果签过，就有证据举报她，因为她没有按照合同要求对你进行督导。参考新版条例核心原则第3条中"履行义务，负责到底"的规定。这位认证行为分析师有书面材料证明你的实际工作超出了专业范围吗？如果没有，那么1.01条款"诚实守信"在这里就适用了。

案例 4.12B　通知太晚

如果你有书面材料证明她给服务对象带来了伤害，并且能够保证服务不会因此中断，那么你可以立即终止合同。如果没有的话，那就准备补救计划，附在她的转介/解聘文件中，这样的话，这位行为分析师学员可以（以书面形式）充分了解应该努力提高哪些方面的技能。

事件后续

"还有一个问题，按照伦理条例的规定，我有义务向行为分析师认证委员会举报这个人的行为吗？"

热线回复：如果你已经尽量以非官方的方式解决这些违反伦理条例的事情，但是没有奏效，这个人还在继续这些操作，那么是的，你有义务向行为分析师认证委员会举报，说出你的担心和建议（补救计划）。

---

[1] 原注：BACB Board Certified Assistant Behavior Analyst® Handbook. pp.39–40

第10章 新版条例第5节：行为分析师在公开表述中应负的责任

行为分析师在公开表述中应负的责任概述

这一节介绍的是行为分析师在公开表述中提到服务对象时应该遵守的规定。公开表述可能是会议发言，可能是在网络研讨会和在私人或公司网站上的言论，也可能是出版物。服务对象的个人信息还包括与行为评估或者治疗有关的材料。根据这些条款的规定，与服务对象有关的利益相关方也有隐私权，与行为分析师一起工作的培训对象和督导对象也一样。隐私的概念还可以外延到认证行为分析师与服务对象或者利益相关方谈话时获准接触，或者在他们身边偶尔听到的那些保密信息。这与律师客户关系受法律保护的理念类似，这种理念也可以适用于行为分析师。在会议发言的时候，建议行为分析师如实描述临床发现和研究成果，不要美化治疗效果。行为分析师还必须记住，不能在公共论坛给人推荐某种治疗方法。为行为分析服务代言、宣传行为分析师工作的，行为分析师应该对其内容负责，除此之外，行为分析师还应该遵守知识产权（简称IP）法，包括版权和商标保护相关法律。如果行为分析师打算涉足不属于行为科学的服务，必须将此与行为分析工作分开，以免使大众混淆。行为分析师不能向现在的服务对象征集感言用于吸引更多的服务对象。非征集而来的感言不在此列。行为分析师如需寻求前服务对象的背书支持，必须使用免责声明，对感言的使用条件做出限制。在某些情况下，支持行为分析服务的发言是为了向公众科普，或者是为了募捐筹款，在这种情况下是可以使用的，但是需要附加限制条件。行为分析师使用"社交渠道"或者网站的时候，必须谨慎，不能侵犯服务对象的隐私，也不能影响保密信息的安全。行为分析师应该尽一切努力保证在专业网站使用上述信息之前征得知情同意，并且对信息进行适当设置以减少他人复制信息的可能性。在公开表述中，比如在会议、网络研讨会、播客甚至视频中，行为分析师都有义务对服务对象的信息保密，还要监督自己所在的组织，保证他们也遵守这些要求。

行为分析师在公开表述中应负的责任详细解读

5.01 新增条款——保护服务对象、利益相关方、督导对象和培训对象的权利（见1.03、3.01条款）

在所有的公开表述中，行为分析师都应采取适当措施，保护服务对象、利益相关方、督导对象以及培训对象的权利。在所有的公开表述中，行为分析师都应将服务对象的权益放在首位。

这条新规要求行为分析师在"公开表述"中"保护服务对象的权利"。我们需要明确这些权利的定义，这样才能明白根据这项新增条款应该承担哪些义务。在解读2.01条款的时候，我们曾经详细讨论过，服务对象的权利包括基本的隐私权，这个意思是指他们的"个人信息应该受到保护,免于暴露在公众视野之内"[1]。这是《健康保险可携带和责任法案》（简称HIPAA）与联邦贸易委员会（简称FTC）规定和支持的。个人信息包括服务对象的名字、照片、地址、病情、身份、行为数据以及其他所有行为评估或者治疗相关资料。根据这项条款，与服务对象有关的利益相关方也有隐私权，行为分析师的培训对象和督导对象也一样。

公开表述指的是意在面向"公众"发表的陈述，而不是在私下、非公开会议或者在"公司内部"提出的说法、观点或者言论。[2]这种公开表述可能发表在印刷品上，还有可能包括公开发表的演讲，比如会议讲话、课堂讲课、出版材料，当然还包括在社交媒体上发布的言论。社交媒体是违反这条规定的重灾区，因为社交媒体实在太容易上手、太方便操作了，人们非常愿意在这里分享自己所做的事情。可能就是借着分享的名义不经意地贴出自己服务对象或者利益相关方的名字，或者贴出自己和服务对象的照片，因为喜欢某个服务对象，所以搂着肩膀拍张照，也许还有家庭照，带着服务对象出去野餐或者参加生日聚会，或者其他什么庆典、活动等。

总而言之，行为分析师必须注意，他们在所有的公开表述中都有义务保护服务对象、利益相关方、培训对象和督导对象的权利，包括他们的隐私权。如果没有做到，

---

[1] 原注：www.livescience.com/37398-right-to-privacy.html
[2] 原注：www.lawinsider.com/dictionary/public-statement

就是违反伦理条例。

5.02 公开表述中的信息保密（见 2.03、2.04、3.10 条款）

在所有的公开表述中，行为分析师都应对服务对象、督导对象和培训对象的信息保密，除非得到允许公开这些信息。行为分析师应当付出应尽努力防止因意外或者无意中泄露保密信息或者能够识别身份的信息。

解读 5.01 条款的时候，我们讨论了尊重隐私的重要性。现在 5.02 条款提出了信息保密的问题，那么隐私保护和信息保密有什么区别呢？前面解释过，"隐私"是受法律保护的权利，而信息保密是伦理层面的问题。[①] 有两个常见的说法，"医生患者关系应该保密"或者"律师客户关系受法律保护"，从中就能看出两者的区别，那么这项条款对应的就是"行为分析师服务对象关系受法律保护"。在日常工作中，服务对象面对行为分析师的时候可能会吐露某些信息，这些信息他们肯定不想让别人知道（"别告诉别人，我正要离婚"），或者培训对象/督导对象可能会透露自己正在进行某种私密的治疗，所以需要请假。行为分析师上门为服务对象提供服务的时候，肯定会听到某些对话或者听到别人打手机。必须要搞清楚，这些信息是需要保密的，不能与他人讨论，除非征得对方同意，或者应法庭要求。披露这些信息，可能会导致某些后果，给服务对象带来的伤害是不可估量的，如果你对此有责任，就得负法律责任。防止泄露信息，最好的办法就是压根不和别人讨论这些。我们也能理解，不和别人讨论这些确实是有违潮流，毕竟我们的文化里，流行的就是兜售家长里短、小道消息，还有各种丑闻供人消遣，但是作为一名专业人员，参与这种事情很明显是错误的，而且还违反了伦理条例。

5.03 行为分析师的公开表述（见 1.01、1.02 条款）

行为分析师就自己或者与自己有关联的其他人的专业活动做出公开表述的时候，应当采取合理的预防措施，保证表述的真实性，不会因为自己表述、转达、暗示或者省略的内容而对他人造成误导，也不会夸大事实，同时保证表述内容应以现有研究成

[①] 原注：www.findlaw.com/criminal/criminal-rights/is-there-a-difference-between-confidentiality-and-privacy.html

果以及行为科学理念为基础。行为分析师不应在公共论坛针对某位服务对象的需求提供具体建议。

解读 5.01 条款的时候，我们给出了"公开表述"的定义，这个定义也适用于这项条款。条款警示行为分析师应该谨慎描述自己作为专业人员所做的事情，保证不会夸大自己的技能或者专业水平，也不会在自己的身份地位或者治疗效果方面误导公众。我们这个领域最大的问题就是行为分析师暗示或者声称他们的干预可能"治愈"孤独症，这给了家长、看护人和利益相关方不切实际的希望，而且几乎不可避免地会让他们非常失望，进而很有可能对我们这个行业失去信任。毫无疑问，声称"治愈"是夸大事实，因为目前最好的应用研究也只是表明通过行为分析能够减少很多症状，教会有效的替代技能，但是没有应用行为分析研究证明能够治愈。

还有一个常见的问题，就是假称具备认证资格。一名注册行为技术员，即使修完了所有课程、攒够了所有督导学时，但是如果还没参加认证行为分析师考试，那就依然还是注册行为技术员，不能告诉服务对象"我马上就是认证行为分析师了"，也不能说"几乎就等于认证行为分析师""为了实际操作的需要，我就算你的认证行为分析师"。行为分析师认证委员会有个工作辅助手册，可以帮助我们厘清这个问题（图 10.1）。

还有一种违反这项条款的表现也很常见，就是行为分析师在电台热线、网络研讨或者网络直播中回答听众或者观众问题的时候，给出行为分析方面的建议。来自西班牙的一位妈妈桑迪说："我家孩子 5 岁，我实在是拿他没辙了。从地上捡起什么都往嘴里塞，甚至还翻厨房垃圾桶，都被我抓住过。批评，让他回自己屋待着，还揍过，都不好用。能给我点建议吗？"遵守伦理的认证行为分析师不会告诉这位妈妈在家如何应对异食癖，而是给出一般性建议，比如："桑迪，首先要做的是带你儿子去看看儿科医生。你描述的问题听起来好像医学问题，如果排除医学方面的因素，那么下一步就是联系一位可以上门的认证行为分析师，看看有没有什么环境因素。"

还有一个办法，也是遵守这项条款的做法，行为分析师可以提到某些治疗方面的文献，就可能有效的治疗方法给出一般性的评价。例如，某位行为分析师在鸡尾酒会上碰到一个邻居，聊天的时候提到对方的孩子有睡眠问题。行为分析师不要为了给出

不能这样说	原因	可以这样说
马上就是认证行为分析师了。 马上就是认证助理行为分析师了。 马上就要参加认证行为分析师考试了。 马上就要参加认证助理行为分析师考试了。	没有马上就是认证行为分析师/认证助理行为分析师这种说法。要么就是已经认证，要么就是没有认证，没有过渡认证。	正在努力争取拿到国家认证（不能提到行为分析师认证委员会、认证行为分析师或者认证助理行为分析师）。
认证行为分析师申请人。 认证助理行为分析师申请人。	同样，认证行为分析师也没有"申请人"这种身份。就算已经批准你参加考试了，也不能假称就是经过行为分析师认证委员会认证了。	正在努力争取拿到国家认证（不能提到行为分析师认证委员会、认证行为分析师或者认证助理行为分析师）。
马上就要拿到应用行为分析证书了。 正在申请应用行为分析证书。	和上面的问题一样，使用相似的头衔，容易让人混淆，也算假称认证委员会认证。	没有代替的说法——永远不能自己杜撰认证头衔。
有关行为分析师认证委员会、认证行为分析师或者认证助理行为分析师的夸大其词，假称自己符合认证委员会的某些要求（比如符合认证委员会要求的课程或者认证助理行为分析师工作经历认证、符合认证行为分析师资格、将于几号参加认证考试）。	除非已经得到认证，否则不能把完成部分要求当作完成认证要求。	列出自己实际完成的课程或者实际取得的工作经验，不能提到行为分析师认证委员会、认证行为分析师或者认证助理行为分析师。

图10.1　不能说"马上就是认证行为分析师了""认证行为分析师申请人"，可以怎么说。[1]

具体建议去询问具体细节，而是告诉家长有哪些资源，可以从行为科学角度解决睡眠问题，比如"帕特·弗里曼博士的晚安"（Dr. Pat Friman's Good Night）、"甜梦"（Sweet Dreams）、"我爱你：上床睡觉吧"（I Love You: Now Get Into Bed and Go to Sleep[2]）这些疗法。针对更为普遍的行为问题，我们建议试试"改变孩子先改变大人"（Changing Children's Behavior by Changing People）、"日常生活的去处和

---

[1] 原注：www.bacb.com/wp-content/uploads/2020/05/BACB_Newsletter_9_08.pdf

[2] 原注：Friman, P. C. (2005). *Good night, sweet dreams, I love you: Now get into bed and go to sleep.* Boys Town, NE: Boys Town Press.

活动"（Places and Activities in Their Lives[1]）等疗法。

案例 5.03　夸大其词

"我觉得我们单位有人违反了行为分析师认证委员会发布的伦理条例，他连认证行为分析师资格都没有，还谎称自己是督导，其实只是注册行为技术员。有一次在家长面前自我介绍说是督导，可是在我们单位，只有认证行为分析师才能有这个头衔。担任督导的认证行为分析师却没有纠正这个说法，任由人家误解下去了。这种事我应该举报给行为分析师认证委员会吗？"

5.04　他人的公开表述（见 1.03 条款）

行为分析师应当对宣传自己专业活动的公开表述负责，无论做出或者发表此类表述的人是谁。行为分析师应当付出应尽努力以防止他人（比如雇主、营销商、服务对象、利益相关方）就其专业活动或者产品做出不实表述。如果行为分析师得知他人做出此类表述，应当付出应尽努力予以纠正。行为分析师应当将这种情况下采取的所有行动以及最终结果都记录在案。

这条规定适用的是这样一种情况：行为分析师为某个组织工作，而这个组织又聘用某家市场营销公司做业务推广。营销公司惯用的手段就是夸大其词、打造光鲜亮丽的包装，却不谈及实施行为分析的细节。就像美国家园频道[2]那个房屋装修节目，看节目感觉这个过程特别简单、有趣，一个小时就能干完，干营销的人也是希望用行为分析立竿见影这种承诺招揽更多的客户/服务对象。那么，在这种情况下，遵守伦理的行为分析师应该怎么做呢？根据这项条款，行为分析师需要尽量叫停这种做法，至少是得努力起到一个鉴定裁判的作用。可以要求看看宣传材料的草稿，尽最大努力使用替代语言，对行为分析服务进行更准确的描述。重要的是以书面形式给出反馈意见，并且保留这些资料，免得将来出问题。你的努力可能不会起作用，但是只要是尽力了，就为维护伦理条例做出了一份贡献。

---

[1] 原注：Munger, R. L. (2005). *Changing children's behavior by changing people, places and activities in their lives.* Boys Town, NE: Boys Town Press.

[2] 译注：家园频道（Home & Garden Television），美国付费电视频道。

案例 5.04 提前出炉的宣传

"我在一所大学任教，学校规模不大，但是有应用行为分析本科和研究生专业。有个系最近要推出一个与应用行为分析有关的新专业，打算在网上宣传一个月，可是应用行为分析的课程方案还没有制订出来，也没有获批为认证系列课程。我查了5.04条款，感觉应该等到认证系列课程批了、课程已经准备好了之后才能做这种推广宣传。我想试试阻止他们推广宣传这个新专业，这样对吗？我觉得，暗示学生这是未来的一个选择方向，这样做是在欺骗他们。马上要让教师就是否同意开设这个专业投票了，所以我很期待您的建议。"

5.05 使用知识产权（见 1.01、1.02、1.03 条款）

行为分析师应当知悉并且遵守知识产权法，未经允许不得使用已获商标注册、已经取得版权或者可能会被他人按照法律规定申请知识产权的材料。行为分析师应当以恰当的方式使用这些材料，包括提供引用、出处和/或商标或版权标志。行为分析师不得以非法方式获取他人专有信息，行为分析师无论以何种方式获得此类信息，均不得予以公开。

这样看来，知识产权法是有点复杂，所以要始终遵守这些法律可能不是特别容易。这些法律包含了方方面面，从版权到专利、商标，再到商业机密，每一种都有专门的法律法规。① 知识产权以及与其相关的法律规定，其目的都是鼓励人们创造"知识产品"，激励他们为了自己、社会以及商业部门的利益去创造这些产品。如果对他们的创意没有保护，那么创造的动力就会消失，我们的文化就会停滞不前。戈德斯坦（Goldstein）和里斯（Reese）曾经这样总结说："现代知识产权法的主要关注点，就是要达成一个平衡，既要让这些权利很大，大到足以鼓励人们创造知识产品，又不能让其过大，大到妨碍人们广泛使用这些产品。"② 有两部法律尤其需要熟悉，那就是版权法和商标法。

---

① 原注：https://en.wikipedia.org/wiki/Intellectual_property

② 原注：Goldstein, P., & Anthony Reese, R. (2008). Copyright, patent, trademark and related state doctrines: Cases and materials on the law of intellectual property (6th ed.). New York: Foundation Press, pp.18–19.

版权，标志是 ©

一般来说，版权是为了保护各种类型的书面作品和其他艺术作品。[1]根据版权保护法，人们对自己创造出来表达思想的东西拥有合法权利。有了版权，就有了"复制、分发、再现、展示和授权某项作品"的专有权[2]。如果发现物品或者书上面有 © 的标志，那就代表使用复本之前需要征得版权所有人的同意。侵犯他人版权，处罚可能相当严厉，需要缴纳 200 美元到 150000 美元的罚金，含律师费和诉讼成本。在某些情况下，侵权人还有可能被判入狱。[3]

那么，如果想把某些版权保护的材料拿来使用，应该怎么办呢？这就复杂了。最好的做法就是联系版权所有人，征得同意制作复本。一定要以书面形式联系，同意也应该是书面形式。在某些情况下，可能不需要征得同意。例如，如果这个材料属于公共领域（一定要好好看看这个，因为涉及很多细节），或者作者已经授权给知识共享[4]（这个也得好好看看，然后再复制东西），可能不需要征得同意。还有一件事也得了解，在某些情况下，在发言或者博客中也许某些内容可以有限度地复制使用，这种情况属于合理使用的范畴（动手之前也得好好研究研究）。[5]

商标，标志是 ™

一般来说，商标是为了保护那些明示产品或者服务来源的名字或者符号。[6]文字、符号、颜色甚至声音都可以申请商标。如果看到 ™ 的标志，那就代表这个东西已经注册了商标，在推广宣传材料中不能随便使用。商标所有人可以让律师发函给侵权人，要求停止侵权，以保护自己的权利。如果对方继续侵权，可以发起诉讼，罚金可以高达 150000 美元，含诉讼成本和律师费，某些情况下，侵权人还有可能被判入狱。[7]

这条规定还提到"专有"信息，这是保密信息的另一种说法。这可能包括财务数

---

[1] 原注：www.aipla.org/about/what-is-ip-law

[2] 原注：www.wellsfargo.com/biz/wells-fargo-works/planning-operations/security-fraud-protection/four-examples-of-intellectual-property/

[3] 原注：www.lib.purdue.edu/uco/CopyrightBasics/penalties.html

[4] 译注：知识共享（Creative Commons），非营利组织名称。

[5] 原注：www.copyright.gov/fair-use/more-info.html

[6] 原注：www.aipla.org/about/what-is-ip-law

[7] 原注：www.upcounsel.com/trademark-infringement-penalties

据，比如账单、工资或花销，或者营销计划或材料，还有应用行为分析公司可能已经开发完成、不希望与其他机构共享的所有特色评估或治疗相关资料或协议。[1]公司要求新进员工在入职的时候签订保密协议（简称NDA），保护任何形式的"专有"信息，这种做法也并不少见。

5.06 新增条款——宣传不属于行为科学的服务（见1.01、1.02、2.01条款）

行为分析师不得将不属于行为科学的服务当作行为科学服务加以宣传。如果行为分析师提供不属于行为科学的服务，必须将这些服务内容与行为科学服务以及行为分析师认证委员会的认证明确区分开来，并以下列方式做出免责声明："这些干预方法在本质上不属于行为科学，行为分析师认证委员会颁发给我的认证也不包括这些服务内容。"所有不属于行为科学的干预方法，其名称和描述旁都应附有上述免责声明。如果行为分析师受雇就职的组织违反本条款之规定，行为分析师应当付出应尽努力纠正这种情况，同时将采取的所有行动以及最终结果全都记录在案。

有些行为分析师可能发现这里有点矛盾。一方面，我们"提供的服务在理念上应当与行为科学原理保持一致"（2.01条款），可是后面又发现行为分析师如果"接受过提供该服务所需的教育、正式培训，并持有专业资格证书"就可以"提供不属于行为科学的服务"（2.01条款），尽管这种行为可能违反第4条核心原则，即"仅在自己专业范围内开展工作"。在5.06条款中，我们又了解到，行为分析师如果能将不属于行为科学的服务与常规的循证行为分析方法区分开来，就可以宣传这些服务。免责声明虽然相当清楚，但仍有很大可能会把消费者搞糊涂。因此，根据这项条款，我们传播信息的时候必须清楚明确，尽量减少消费者的困惑。最后，如果行为分析师所在公司在自己的网站上宣传可以提供不属于行为科学的服务，就需要公开纠正这种错误行为（比如如果没有附上免责声明，遵守伦理的认证行为分析师就应该敦促公司在网站上加上这个声明）。

遵守第4条核心原则，"仅在自己专业范围内开展工作"，也就是说，最好的做法就是仅使用循证行为分析方法。这种做法既符合行为分析师在行为科学方面接受的培训和督导，也符合行为科学的世界观。具体点说，我们相信行为是受环境的影响，或

---

[1] 原注：www.swensonlawfirm.com/what-constitutes-proprietary-information/

者就像帕特·弗里曼（Pat Friman）博士所说的"情境观"（Friman, 2021），而不是源于什么神秘的宇宙能量。

案例 5.06　认证行为分析师相信灵气疗法

"我才发现一个网站，上面宣传的是一名认证行为分析师开展的新业务，说是使用应用行为分析、接纳与承诺疗法以及'灵气疗法'。灵气疗法'来自日本，是一种替代性疗法，号称利用能量治病'，通过人的手掌传递'宇宙能量'，促进情感和身体疗愈。[①]这种疗法应该是超出了伦理条例规定的实践范围，旁边也没有免责声明。这种事情应该举报给认证委员会吗？"

5.07　向现服务对象征集感言用于广告宣传（见 1.11、1.13、2.11、3.01、3.10 条款）

行为分析师有可能对服务对象或者利益相关方施加不适当的影响或者不明说的挟制，因此行为分析师不应向现服务对象或者利益相关方征集感言，用于广告宣传以吸引服务对象。来自网站的自发评论，其内容不在行为分析师掌控范围内，因此不受规定限制，但是行为分析师本人不得使用或者分享这些内容。如果行为分析师受雇就职的组织违反本条款之规定，行为分析师应当付出应尽努力纠正这种情况，同时将采取的所有行动以及最终结果全都记录在案。

"征集"这个词听起来实在太主动了。这个意思是"通过公开声明使人注意到某人的意愿或者愿望"[②]，如果再加上敦促、请求或者要求这种词，可能会让人联想起不太得体的形象。基本来说，这条规定的主要意思就是不能请现服务对象（或者利益相关方）发表感言，用来吸引新的服务对象，连问都不要问，因为这里可能存在隐蔽的挟制行为。现服务对象可能会觉得，如果不同意发表感言，服务有可能会被终止或者质量有可能会下降。还有一种可能，从动机上来说，服务对象发表感言，可能是觉得如果做出"感谢赞扬"的表达，就有机会换来额外的治疗时间，分到更高一级的治疗师，甚至获得额外的资源。

如果现服务对象、前服务对象或者利益相关方在你的网站上贴出了自己的感言，

[①] 原注：https://en.wikipedia.org/wiki/Reiki
[②] 原注：www.merriam-webster.com/dictionary/solicit

那就代表你的网站并没有设置屏蔽公众评论。你的专业网站应该设置屏蔽公众评论。这种事你可以敦促公司行政部门来做，因为公众评论构成了感言证词，即便是自发的也不行。如果网站是由行为分析师管理的，那就违反了伦理条例。如果你所在的组织要求现服务对象发表感言，你就需要以书面形式向管理层表达自己的担心，说明你不同意这种做法，因为这是违反伦理条例的。想要了解使用感言的时候可以做什么、不可以做什么，请看图10.2。

使用感言进行广告宣传（吸引服务对象）

	征集	自发
现服务对象	不，不能这样做。 尽量阻止，并且记录所做的努力。 5.07条款	在网站上自发评论可以。 认证行为分析师不能使用这些内容。 5.07条款
前服务对象	可以 　　但是，必须明确该感言是应邀提供的，必须说明行为分析师与感言作者的关系，必须遵守适用法律，必须告知感言作者将在何处、以何种方式使用这些感言并且交代清楚提供隐私信息可能会带来的风险。可以随时撤回感言。 　　如果机构违反，阻止并且记录所做的努力，尽量补救并且记录所做的努力。 5.08条款	可以 　　但是，必须明确该感言是主动自发的，必须说明行为分析师与感言作者的关系，必须遵守适用法律。 5.08条款

图10.2　对使用感言进行广告宣传的要求，行为分析师认证委员会网站5.07、5.08条款。[1]

关于感言，这里好像有必要再说四点。第一，虽然感言这种形式对于所有普通消费者来说都有表面效度，但是很明显，经常使用这种形式的确实是那些提供替代性疗法的组织。就是因为兜售非循证疗法的从业者没有过硬的数据证实这些疗法的有效性，所以才会使用感言这种形式。因此，行为分析公司也贴出感言，会让我们看起来跟那些机构差不多，在消费者眼里甚至可能和他们是半斤八两。少用感言，可以表明我们跟其他人是不一样的。第二，那些很有鉴别力的消费者就会提出一个问题："到底是谁写的这些感言？听起来就像搞市场营销的人写的一样。"这种想法非常合理，因为没有办法证实这些感言是不是准确、有没有夸大，甚至是不是无中生有。第三，如果公司确实征集了感言，他们会把所有征集来的东西都发出去吗？包括那些不太满

---

① 原注：Behavior Analyst Certification Board. (2020). Ethics code for behavior analysts. Littleton, CO: Author. p. 17.

意的服务对象或者利益相关方所说的话？很可能不会。如果是这样的话，那么很明显，这个过程就涉及夸大消费者满意度的问题。除此之外，如果把这些感言用于广告宣传，就必须遵守联邦贸易委员会如实宣传的规定，还要面临这样一个问题："来自消费者的表扬信够做证据支持某种主张吗？不够。这些表述常常不够有力，不足以支持有关健康或者安全的主张，也不足以支持其他需要客观评价的主张。"①

案例 5.07　谷歌上的评论

"关于是否可以接受谷歌上的评论，我有个问题。我想知道这些评论是不是违反了伦理条例。如果服务对象在谷歌上发表有关公司及其服务的评论，而公司/负责人（认证行为分析师）对此并不知情，还算违反伦理条例吗？公司可以要求使用这些评论吗？如果使用的话，这些评论算是征集来的感言吗？

"除此之外，已经把这些评论贴出来的应用行为分析公司必须删除这些评论吗？如果贴出来算违反伦理条例的话，将来应该怎么做才能避免这种情况呢？"

5.08　新增条款——使用前服务对象的感言进行广告宣传（见 2.03、2.04、2.11、3.01、3.10 条款）

行为分析师为了吸引更多的服务对象，向前服务对象或者利益相关方征集感言，作为广告宣传材料使用，应当考虑前服务对象是否可能再次接受自己的专业服务。必须对这些感言进行甄别，判断服务对象是应邀提供还是主动自发，还需要附上一份声明，明确解释行为分析师与感言作者之间的关系，除此之外，感言必须符合所有有关隐私和信息保密的适用法律规定。行为分析师向前服务对象或者利益相关方征集感言的时候，应当全面、清楚、详细地说明将在何处、以何种方式使用这些感言，应当让他们明白公开隐私信息可能会带来的所有风险，并且告知他们有权随时撤回感言。如果行为分析师受雇就职的组织违反本条款之规定，行为分析师应当付出应尽努力纠正这种情况，同时将采取的所有行动以及最终结果全都记录在案。

如果你和你所在组织想要请前服务对象提供一份感言，用来吸引更多的服务对象，那么规则就有点不同了。如图 10.2 所示，需要在感言旁边附上一份免责声明，说清楚这份感言是不是应邀提供的，并且说明感言作者与行为分析师的关系，同时还

---

① 原注：www.ftc.gov/tips-advice/business-center/guidance/advertising-faqs-guide-small-business

要遵守所有有关隐私的法律以及信息保密的协议。之后还需要告诉前服务对象，这些感言将会出现在哪里，最重要的是，要让他们知道在公共领域发布自己的隐私信息将会带来哪些风险（比如身份被盗用，遭到勒索威胁、入室抢劫，或者信息暴露在暗网上）。一定要让他们知道可以随时撤回感言（如果是印刷品就不太容易撤回，如果是发表在网络上可能会有延迟）。

案例 5.08　朝着遵守伦理的方向努力

"我是一名认证行为分析师，在一所小型私立学校工作，主要负责残障孩子。学校正在修改网站和公关材料。他们想使用之前的服务对象的感言（会讲到在学业方面有了哪些进步，在行为方面有了哪些改善，通常都是应用行为分析情境中的预期目标，比如学会了功能性的生活技能和沟通技能，还会讲到某些令人担心的行为比以前少了）。我对此比较纠结，学校不受行为分析师认证委员会管辖，但是我不行。我想确认一下，这个打算是不是符合伦理条例。

"如果之前的服务对象家庭在感言中是对学校整体表示感谢，而不是对整个应用行为分析行业表示感谢，学校把这些感言贴到网站上，这样算是违反伦理条例吗？"

5.09　新增条款——出于非宣传目的使用感言（见 1.02、2.03、2.04、2.11、3.01、3.10 条款）

行为分析师可以按照适用法律的规定使用来自前服务对象、现服务对象以及利益相关方的感言用于非宣传目的（比如筹集资金、申请许可、宣传应用行为分析相关信息）。如果行为分析师受雇就职的组织违反本条款之规定，行为分析师应当付出应尽努力纠正这种情况，同时将采取的所有行动以及最终结果全都记录在案。

这条新规区分了出于"宣传"和"非宣传"的目的使用感言的情况。尽管好像确实应该区分开来，但是现实中，在公司网站上使用感言和在筹集资金活动的现场播放视频其实没什么两样。"使命偏离"的情况绝对是有可能发生的。申请资助或者在应用行为分析宣传册上使用感言应该也是有问题的（见 5.07 条款相关解读），尽管根据 5.09 条款，这种行为也是被允许的。

案例 5.09　为了值得的事使用感言

"我在一所大学工作，校园不大，地处农村，学校接了一个相当新的行为分析项目。最近，我们被学校主办的筹款活动选中，成了筹款受益人。这个活动有个主要特点，就是展示我们行为分析专业的学生做了哪些重要工作，还展示了我们中心如何为这个偏远地区的家庭和本地机构提供他们急需的服务。这次活动筹集到的款项将会用来支持那些接受我们服务的家庭，还有那些帮助提供这些服务的学生。筹款团队表示希望这些家庭以及我们的学生讲述他们的经历。考虑到伦理条例的规定，这样做是有难处的，我们跟他们讨论了这些困难，不过我们也愿意就这种特殊情况多解释一下。伦理条例中很明确地提到不能使用现服务对象的感言。但是，我们这个项目还不成熟，所以也没有前服务对象家庭可言。筹款团队还有什么途径可以提供帮助呢？还有，我们现在的学生能以什么方式为他们关心的事业提供支持呢？"

5.10 新增条款——社交媒体渠道和网站（见1.02、2.03、2.04、2.11、3.01、3.10条款）

行为分析师应当知晓使用社交媒体渠道和网站可能会威胁个人隐私和保密信息的安全，应当将工作账号与个人账号分开使用。行为分析师不得在个人的社交媒体账号和网站上发布服务对象的相关信息和/或数字内容。行为分析师在工作专用的社交媒体账号和网站上发布服务对象的相关信息和/或数字内容，应当保证所有发布内容都符合下列要求：(1)发布之前征得服务对象知情同意；(2)附有免责声明，说明已经征得服务对象的知情同意，同时宣布未经明确许可不得截取保存和重复使用所发布的信息；(3)在社交媒体渠道发布信息，注意选择合适的方式以降低转发分享的可能性；(4)付出应尽努力，防止他人不当使用已发布信息，如出现不当使用，应给予纠正，同时将采取的所有行动以及最终结果都记录在案。行为分析师应当经常检查自己的社交媒体账号和网站，以确保所发布的信息准确、适当。

5.01条款讨论了个人隐私和保密信息可能遭遇的风险。如果您还没有看过，请查阅这部分内容，因为这是这条新规的核心内容。给所有员工包括行为分析师规定使用社交媒体的细则，可以减少意外暴露或者故意泄露服务对象信息的风险。[①]细则之一可以是这样的："不得在个人账号或者网站上上传服务对象的信息。"注意这里没有例外，所以这条规定的意思就是所有能让外人猜到服务对象身份的照片、名字、身份信息，统统不能上传。还有一条使用社交媒体的细则，涉及将服务对象的信息上传至专

[①] 原注：www.getapp.com/resources/social-media-rules-for-employees/

业账号或者网站的要求。这里指的是公司的社交媒体或者网页，或者如果行为分析师也是咨询师，那么还包括其所在组织的网页。

针对专业/公司账号，5.10条款的四项要求非常强硬而且明确：

1. 征得知情同意（一定要复习这里要求的八个步骤；见条例原文第17页）。

2. 附上免责声明，表示已经征得知情同意，还应附上读者使用说明，明确禁止截取保存和使用这些信息。

3. 以合适的方式在社交媒体上上传信息，"降低转发分享的可能性"，这个意思就是使用某些设置减少观看者复制和在网络上转发的可能性。

4. 尽量防止观看者不当使用这些信息。如果发生上述情况，应该给予纠正，同时把所有东西记录在案。

案例5.10　视保密如儿戏

"我知道新版条例涉及了社交媒体渠道和网站的问题（5.10条款）。我有几个朋友，都是认证行为分析师，精通技术，会用各种各样的社交网络[①]。

"我最近看到其中一个人在网上发了一张我们服务对象的照片。这位服务对象有孤独症谱系障碍，照片是他在晚会上和一个小丑一起拍的。这位认证行为分析师虽然没有透露服务对象的名字，但是提了这个活动和这所学校的名字。而且，这位服务对象的长相很特别，其他专业人员和学生家长一眼就能认出来。这种做法符合伦理条例吗？这是一个晚会，别人也都在拍照片，但是这张照片是发在这位认证行为分析师的个人账号上的（我附上了链接，您可以看看）。

"还有一个问题，如果家长表示同意的话，这样做可以吗？"

5.11　新增条款——在公开表述中使用数字内容（见1.02、1.03、2.03、2.04、2.11、3.01、3.10条款）

行为分析师使用数字内容公开分享服务对象的相关信息，应当保证信息保密，在分享之前应当征得知情同意，并且只能将该内容用于事先约定的目的，同时设置为指定人群可见。行为分析师应当确保所有分享内容都附有免责声明，说明已经征得服务对象的知情同意。如果行为分析师受雇就职的组织违反本条款之规定，行为分析师应

[①] 译注：此处列举了大量英文社交平台的名字，如Pinterest、StumbleUpon（Mix）、Facebook、Twitter、Google、Tumbler、Linkedin、Blogger、Pocket、Weebly等。

当付出应尽努力纠正这种情况,同时将采取的所有行动以及最终结果全都记录在案。

现在这个年代,几乎所有内容都是数字内容,所以只要是机构发布的涉及服务对象或者利益相关方的公开表述,不管是以何种形式发布,也不管通过什么媒介发布,基本上都适用这条规定。正如 5.01 条款规定,这里包括服务对象的名字、照片、地址、病情、身份、行为数据以及其他所有评估或者治疗相关材料。将知情同意书呈交服务对象的时候,我们同时也假定他们清楚地明白了允许信息公开可能带来的风险(第 17 页知情同意第 4 条)①。这些风险包括身份被盗用、遭到网络钓鱼、杀猪盘、网络欺凌、歧视、黑客攻击和欺诈。② 还应该指出的是,这种做法能给服务对象带来的好处是很有限的。免责声明的措辞是这样的:"服务对象慨然应允我们访问他们的信息,允许我们在 [文件] 中共享这些信息,并且已经通过我们的知情同意程序充分了解了此事可能涉及的风险。"如果存在违反伦理条例的情况,行为分析师必须通知所在公司,努力采取补救措施,同时将所有的努力都记录在案,这是目前比较标准的操作。

▶ 案例点评

案例 5.03　夸大其词

听你描述,现在要回过头去收集必要材料,证实确实有夸大其词的事实,违反了伦理条例(1.01 条款),这个要求可能有点难了。根据《行为分析师专业伦理执行条例》第 5 页的要求,你应该联系这位违规的注册行为技术员,讨论此事。

行为分析师应当直接告知当事人自己对其专业不当行为的关注与担心,前提是对当前状况进行评估之后判断这种做法应该可以解决问题,并且不会将行为分析师或其他人置于不适当的风险之中(《行为分析师专业伦理执行条例》第 5 页)。

如果你能把这次事件当作一种学习经历,下次再碰到类似的事情,你就可以收集必要的数据,当时就能提交涉嫌违规通知书,那就是一次小胜利。

---

① 原注:www.bacb.com/wp-content/uploads/2020/11/Ethics-Code-for-Behavior-Analysts-2102010.pdf
② 原注:https://blogs.findlaw.com/blotter/2017/02/5-common-types-of-social-media-crime.html; www.ag.mn.us/consumer/Publications/ SocialMediaScams.asp

案例 5.04　提前出炉的宣传

这种招生宣传应该等到认证系列课程批了之后再开始，你努力阻止推出新学位的做法符合 5.04 条款的要求。暗示学生这个项目已经可以开始招生，这样做是欺骗学生。在很多大学，开设研究生招生项目需要 6 个月的时间，还得在校内各级没完没了地开会。没法保证行为分析师认证委员会肯定就能盖章批准这个项目。关于名称、关于每一门课的内容，还得来来回回地协商讨论。项目还没获批，就开始招生，这样做是不合伦理的，如果你所在的大学是官方认可的，那么审查委员会可能不会接受这种做法。学生报名参加了学习，结果项目没批，这可是大事。发生这种事情，家长会很失望，肯定会就此提出交涉，诉讼也就难免了。

案例 5.06 认证行为分析师相信灵气疗法

这件事情应该很清楚了，就是行为分析师提供了不属于行为科学的服务，还对此进行宣传。这个网站看起来确实是把行为服务和非行为服务给混在一起了。这很容易让公众混淆，误以为灵气疗法也属于行为分析，或者也是循证疗法。第一步，可以联系这个人，看看是否能够说服他（她）单独建一个灵气疗法的网站，在这个网站上不提自己是认证行为分析师，这样就可以澄清这种混淆。如果这样做不起作用，那么既然在这个网站上没有附上免责声明，那么向认证委员会举报这位认证行为分析师还是可以的。

案例 5.07 谷歌上的评论

谷歌评论是主动自发的，所以根据 5.07 条款，这是允许的。如果是请求服务对象写下的这种评论，那就属于主动征集，是不被允许的。至于公司把这些评论放到自己的网站上，假定这些评论不是主动征集的，那么应该也是被允许的。

案例 5.08 朝着遵守伦理的方向努力

根据 5.08 条款，如果能让这些前服务对象说明这些感言是应邀提供还是主动自发，你就可以将这些感言用于广告宣传。他们要说的是自己在学校的整体感受，而不是应用行为分析的具体活动，所以你也不必额外附上免责声明。让这些感言的作者知道自己的这些观察将被如何使用也是很好的。一定要告诉他们不要公开任何隐私信息，还要告诉他们随时都可以撤回这些感言。

案例 5.09 为了值得的事使用感言

恭喜你成为致力于培养新行为分析师的一员。这是筹款活动，不是广告宣传，所以使用现服务对象的感言是可以的。只是要记住，还是必须遵守 2.03 条款的要求，保护服务对象的保密信息。学生可以写写自己取得的进步（不能使用服务对象的真实名字），让不同专业的研究生都来看看，这也是一种帮忙。根据 5.03 条款，你您需要对这些内容进行编辑，保证信息准确，以免夸大事实。

案例 5.10 视保密如儿戏

这位行为分析师在自己的私人账号上上传了服务对象的照片，看来应该是违反了 5.10 条款的规定。这张照片应该是保密信息，因为服务对象很容易被人认出来，所以这应该是违反伦理条例的。按照《行为分析师专业伦理执行条例》第 5 页的要求，"行为分析师应当直接告知当事人自己对其专业不当行为的关注与担心，前提是对当前状况进行评估之后判断这种做法应该可以解决问题，并且不会将行为分析师或其他人置于不适当的风险之中"。你应该联系这位违规的认证行为分析师讨论此事。

第 11 章　新版条例第 6 节：行为分析师在研究活动中应负的责任[①]

行为分析师在研究活动中应负的责任概述

伦理条例中的绝大部分条款都与直接为服务对象提供服务有关。不过，除此之外，也有其他一些议题，行为分析师在研究活动中应负的责任就是一例。

尽管行为分析师的主要工作可能就是咨询和行为辅助，但是在有些时候，这些以实践为主的行为分析师也要学习研究生课程，这就需要制订和执行研究计划（Bailey & Burch, 2018）。开展研究活动的时候，伦理方面的考量是极为重要的，绝大多数情况下，伦理方面的问题是由机构审查委员会（Institutional Review Board，简称 IRB，为保护人类研究参与人员的权利和福祉而设立的独立机构）监督，负责批准、监测和审查这些研究活动。机构评审委员会的根本任务是保障研究参与人员的福祉，而伦理条例在这方面的规定更细、要求更高。

本章将要讨论这些条款说明。首先，开展研究活动应该符合当地法律法规的要求，而且必须得到机构评审委员会的正式批准。有些行为分析师可能会在提供服务的过程中开展研究活动，在这种情况下，不但要遵守该项服务的伦理要求，还要遵守研究评审委员会的伦理要求。从事研究活动的行为分析师需要征得研究参与人员的知情同意，之后发表数据的时候还要再次征得知情同意，保证发布这些信息不会影响服务。研究参与人员的信息保密是头等大事，因此必须防止他们的信息意外泄露。重要的是，行为分析师应该做好充分的准备，之后才能独立承担研究项目，包括完成硕士学位论文或博士学位论文，或者其他督导研究项目。承担过这些项目的人应该知道，活动中由于自己助手的原因出现任何伦理问题，都要承担责任。科研人员尤其有责任公开所有可能发生的利益冲突（不管是财务相关还是服务相关的利益冲突），由于发

[①] 原注：本章由堪萨斯大学托马斯·赞恩撰写。

表研究成果可能带来的利益冲突，也必须予以公开。到了某个阶段，研究已经完成，需要确定成果的署名权，作为科研人员的行为分析师应该保证诚信，对所有参与研究、做出贡献的人表示感谢。还有一条与发表科研成果有关，科研人员不得复制和使用他人的作品，以此作为自己的作品。研究活动完成、研究数据发表之后，科研人员应该遵守相关要求，保管、销毁原始数据和其他文档资料。在某些情况下，保留数字复本是可以的。最后，行为分析师从事研究活动，应该始终如实报告自己的研究结果以及研究方法，保证可以在其他实验室复制这些方法。在讲话报告或者期刊论文中出示这些数据的时候，需要保证数据完整。如果出于某些原因，必须屏蔽某些研究发现，则必须解释原因及其背后的理念。

行为分析师在研究活动中应负的责任详细解读

6.01 在研究活动中遵守法律法规

行为分析师设计和开展研究活动，其方式应当符合适用法律法规以及研究监管组织和管理部门的要求。

研究对于我们这个领域至关重要。从最开始的时候，在行为分析领域就推出了很多设计完善的研究活动（既有实验性研究又有应用性研究），其研究发现极大地丰富了我们对于人类行为的认识。这些知识已经得到了很好的利用，在各种不同的应用领域（比如体育运动、心理健康、行为医学、教育、特教以及动物训练）改善了人类状况的方方面面。因此，在我们这个领域，研究活动是刻在骨子里的印记。

行为分析师在自己感兴趣的领域开展研究活动，需要履行很多义务，才能以符合法律规定的方式进行研究。首先，行为分析师应该了解并且保证满足开展研究活动的所有要求，这些要求可能是所在机构自己规定的，也可能是所在州、联邦以及其他监管机构规定的。各个层面的监督可能会有很多。例如，行为分析师所在机构针对发生在本机构中的研究活动可能有自己的细则。人类服务机构常常设有人权委员会（简称HRC）或者类似的组织，任何人申请在该机构开展研究活动，这些组织都有权审查。人权委员会的存在，是为了保护该机构服务对象的基本人权和人格尊严，也是为了保证涉及该机构参与人员的所有研究活动都不能影响这些人的治疗效果。因此，行为分析师一般都会提交自己的研究计划给人权委员会审批。如果获得批准，就意味着委员会认为研究计划可以充分保护参与人员的权利，就机构的使命而言，研究问题是合理的，并且参与研究的人可能从中获得某种收益。

除此之外，大部分州（如果不是全部）都有自己的监管机构，对本州范围内开展的研究活动进行规范管理。例如，有的州可能会有负责管理行为分析师执业许可的委员会。这种组织针对研究活动可能也有具体的法规和伦理标准，也是行为分析师必须遵守的。最后，联邦也经常发布一些开展研究活动的标准，保证这些活动在法律框架内进行。例如，卫生与人类服务部（简称HHS）就设有人类研究保护办公室（简称OHRP）。① 这个办公室有很多行为分析研究人员需要的重要资源，比如法律规定（尤其是美国联邦法规第45篇第46部分②）③，还有针对研究标准以及伦理规范的培训等。

案例6.01　停止和终止

有一名行为分析师，在本地一家为孤独症谱系障碍孩子提供服务的公司工作。他在那里工作，是为了支付在本地大学上学的学费（他在那里读行为分析的博士）。这位行为分析师打算在这家机构进行自己的博士研究工作，已经向大学的机构审查委员会提交了研究计划申请。几周之后，机构审查委员会通知这位认证行为分析师他的研究申请被批准了。他非常高兴，开始给在机构接受服务的孩子家长挨个发招募信和传单。但是，信发出去第二天，就接到了机构人权委员会的电话，让他必须等人权委员会审核之后才能开始宣传。

6.02　研究审查（见1.02、1.04、3.01条款）

行为分析师仅在获得研究审查委员会的正式批准之后才可开始研究活动，不管该研究活动是无需服务就能开展还是必须依托服务才能进行。

行为分析师开始研究之前，必须将研究计划提交独立于研究人员的委员会进行质量审查。这种外部审查通常都是以机构审查委员会的形式进行的。机构审查委员会一般都和大学有联系。还有一个外部审查组织，就是人权委员会，常常是人类服务机构

---

① 原注：www.hhs.gov/ohrp/

② 译注：美国联邦法规第45篇第46部分由美国卫生部于1974年制定，适用于大多数由联邦政府资助的人类实验研究，包括4个分部。

③ 原注：www.hhs.gov/ohrp/regulations-and-policy/guidance/reviewing-unanticipated-problems/index.html

的分支。

　　这些外部审查委员会的目的是保证作为研究对象的研究参与人员的基本人权。审查委员会有义务仔细审查研究申请，以便保护研究参与人员的生理和心理健康。令人难过的是，之所以必须设立这些委员会，就是因为几十年来的研究活动中曾有过很多严重侵犯基本人权的事件。最出名的例子就是塔斯基吉梅毒研究实验[①]，该项研究招募了非裔美国男性进行研究，观察梅毒不经治疗会带来什么影响。研究人员告诉这些参与人员他们将会接受联邦政府的免费医疗，但实际上，并没有这样的医疗。研究人员还告诉他们研究将会持续6个月，然而，实际持续了40年。该项研究完全没有伦理标准，明目张胆，令人震惊。这桩丑闻最终曝光，才促成了人类研究保护办公室的建立，这才有了判断研究人员是否妥善保护自己研究对象的标准。

　　研究审查委员会主要关注两个方面的保护：保护研究对象免受生理伤害，保护研究对象免受心理伤害。研究人员必须通过自己的方法和措施证明研究参与人员参加的活动是安全的、人性化的、合乎伦理的，这些研究活动不会给他们的身体带来潜在的伤害。研究人员还必须考虑到潜在的心理伤害，比如欺骗行为和不当压力，不管什么形式都包括。有些时候，潜在的伤害可能是相当微妙的。例如，一位认证行为分析师为了研究班级管理办法招募研究对象。其中一部分干预方法涉及使用行为后果实现行为管理，在这项研究中，具体做法就是如果学生自己坐在座位上的时候出现不当行为，研究人员就会当着全班同学的面批评他。

　　研究审查委员会可能会质疑这种做法，因为可以想象得到，当着全班同学的面批评这种行为，可能会让这名学生非常难堪，这样很容易让他难过。研究审查委员会极有可能询问研究人员为什么需要采取这种做法，还会问及当面羞辱可能会给学生带来哪些伤害。

　　这些审查委员会将对研究计划进行审查。如果委员会判断这些研究活动不会对研究对象造成不同寻常的伤害，就会批准开始研究。如果委员会预测这些活动可能会给研究对象带来生理或者心理伤害，就会要求研究人员改进研究程序，消除这些风险，

　　[①] 原注：Gray, F. D. (1998). *The Tuskegee syphilis study: The real story and beyond.* Montgomery, AL: NewSouth Books.

　　译注："塔斯基吉梅毒实验"（Tuskegee Syphilis Study）是美国公共卫生部主导的一个实验。自1932年起以400名非洲裔男子为试验品秘密研究梅毒对人体的危害，隐瞒当事人长达40年，使大批受害人及其亲属付出了健康乃至生命的代价。

或者直接拒绝批准该项研究。

案例 6.02　机构审查委员会的保护

有位行为分析师在中西部的一个大城市工作，参与一个社区心理健康项目。她还上了本地一所大学，在那攻读第二个硕士学位，专业是心理健康咨询。这位认证行为分析师对于把行为分析思维（和训练）应用到离异家庭子女问题上很感兴趣。很多孩子表现出适应性行为问题，而行为干预策略（比如强化、自我管理和提示）已经证实有益于促进健康行为。这位认证行为分析师设计了一个研究计划对此进行研究。计划的一部分是与来自离异家庭的成年子女进行访谈，了解他们对自己父母离异有何反应。这位认证行为分析师希望能从访谈当中了解具体的条件情境，设计可能的干预策略，再把这些策略用到将来的行为干预方案中。她把这个研究计划提交到机构审查委员会审查。经过两周的审议，机构审查委员会联系这位认证行为分析师说要约见她，因为他们觉得这个研究可能会给研究对象造成潜在的心理伤害。这位认证行为分析师想不出来这个研究能给研究对象造成什么潜在伤害，所以迫不及待地同意会面。

6.03　服务过程中的研究活动（见 1.02、1.04、2.01、3.01 条款）

行为分析师在服务过程中开展研究活动，安排具体活动的时候必须将服务质量以及服务对象的福祉放在首位。在这种情况下，行为分析师必须遵守伦理条例中关于提供服务和开展研究的所有条款。如果提供某些专业服务的目的是鼓励服务对象参与研究活动，行为分析师应当明确这些服务的性质、可能带来的风险、需要承担的义务以及对相关各方的限制。

行为分析师经常在临床情境中、以临床患者为研究对象开展研究活动，研究重点常常是在临床上很有意义的问题，比如学习效果以及可能影响学习的行为问题。在这种情况下，行为分析师必须履行研究活动中的伦理和法律责任，也必须遵守临床实践中的伦理要求。这里碰到的第一个问题就是，研究活动对服务对象的福祉有帮助吗？这里涉及两个层面的问题。首先，如果服务对象参与这项研究，会直接在某些方面取得对其本人来说非常重要的进步吗？第二个问题涉及更广泛的影响，比如，对整个领域的影响，对所有儿童乃至其他群体的影响。研究项目的目标必须尽可能地与研究对象群体产生正向联系。

行为分析师在服务过程中开展研究活动，必须明白这些研究活动可能会与临床服务产生竞争关系，可能干扰服务质量，影响服务对象达到预期目标，必须了解这种影响会大到何种程度。举个简单的例子，研究方案中的某项活动可能会导致服务对象接受服务的时长减少。例如，根据研究方案，一个孩子每天要有一个小时参加研究活动，那么一个星期就是五个小时，这五个小时之内孩子都无法接受临床服务。服务时数减少，会不会影响服务对象达到预期目标？行为科学研究人员需要意识到这一点，要么尽量避免减少临床服务时数，要么就得有充足的理由解释为什么一定要影响临床服务。

在某些情况下，行为分析师提出在临床情境下开展研究活动的时候，出于对机构同意提供研究场地的感谢，可能会主动提供某些临床服务。例如，如果某项研究以功能分析（简称 FA）的某些方面为研究重点，那么研究人员可能会提出等研究结束之后在限定时间、限定条件的情况下为机构提供某些临床功能分析的服务。伦理条例允许这种交换条件，但前提是明确列出这些专业服务的条件，让所有人都清楚明白。在上面这个例子中，研究人员需要解释清楚，在何种条件下会提供功能分析作为参与研究的激励手段。还有其他类似问题，也需要解释清楚，比如：有多少学生可以接受功能分析服务？研究人员提供这样的服务，可以持续多少周、多少个月？研究人员能够调动多少人来机构开展这些评估工作？哪些孩子可以参加评估，有没有一套选拔标准？在合同中明确这些激励手段，有助于开展更多的研究，但是要把这些服务完完整整地描述出来，可能不是那么简单，需要花费很多工夫。

案例 6.03 时间至关重要

有位行为分析师联系了当地一家机构的负责人，请求机构同意在他们那里开展一项研究活动。这家机构的服务对象是孤独症孩子与其他有严重智力和发展障碍的孩子。机构负责人同意了这项计划，认为这项研究可能会给参与其中的服务对象带来直接好处。这名研究人员有一个研究助理团队，他们从学校招募了五个孩子作为研究对象（机构的人权委员会批准了这项计划）。每天都会安排这五个孩子和研究助理一起进行 45 分钟的研究活动。这项研究持续了 3 个月。五个孩子中有两个参加了年度会议，回顾了自己这一年来的学业进步。会上，机构负责人也回顾了在本机构开展的这项研究活动。其中一个孩子的家长对此颇感兴趣，想知道自己的女儿参加这些研究活动有多久。负责人说每个孩子每天参加 45 分钟。家长非常意外，也有点难以置信，去年制订的个别化教育计划里是有学业目标和临床目标的，可是孩子居然每周都有四个小时没有花在实现这些目标上。这里有没有问题？有什么能做的吗？

6.04　科研活动中的知情同意（见 1.04、2.08、2.11 条款）

行为分析师应当按照研究审查委员会规定的条件征得研究参与人员的知情同意（在适用情况下征得认可）。如果行为分析师意识到在正常服务过程中从以前或者现在的服务对象、利益相关方、督导对象和／或培训对象处获得的数据可能会被传播到科学界，则应在传播之前征得上述各方对于使用数据的知情同意，同时应当明确表示无论对方是否同意都不影响服务，且对方有权随时撤回同意、不会受到处罚。

知情同意的重要性怎么强调都不过分。研究人员无论是从法律角度还是从道义角度，都有义务充分告知研究对象将会遇到什么事情，之后再让他们决定是否参与。知情同意涉及几个方面。首先，必须是在开始参与研究之前就征得同意。也就是说，在此之前，研究人员不得开始任何研究程序，不管这些程序是多么人畜无害、多么无关紧要。例如，研究人员不得发放调查问卷，不得与可能参与研究的人见面讨论任何与研究相关的事情，在征得同意之前，也不得预约与这些人见面讨论参与研究的具体细节。征得同意和开始正式研究，无论是哪个方面或者哪个阶段的研究，两者之间应该有个明确的界限。

提到知情同意，还有一个需要明确的问题：给出知情同意代表着什么，和未来的研究对象讨论研究的目的和细节，然后让他们同意参与进来？可不仅仅是这么简单。一般来说，知情同意必须满足三个标准：信息、能力、自愿。研究人员提供信息给未来的研究对象，必须保证就下列内容进行充分沟通：（1）对方（未来的研究对象）有权拒绝同意，不会因此受到处罚；（2）即便对方最开始的时候表示了同意，并且已经参与了研究，依然可以随时撤回同意，不会因此受到处罚；（3）对方知道研究步骤的准确细节，知道将会获得什么益处、可能带来哪些风险；（4）对方知道如果不使用该项研究中的疗法而使用其他疗法的话可能带来哪些风险和好处[1]；（5）向对方解释清楚信息保密的限度；（6）与对方充分讨论参与研究的激励措施；（7）如果对方有问题，可以与谁联系；（8）对方有机会问问题。因此，研究人员必须给未来的研究对象提供足够的信息，就必要的信息做出解释，让对方了解参与研究的基本要求，也明白自己

---

[1] 译注：就是保证对方有知情选择的权利，而不是在走投无路的情况下选择参与研究。

有权退出研究。

还有一个标准是能力,指的是决定是否给予同意的人具备这个能力。首先,这个人必须是成人(一般是年满 18 岁)。其次,这个人必须有能力做出这样的决定。这就代表研究人员必须知道,他们邀请参与研究的人的年龄多大、能力如何。不是所有人都有能力做出知情决定的。关于未来研究对象是否有这个资格,需要研究人员做出某些判断。如果有理由相信对方可能不会充分理解研究人员所说的研究细节,那就不能继续招募其参与研究活动。最后,研究人员必须保证未来的研究对象是自由自愿地参与研究,不存在任何强迫或者胁迫因素。也就是说,不能施加任何压力影响招募,迫使对方同意参与。压力可能是正式的,也可能是非正式的。例如,某个机构要开展一项研究,负责人请那些来机构接受服务的孩子的家长同意让孩子参与其中。有些家长可能就会觉得有压力,不得不同意,因为他们觉得如果不同意的话,在服务方面对孩子可能会有负面影响(比如减少服务时数、降低训练强度,或者安排不太熟练的员工给孩子服务,等等)。在这种情况下,负责人必须落实保障措施,尽可能地保证没有任何胁迫的意思表示。

还有一个术语,行为分析师可能不太熟悉,那就是认可。一般来说,认可指的是研究人员从未来的研究对象那里征得某种形式的意思表示,表明对方愿意参与该项研究。[1]认可与知情同意不同,后者通常是签署同意书表示确认同意。要注意,认可不仅仅是没有表示反对的意思,而是需要某种形式的外在反应,表明愿意参与的意愿。另外,对于没有达到法定年龄或者无法提供知情同意的人,研究人员常常需要下点功夫。最显而易见的例子是针对未成年儿童或发展障碍人士的研究。这两个群体,要么是没有达到年龄,要么是没有足够的认知能力,无法给予充分的知情同意(请查阅上面关于能力的解释)。因此,研究人员就有义务征得研究参与人员本人的认可。他们必须以对方可以理解的语言与未来的研究对象沟通,并且以有助于对方理解的形式给对方介绍研究计划的内容。

最后,需要平衡研究活动和临床活动之间的关系时,也应该征得知情同意。研究人员开展应用研究,必须注意不能占用服务对象接受服务的时间,这样才能进行该项研究。研究不能对临床服务造成负面影响。最后,研究人员如果打算在专业场合(比如专业期刊、专业会议)传播从研究项目中获得的信息,在征得同意的过程中必须清

---

[1] 原注:Ford, K., Sankey, J., & Crisp, J. (2007). Development of children's assent documents using a child-centred approach. *Journal of Child Health Care*, 11, 19–28.

楚地表达这个意图。

案例 6.04　不完整的同意

有位研究人员联系自己的同事，这位同事是一个孤独症谱系障碍儿童日间项目的负责人。这位研究人员想要开展一项研究，想请这位负责人同意让他在学校里进行研究活动。这位负责人觉得这项研究的关注点与学校服务的人群非常吻合，研究结果也可能让这些孩子及其家庭受益，就同意了。于是，这位研究人员制作了一份知情同意书，发给了这些家庭。很多家长都签署了同意书，同意让自己的孩子参与这项研究。同时，这位研究人员也征得了这些孩子的认可。整个研究进行得非常顺利，结果也相当不错。这位研究人员对此感到非常兴奋，于是写了一篇论文，打算给专业期刊投稿。当他把论文草稿交给那位负责人检查的时候，负责人马上就联系了他，告诉他当初他写的那份知情同意书里并没有提到可能要把这些结果传播到校外。这位负责人认为，研究人员并没有就发表或者展示这些东西征得研究参与人员的知情同意。可是，这位研究人员认为按同意书里的措辞，意思就是要在专业场合传播。

这里应该怎么做呢？应该怎么解决呢？谁是对的？

6.05　研究活动中的信息保密（见 2.03、2.04、2.05 条款）

行为分析师应当将研究参与人员的信息保密放在首位，除非在某些情况下不可能做到信息保密。行为分析师在开展研究活动以及参加任何与研究有关的传播活动时，都应付出应尽努力防止因意外或者无意中泄露保密信息或能够识别身份的信息（比如隐藏或者抹去保密信息或者能够识别身份的信息）。这项条款的默认前提就是有关信息保密的各种规定。研究人员有义务保证研究参与人员的身份保密，无论是研究正在进行还是完成以后，比如在公共论坛上发表该项研究结果，都不得使用研究参与人员的名字、地址、照片或者其他可能识别身份的信息。研究人员有责任隐藏或者抹去所有可能暴露研究参与人员身份的信息。无论是研究正在进行还是完成以后，或者以某种形式传播研究结果的时候，都要遵守这个要求。

近年来，有关信息保密的问题变得越来越复杂。特别是这种担心越来越深，人们关注的不只是名字、照片和地址这种与身份有关的明确信息。现在，行为分析师还必须考虑一切可能提示参与人员身份的途径。这个范围更广，包括所在学校名字、所在城市名字，还有直接提示地理位置的信息，甚至还有特别的行为或者学习方式，特别到一旦在公共论坛提到就会被人认出来是谁。归根结底，保证研究参与人员匿名就是研究人员的责任。如果研究参与人员的身份被公开，那么无论研究人员这边为了保护他们的身份做了多少努力，都将会被追责。

案例 6.05　不完善的保密

　　一名行为分析师及其研究团队在当地一所为孤独症孩子服务的私立学校开展了一项特别复杂的研究，研究主题是社交互动。研究为期3个月，完成之后效果非常不错，其中的实验步骤肯定会成为这个领域的标准操作。研究人员之前已经征得了传播这些信息的书面许可，他们在关于孤独症儿童社会性发展的会议上就这项研究做了口头报告。作为报告的一部分，研究人员正式声明，他们是经过所在大学机构审查委员会批准开展的这项研究，同时征得了所有研究参与人员的知情同意，既同意参与研究活动，也允许在公共传播活动中使用自己的数据。在报告中，研究人员提到，这项研究是在内布拉斯加州奥马哈市一家为孤独症儿童提供服务的私人机构进行的，这所学校有一个独特之处，就是为驻扎在奥马哈郊外一个大型军事基地的很多家庭提供了服务。这位研究人员还描述了研究参与人员表现出来的某些社交缺陷，比如有个5岁的小姑娘，因为不想跟别人互动，在学校总是闭着眼睛。会议开了两天，当地报纸派记者去采访了一些主题发言，而本次报告的采访登在了奥马哈本地报纸上，主题是有"人情味"的事。会议结束后两个星期，有位律师代表参与这项研究的一个孩子的家长联系了这位研究人员。这位律师指控研究人员违反了信息保密的要求。好像是这位家长的一个邻居看到了报纸，也看到了对那位一直闭着眼睛的孩子的描述。这位邻居认出了这个孩子（因为在附近看见过她，而且还住在同一条街上）。邻居跟家长说自己看到了那篇文章，还问参加那项研究感觉是什么样的。

　　研究人员有什么地方做得不对吗？该怎样才能更好地保证信息完全保密呢？

6.06　开展研究活动的能力（见1.04、1.05、1.06、3.01条款）

　　行为分析师仅在与其有明确关系（比如硕士论文、博士论文、指导研究项目）的督导指导下圆满完成研究任务之后才可以独立开展研究活动。行为分析师及其助理必须接受相应培训并且准备充分之后才可开展该项研究活动。如未接受相应培训，行为分析师应当寻求适当培训、明确表现出胜任该项研究工作的能力，或者与其他可以胜任的专业人员合作，才可开展相关研究活动。所有由行为分析师委派参与研究项目的工作人员，其伦理行为均由行为分析师承担责任。

伦理条例从头到尾都在强调行为分析师只有接受过相应培训、能证明自己有能力胜任，才能承担相关工作，这个要求在研究活动中也一样适用：开展研究活动的行为分析师必须在与研究有关的各个方面接受相应培训，而且必须有文档资料证明自己已经获得开展研究活动的技能。作为过来人，我们知道制订合格的、合乎伦理的实验计划并且付诸实施是多么复杂的事情，需要考虑各种各样的议题，研究设计、测量手段、可靠性和真实性等。除此之外，还有一些专门针对研究活动制订的伦理规范，也是研究人员必须理解和遵守的，例如保护人权的要求，还有研究人员所在大学的机构审查委员会或者人权保护委员会颁布的某些特定的伦理要求。

换句话说，行为分析师只在研究项目中做过助手——比如读研的时候在某项实验中做研究助理——可能达不到胜任的要求，接受的培训也不够。通常来说，这种程度的研究经历不可能让研究助理有机会接触到研究设计和实施的方方面面，这样一个职位也没法让人获得开展研究的深度经验。因此，这条伦理标准就强制所有想要开展研究活动的人必须接受必要的培训，获得相应的经验，才能有资格作为备选人员去制订和实施研究计划。足以证明研究经验和胜任能力的可以是：研究生在读期间参加过研究活动，接触过制订和执行研究计划的方方面面，修读过研究设计和数据分析的课程，开展过自己的研究（比如为了完成硕士论文或者博士论文所做的研究）。

案例 6.06　研究能力不足

一名行为分析师完成了研究生学业，获得了硕士学位，从事着自己梦寐以求的工作，在一个学区做督导，如果哪位老师班上有孩子出现问题行为，她就为这些老师提供支持资源。工作了几个月之后，她发现很少有老师使用任何形式的课堂行为管理体系。她知道如果实施这样一个项目，会非常有助于管理学生行为、提高他们的积极性，于是就设计了一个研究计划，打算开发这样一个小组学习的体系，并且付诸实践。她开始在三个不同的班级收集问题行为频率方面的数据，并且设计了一套方案，让老师根据这个方案在班上强化正向行为，使用行为后果干预行为问题。因为每个班级的具体情况不一样，这位行为分析师就对行为方面的定义做了一些修改，并且使用了不同类型的数据系统收集来自各位老师的各种测量结果（比如在一个班测的是行为频率，在另一个班测的是行为间隔时间，到了第三个班又用的是时间取样法）。收集数据大概有一个月的时候，她在教师休息室跟一位同事讨论研究的事。这位认证行为分析师提到了研究当中的具体细节，于是同事就问她学生家长对这个研究了解多少，对可能带来的风险和益处又了解多少。这位认证行为分析师承认自己没有走正式的知情同意的流程，因为学生是在学校，老师有机会也有能力去实施自己愿意尝试的研究计划。接着问下去，才发现她都没有把自己的研究计划提交给学区的人权委员会。这位同事很担心，就问这位认证行为分析师以前培训的时候有没有参加过研究活动。她肯定地答复说自己上过一门研究方法的课（而且得了个"A"），还上过一门统计学的课。

这位认证行为分析师的做法合乎伦理吗？

6.07 研究活动和成果发表中的利益冲突（见1.01、1.11、1.13条款）

行为分析师在开展研究活动的时候应当承认、公开并且妥善解决利益冲突（比如个人方面和财务方面的利益冲突，还有与所在组织以及提供服务相关的利益冲突）。行为分析师在发表和编辑研究成果的时候也应当承认、公开并且妥善处理利益冲突。

利益冲突指的是有这种可能——或者在某些情况下，已经发生——研究人员牵涉两个以上的利益关系，而这些利益之间又存在竞争关系。例如，研究人员想要开展研究活动，不仅是因为想要在某些议题方面进行科学探究，还因为这项研究是在大学里申请终身教职或者全职职位的一个重要因素。还有可能出现利益冲突的情况是研究人员从某个组织获得了资助，如果将来研究发现正面的结果，将会对这个组织大有好处。例如，行为分析师可能是为制药公司工作，而这家制药公司卖的是治疗注意缺陷多动障碍的药。这位行为分析师的工作可能就是开展策略和技巧研究，为那些配合使用药物和行为治疗进行干预的人提供帮助。

不管是什么样的研究，这位行为分析师都有义务承认自己与制药公司有关系，因为有可能存在（即使不是真有）利益冲突，尤其是制药公司有可能从行为改善策略相关研究中获得好处。

绝大部分专业期刊现在都要求研究作者在其发表的研究成果中公开列出可能存在的利益冲突，或者声明自己没有涉及任何利益冲突。利益冲突的出现，不仅仅是出于经济原因。根据这项条款，在研究期间，任何可能会对行为分析师产生积极影响的因素，都必须予以公开。

利益冲突并不一定就是坏事，也不是肯定就会影响研究项目或者研究结果。潜在的利益冲突是常有的事。根据这项条款，行为分析师必须承认潜在的利益冲突，这样的话，这项研究的目标读者和消费者才能自行判断这些因素是否会影响自己对研究结果质量以及研究启示/结论的看法。

案例 6.07　没有公开

一家私人营利性公司正在开发一种新技术，用来提高孤独症孩子的共同注意。如果这项技术能够成功，那么这种产品将会有巨大的消费市场。这家公司聘用了一位在孤独症干预领域非常有名的 BCBA-D 参与这项开发计划，请他从专家的角度就这项技术中可能涉及教育原则（比如行为塑造、辅助消退、提示和强化）的部分提出建议。专家咨询中还有一部分是针对这项新技术开展研究，评估该项技术是否像宣称的那样有效。这位 BCBA-D 联系了几家为孤独症孩子提供服务的公司，提出可能会使用这项新技术做共同注意的研究。好几家公司都对这项新技术很感兴趣，自愿提供研究场地。这位 BCBA-D 没有提到自己与这家营利性公司的关系。

6.08　以恰当的方式对他人的贡献表示感谢（见 1.01、1.11、1.13 条款）

行为分析师在所有传播活动中都应以恰当的方式（比如作者署名、致谢）感谢为研究做出贡献的人。作者署名以及发表成果时的致谢应当准确反映参与研究的个体在科学或专业方面所做的贡献，而与其专业身份（比如教授、学生）无关。

这个问题涉及诚信。行为分析师必须如实说明自己以及其他人对某项研究做出了多少贡献。对每一位共同作者（或者共同发言人）做出了多少贡献都给予公开认可，就体现了这种诚信精神。在涉及三位以上作者的研究论文或者公开发言中，这些作者的排序反映了他们所做贡献的多少。排在第一位的就是做出最大贡献的人，排在第二位的次之，以此类推。不管这个人是教授，还是临床医生或者学生，研究人员都有义务根据每个人在整个研究项目中承担的工作多少表示恰当的感谢。

案例 6.08　滥用职权

有位在一所知名大学工作的教授，是公认的组织内人类行为分析（即组织行为学）方面的权威。他每年都招几名博士生，他带的博士生的研究论文中有很多都发表在权威期刊上。有位刚开始读博的研究生和实验室的一位同学谈起了这件事，那个同学告诉她这位教授有个规矩，如果博士生在毕业 6 个月之内没有发表自己的博士论文，那么教授就会自己拿去发表，并且把自己列为唯一作者。这位博士生是第一次听说这种事，觉得这实在很不合适。这里有没有问题？

6.09　剽窃（见 1.01 条款）

行为分析师不得把他人工作或者数据的某些部分、某些方面说成自己的东西。行为分析师再次发表自己曾经发表的数据或者文本，必须以恰当的方式公开这一情况。

该条款涉及两个问题。首先，行为分析师拿出的研究程序和结果都应该是自己（和研究合作者，如果有合作者的话）的成果，不能使用他人的数据或者程序。研究人员应该设计自己的研究方案，如果使用他人发表或者设计的研究程序，必须征得其同意或者认可。例如，研究人员重复已经公开发表的研究再次进行实验可能是值得的，但是必须承认所复制的研究程序来自原作者。如果研究人员是从别的地方、别人那里获取这些研究程序的，那就不能假装是自己的原创。研究人员发表数据，也要遵守这个要求。这些数据必须是这位研究人员原创的。使用他人已经发表的数据会被视为剽窃，这是不被允许的。

第二个问题涉及行为分析师使用自己曾经发表的数据。这种做法是可以接受的，前提是行为分析师对这个事实没有任何隐瞒。把曾经发表的数据当成新的、从未发表的数据用，这种做法也是不被允许的。

案例 6.09　很久以前……

一名行为分析师在考虑自己硕士论文选题的时候，偶然间发现了 1947 年发表在《精神病学与社会心理研究》(Journal of Psychiatric and Psychosocial Studies) 期刊上的一篇文章。这篇文章介绍了一项研究，研究人员征得了一家住院式精神病院负责人的允许，选择了其中一位患者，使用了一种复杂的连续间歇性强化体系，塑造了一种行为，就是一天到晚随机地转圈。行为塑造成功之后，这位研究人员邀请了传统的精神分析专家观察这位患者，并对这种行为进行解释，因为这种行为看起来很奇怪，不知道怎么冒出来的。这位研究人员并没有介绍这个实验中通过条件刺激让患者学习这种行为的过程。

这位行为分析师觉得这是个非常好的研究选题，于是开始着手复制这个研究过程。他联系了本地一家托养机构，征得了他们的同意，选择了其中一位入住者，打算通过条件刺激塑造这种行为。这位行为分析师承诺，等到实验结束的时候，不但能帮这位入住者停止这种行为，还会教会他一些积极行为和独立生活技能代替问题行为。因为最初的研究是 80 年前做的，而且埋在这样不知名的专业期刊里，这位行为分析师就觉得在自己的研究中没有必要对原作者的贡献表示认可，也没有必要提到原始研究中用到的程序。

6.10 研究活动中的资料存档和数据保管（见 2.03、2.05、3.11、4.05 条款）

行为分析师必须知悉并遵守所有涉及存储、运输、保管、销毁研究活动相关实体材料与电子材料的适用规定（比如行为分析师认证委员会的规定、法律法规、研究审查委员会的要求）。行为分析师应当按最长期限要求保管可以识别身份的文档资料和数据资料。在相关实体允许的前提下，行为分析师应当将实体材料去除身份信息、制成电子副本或者将原始数据做以总结（比如做成报告或者图表）之后，才可销毁实体资料。

开展研究活动的时候，对于如何安全保管研究期间的数据和记录、研究结束之后如何处理研究期间积累的所有记录，通常都有明确的要求。实际上，每一位研究参与人员的身份识别信息（比如名字、地址等），研究人员那里都有。那么应该怎样保护这些信息，不让没有得到授权的人看到呢？如何将研究参与人员的身份识别信息与其在研究活动中的代号或者虚构身份分开？研究人员必须考虑这些问题，也必须以合乎伦理的方式处理。例如，研究人员需要给研究参与人员起个化名或者编个代号，以此保护他们的身份信息。不过，如何安全保管这些数据、保管多久，研究审查委员会一般都有规定。举例来说，基本要求是研究人员应该把这些隐私信息锁起来，并且单独保管钥匙，或者与其他人共同管理锁具。目前，这样的信息都是存储在电脑硬盘里，研究人员就有义务保护这些电脑信息免于公开，一般都是设置非常复杂的密码，只有得到研究审查委员会允许的人才有权接触这些信息。

这些原始数据以及其他记录需要保管多久，也有规定。比较普遍的要求就是保管七年。请注意伦理条例在这方面的规定：行为分析师有义务按照监管规定允许的最长期限保管这些记录。那么行为分析师就必须考虑到底怎样才能保管和保护这些东西。行为分析师开展研究活动时需要遵守的要求很复杂，这是其中一个方面。

案例 6.10　保管的难题

一位行为分析师专注于动物训练，具体来说，她对收容所里的狗很感兴趣，希望能改善它们的行为，这样就能有更多的人收养它们。她开展了一项详尽的研究，结果也很令人信服，研究证明，布置收容所的环境就能让狗在那里开开心心地玩玩具，来收养的人看到的话，就会更愿意收养这些狗，狗也会过得更快乐。她的研究花了3个月。根据伦理条例的要求，她保留了所有的数据，没有公开，妥善保管。她的数据发表在一家权威的动物训练期刊上。研究成果发表之后（走完审稿流程花了四个月时间），这位行为分析师觉得，既然发表了，就代表研究工作告一段落了，于是就删除了原始数据以及所有训练课程的视频。大概两年以后，欧洲有位非常著名的动物训练专家写信给她，表示很钦佩那项研究工作，还说很想复制这项研究，所以希望能看看原始数据。这位行为分析师回信说她已经把那些数据都删除了，没有什么能提供的了。

这是违反伦理条例的行为吗？

6.11　数据的准确性和使用方式（见1.01、2.17、5.03条款）

行为分析师在研究活动、成果发表以及公开发言中不得伪造数据，也不得篡改结果。行为分析师设计和开展研究活动、描述研究程序和结果的时候，应当尽量避免自己的研究及其结果对他人造成误导或者误解。行为分析师如果发现公开发表的数据中存在错误，应当根据出版规定采取措施纠正这些错误。行为分析师应当尽可能地将研究数据完整呈现给公众以及科学界。如果不能完整呈现这些数据，行为分析师应当谨慎从事，应当解释为何在公开发言或者用于发表的论文稿件中没有包括某些数据（不管是某项数据中的某几个、某部分或者全部），提供合理原因，并且详细说明没有包括哪些数据。

我们的伦理条例从头到尾都在强调诚信，这一点在该项条款中也有所体现。行为分析师应该充分完整地报告研究结果，应该全面如实描述所使用的研究方法及结果。结果应该是完整的，不应该只有"看起来好看"的数据，这样读者才能对研究结果有一个完整的了解。

这里强调的重点有两个：如实和完整。行为分析师不能伪造数据，不能杜撰结果，也不能篡改数字，造成数据与实际情况有任何出入。除此之外，行为分析师还应该提供实验过程中收集到的所有数据。为了让最终结果看起来更有说服力去挑选数

书号	书名	作者	定价
	融合教育		
*0561	孤独症学生融合学校环境创设与教学规划	[美]Ron Leaf 等	68.00
*9228	融合学校问题行为解决手册	[美]Beth Aune	30.00
*9318	融合教室问题行为解决手册		36.00
*9319	日常生活问题行为解决手册		39.00
*9210	资源教室建设方案与课程指导	王红霞	59.00
*9211	教学相长：特殊教育需要学生与教师的故事		39.00
*9212	巡回指导的理论与实践		49.00
9201	你会爱上这个孩子的！：在融合环境中教育孤独症学生（第2版）	[美]Paula Kluth	98.00
*0013	融合教育学校教学与管理	彭霞光、杨希洁、冯雅静	49.00
0542	融合教育中自闭症学生常见问题与对策	上海市"基础教育阶段自闭症学生	49.00
9329	融合教育教材教法	吴淑美	59.00
9330	融合教育理论与实践		69.00
9497	孤独症谱系障碍学生课程融合（第2版）	[美]Gary Mesibov	59.00
8338	靠近另类学生：关系驱动型课堂实践	[美]Michael Marlow 等	36.00
*7809	特殊儿童随班就读师资培训用书	华国栋	49.00
8957	给他鲸鱼就好：巧用孤独症学生的兴趣和特长	[美]Paula Kluth	30.00
*0348	学校影子老师简明手册	[新加坡]廖越明 等	39.00
*8548	融合教育背景下特殊教育教师专业化培养	孙颖	88.00
*0078	遇见特殊需要学生：每位教师都应该知道的事		49.00
	生活技能		
*5222	学会自理：教会特殊需要儿童日常生活技能（第4版）	[美] Bruce L. Baker 等	88.00
*0130	孤独症和相关障碍儿童如厕训练指南（第2版）	[美]Maria Wheeler	49.00
*9463	发展性障碍儿童性教育教案集/配套练习册	[美] Glenn S. Quint 等	71.00
*9464	身体功能障碍儿童性教育教案集/配套练习册		103.00
*0512	孤独症谱系障碍儿童睡眠问题实用指南	[美]Terry Katz 等	59.00
*8987	特殊儿童安全技能发展指南	[美]Freda Briggs	42.00
*8743	智能障碍儿童性教育指南		68.00
*0206	迎接我的青春期：发育障碍男孩成长手册	[美]Terri Couwenhoven	29.00
*0205	迎接我的青春期：发育障碍女孩成长手册		29.00
*0363	孤独症谱系障碍儿童独立自主行为养成手册（第2版）	[美]Lynn E.McClannahan 等	49.00
	转衔|职场		
*0462	孤独症谱系障碍者未来安置探寻	肖扬	69.00
*0296	长大成人：孤独症谱系人士转衔指南	[加]Katharina Manassis	59.00
*0528	走进职场：阿斯伯格综合征人士求职和就业指南	[美]Gail Hawkins	69.00
*0299	职场潜规则：孤独症及相关障碍人士职场社交指南	[美]Brenda Smith Myles 等	49.00
*0301	我也可以工作！青少年自信沟通手册	[美]Kirt Manecke	39.00
*0380	了解你，理解我：阿斯伯格青少年和成人社会生活实用指南	[美]Nancy J. Patrick	59.00

		社交技能		
*0575	情绪四色区：18节自我调节和情绪控制能力培养课	[美]Leah M.Kuypers	88.00
*0463	孤独症及相关障碍儿童社会情绪课程	钟卜金、王德玉、黄丹	78.00
*9500	社交故事新编（十五周年增订纪念版）	[美]Carol Gray	59.00
*0151	相处的密码：写给孤独症孩子的家长、老师和医生的社交故事		28.00
*9941	社交行为和自我管理：给青少年和成人的5级量表	[美]Kari Dunn Buron 等	36.00
*9943	不要！不要！不要超过5！：青少年社交行为指南		28.00
*9942	神奇的5级量表：提高孩子的社交情绪能力（第2版）		48.00
*9944	焦虑，变小！变小！（第2版）		36.00
*9537	用火车学对话：提高对话技能的视觉策略	[美] Joel Shaul	36.00
*9538	用颜色学沟通：找到共同话题的视觉策略		42.00
*9539	用电脑学社交：提高社交技能的视觉策略		39.00
*0176	图说社交技能（儿童版）	[美]Jed E.Baker	88.00
*0175	图说社交技能（青少年及成人版）		88.00
*0204	社交技能培训实用手册：70节沟通和情绪管理训练课		68.00
*0150	看图学社交：帮助有社交问题的儿童掌握社交技能	徐磊 等	88.00
		与星同行		
*0428	我很特别，这其实很酷！	[英]Luke Jackson	39.00
*0302	孤独的高跟鞋：PUA、厌食症、孤独症和我	[美]Jennifer O'Toole	49.90
*0408	我心看世界（第5版）	[美]Temple Grandin 等	59.00
*7741	用图像思考：与孤独症共生		39.00
*9800	社交潜规则（第2版）：以孤独症视角解读社交奥秘		68.00
8573	孤独症大脑：对孤独症谱系的思考		39.00
*0109	红皮小怪：教会孩子管理愤怒情绪	[英]K.I.Al-Ghani 等	36.00
*0108	恐慌巨龙：教会孩子管理焦虑情绪		42.00
*0110	失望魔龙：教会孩子管理失望情绪		48.00
*9481	喵星人都有阿斯伯格综合征	[澳]Kathy Hoopmann	38.00
*9478	汪星人都有多动症		38.00
*9479	喳星人都有焦虑症		38.00
9002	我的孤独症朋友	[美]Beverly Bishop 等	30.00
*9000	多多的鲸鱼	[美]Paula Kluth 等	30.00
*9001	不一样也没关系	[美]Clay Morton 等	30.00
*9003	本色王子	[德]Silke Schnee 等	32.00
9004	看！我的条纹：爱上全部的自己	[美]Shaina Rudolph 等	36.00
*8514	男孩肖恩：走出孤独症	[美]Judy Barron 等	45.00
8297	虚构的孤独者：孤独症其人其事	[美]Douglas Biklen	49.00
9227	让我听见你的声音：一个家庭战胜孤独症的故事	[美]Catherine Maurice	39.00
8762	养育星儿四十年	[美]蔡张美铃、蔡逸周	36.00
*8512	蜗牛不放弃：中国孤独症群落生活故事	张雁	28.00
*9762	穿越孤独拥抱你		49.00

经典教材 | 学术专著

*0488	应用行为分析（第 3 版）	[美]John O. Cooper 等	498.00
*0470	特殊教育和融合教育中的评估（第 13 版）	[美]John Salvia 等	168.00
*0464	多重障碍学生教育：理论与方法	盛永进	69.00
9707	行为原理（第 7 版）	[美]Richard W. Malott 等	168.00
*0449	课程本位测量实践指南（第 2 版）	[美]Michelle K. Hosp 等	88.00
*9715	中国特殊教育发展报告（2014-2016）	杨希洁、冯雅静、彭霞光	59.00
*8202	特殊教育辞典（第 3 版）	朴永馨	59.00
0490	教育和社区环境中的单一被试设计	[美]Robert E.O'Neill 等	68.00
0127	教育研究中的单一被试设计	[美]Craig Kenndy	88.00
*8736	扩大和替代沟通（第 4 版）	[美]David R. Beukelman 等	168.0
9426	行为分析师执业伦理与规范（第 3 版）	[美]Jon S. Bailey 等	85.00
*8745	特殊儿童心理评估（第 2 版）	韦小满、蔡雅娟	58.00
0433	培智学校康复训练评估与教学	孙颖、陆莎、王善峰	88.00

新书预告

出版时间	书名	作者	估价
2024.04	这就是孤独症：事实、数据和道听途说	黎文生	49.80
2024.05	孤独症儿童沟通能力早期培养	[美]Phil Christie 等	58.00
2024.06	融合幼儿园教师实践指南	[日]永富大铺	49.00
2024.06	与他们相处的 32 个秘诀：和孤独症、多动症人士交往指	[日]岩濑利郎	59.00
2024.08	孤独症儿童家长辅导手册	[美]Sally J. Rogers 等	98.00
2024.08	孤独症儿童干预 Jasper 模式	[美]Connie Kasari	98.00
2024.08	孤独症儿童游戏和语言 PLAY 早期干预指南	[美]Richard Solomon	49.00
2024.08	融合教育实践指南：校长手册	[美]Julie Causton	58.00
2024.08	融合教育实践指南：教师手册		68.00
2024.08	融合教育实践指南：助理教师手册（第 2 版）		60.00
2024.08	孤独症儿童融合教育生态支持系统建设的理念与实践	王红霞	59.00
2024.09	特殊教育和行为科学中的单一被试设计	[美]David Gast	68.00
2024.10	沟通障碍导论（第 7 版）	[美]Robert E. Owens 等	198.00
2024.10	优秀行为分析师的 25 项基本技能	[美]Jon S. Bailey 等	68.00

标 * 书籍均有电子书

微信公众平台：HX_SEED（华夏特教）
微店客服：13121907126
天猫官网：hxcbs.tmall.com
意见、投稿：hx_seed@hxph.com.cn
联系地址：北京市东直门外香河园北里 4 号

关注我，看新书！

华夏特教系列丛书

书号	书名	作者	定价
	孤独症入门		
*0137	孤独症谱系障碍:家长及专业人员指南	[英]Lorna Wing	59.00
*9879	阿斯伯格综合征完全指南	[英]Tony Attwood	78.00
*9081	孤独症和相关沟通障碍儿童治疗与教育	[美]Gary B. Mesibov	49.00
*0157	影子老师实战指南	[日]吉野智富美	49.00
*0014	早期密集训练实战图解	[日]藤坂龙司 等	49.00
*0116	成人安置机构ABA实战指南	[日]村本净司	49.00
*0510	家庭干预实战指南	[日]上村裕章 等	49.00
*0119	孤独症育儿百科:1001个教学养育妙招(第2版)	[美]Ellen Notbohm	88.00
*0107	孤独症孩子希望你知道的十件事(第3版)		49.00
*9202	应用行为分析入门手册(第2版)	[美]Albert J. Kearney	39.00
*0356	应用行为分析和儿童行为管理(第2版)	郭延庆	88.00
	教养宝典		
*0149	孤独症儿童关键反应教学法(CPRT)	[美]Aubyn C. Stahmer 等	59.80
*0461	孤独症儿童早期干预准备行为训练指导	朱璟、邓晓蕾等	49.00
9991	做看听说(第2版):孤独症谱系障碍人士社交和沟通能力	[美]Kathleen Ann Quill 等	98.00
*0511	孤独症谱系障碍儿童关键反应训练掌中宝	[美]Robert Koegel 等	49.00
9852	孤独症儿童行为管理策略及行为治疗课程	[美]Ron Leaf 等	68.00
*0468	孤独症人士社交技能评估与训练课程	[美]Mitchell Taubman 等	68.00
*9496	地板时光:如何帮助孤独症及相关障碍儿童沟通与思考	[美]Stanley I. Greensp 等	68.00
*9348	特殊需要儿童的地板时光:如何促进儿童的智力和情绪发展		69.00
*9964	语言行为方法:如何教育孤独症及相关障碍儿童	[美]Mary Barbera 等	49.00
*0419	逆风起航:新手家长养育指南	[美]Mary Barbera	78.00
9678	解决问题行为的视觉策略	[美]Linda A. Hodgdon	68.00
9681	促进沟通技能的视觉策略		59.00
*8607	孤独症儿童早期干预丹佛模式(ESDM)	[美]Sally J.Rogers 等	78.00
*9489	孤独症儿童的行为教学	刘昊	49.00
*8958	孤独症儿童游戏与想象力(第2版)	[美]Pamela Wolfberg	59.00
*0293	孤独症儿童同伴游戏干预指南:以整合性游戏团体模式促进		88.00
9324	功能性行为评估及干预实用手册(第3版)	[美]Robert E. O'Neill 等	49.00
*0170	孤独症谱系障碍儿童视频示范实用指南	[美]Sarah Murray 等	49.00
*0177	孤独症谱系障碍儿童焦虑管理实用指南	[美]Christopher Lynch	49.00
8936	发育障碍儿童诊断与训练指导	[日]柚木馥、白崎研司	28.00
*0005	结构化教学的应用	于丹	69.00
*0402	孤独症及注意障碍人士执行功能提高手册	[美]Adel Najdowski	48.00
*0167	功能分析应用指南:从业人员培训指导手册	[美]James T. Chok 等	68.00
9203	行为导图:改善孤独症谱系或相关障碍人士行为的视觉支持	[美]Amy Buie 等	28.00
*0675	聪明却拖拉的孩子:如何帮孩子提高效率	[美]Ellen Braaten 等	49.00
*0653	聪明却冷漠的孩子:如何激发孩子的动机		49.00

据，这种做法是不被允许的。在最后分析的时候一定要呈现所有的数据。不过，如果研究人员不想报告某些数据，那就必须在研究描述中对此进行说明，解释为什么没有包括这些数据，并且提供强有力的理由。之后，发表成果的时候也应该如此，这样科学界才有机会了解论文中没有包括哪些数据，为什么没有包括这些数据，从而自行判断这种操作是否恰当。

这项条款与之前的很多条款类似，其根本就在于所有行为分析师都应具备的基本素质：诚实守信。行为分析师应该诚信，无论做什么，都应该透明、公开、没有隐瞒。

案例 6.11 数据不见了

有位行为分析师正在开展一项研究，研究地点是为活动房屋运送物资的仓库，研究主题是行为协议对于提高安全性的影响。传统来讲，这个行业的员工受伤率很高——从梯子上掉下来，抬东西时背部拉伤，有时候还把很重的箱子掉到脚上导致骨折。征得各方同意以及机构审查委员会的批准之后，这位行为分析师使用员工行为协议进行了研究。使用行为后果干预行为的基本操作就是，如果每周受伤人数下降到某一特定水平，该班次的员工就会获得金钱奖励（比如礼品卡）。这项研究持续了 2 个月，数据显示受伤事件大幅减少。在过去两周，甚至都没有人受伤。这位行为分析师决定再继续收集两天数据，之后就结束研究。可是，就在这两天，受伤比例分别是 5% 和 7%。不过，因为之前已经连续 14 天都没有人受伤了，所以这位研究人员就认为：(a) 研究已经证实了自己的观点，使用行为后果干预行为确实有效；(b) 最后两天的数据肯定是不正常的，所以在分析研究结果的时候去掉了这两天的数据。

假设使用行为后果干预行为的措施与受伤事件减少确实存在因果关系，那么如果在数据分析里去掉最后两天的数据，没有影响吗？如果没有，为什么？如果有，又是为什么呢？

▶ 案例点评

案例 6.01 停止和终止

很遗憾，这位认证行为分析师没有办好所有的审批手续。他应该了解有人权委员会这种机构，而且还应该了解人权委员会关于审查研究计划的规定。这位认证行为分析师肯定是达到了自己学校机构审查委员会的要求，这种做法也符合联邦以及所在州的法律规定。不过，开展研究活动，还需要向其他机构申请，熟悉所有这些机构，也是研究人员（在这个案例里是认证行为分析师）的责任。

案例 6.02　机构审查委员会的保护

机构审查委员会的担心是合理的，研究参与人员可能会受到潜在的心理伤害。正常来讲，我们可以推断，对这些离异家庭的成年子女进行访谈的时候，让他们重提这些经历，可能会引发情感创伤、难过、愤怒、痛苦或者其他情绪，这对受访者有害，或者至少也会让他们非常不舒服。机构审查委员会没有直接拒绝这项研究申请，但是请这位研究人员考虑如何将这种风险降到最低。经过深思熟虑，这位认证行为分析师提出可以请研究对象以这种方式参与研究：(1) 研究人员向可能参与研究的人解释研究细节的时候，同时告知将要进行访谈；(2) 在访谈过程中请参与人员回忆过往生活中令人不快的事情，可能会引发情感上的不适，一旦出现这种情况，研究人员将会直接处理；(3) 如有研究参与人员感到自己需要咨询服务，研究人员需要免费为其安排。这位研究人员准备把本地一家心理健康咨询师的联系方式给到每一位研究参与人员，如有参与人员在访谈中感到难过，将由认证行为分析师为其支付心理咨询的费用。通过这种方式，研究人员将潜在的心理伤害降到了最低，一旦发生状况，也有应对方案。机构审查委员会再次审查了研究申请，发现新增了这些降低伤害的策略，于是批准了这项研究计划。

案例 6.03　时间至关重要

之前本来应该仔细查查孩子们因为参与这项研究将会错过哪些临床/教学活动的。计划在临床情境下开展研究活动的时候，研究人员有义务把对研究参与人员的负面影响（如果有的话）降到最低。研究人员必须清清楚楚地说明充分参与研究需要多少时间，而想要判断从上学时间中拿出来多少参加研究活动才能保证临床影响最小，在这个问题上，临床团队应该发挥主要作用。

案例 6.04　不完整的同意

研究人员打算把研究结果用在研究场所以外的地方，这件事本来可以在同意书（以文字的形式）里以合适的措辞表达清楚。在这种情况下，就是简单地检查一下措辞的事。可是，在这份同意书里，并没有这样明确的措辞，只是暗示说研究结果将会用在进一步的临床和教学当中，但是没有提到底怎样用。这位学校负责人行事比较谨慎，这是为了保护研究参与人员及其家庭。

这件事是怎么解决的呢？研究人员的处境比较艰难：研究投入了大量的辛苦劳动，结果也很不错，可能会引起很多研究人员以及消费者的兴趣。这位研究人员提出了几个解决办法征得同意，比如再写一封同意书，这次清楚地说明自己想要传播研究结果，请求对方同意。可是这位负责人拒绝了这些建议。实际上，她最终还是认为这篇论文是不能投稿的，因为在她看来，没有明确的知情同意就是不行。值得赞扬的是，这位研究人员接受了这个决定，把稿件和数据留在了自己这里，这是为了遵守研究活动必须征得同意的伦理要求。

案例 6.05　不完善的保密

这位研究人员不是不了解信息保密的问题，不过很显然，她觉得自己抹去了能够识别身份的信息，已经达到了信息保密的基本要求。但是，在会议发言的时候提到了其他信息，这些信息就指向了这个女孩及其家长。说了在哪个城市开展的研究活动，还提到了学校的特殊性（和军事基地的关系），再加上那些独特的行为细节，所有这些放到一起，就可以让人猜到这个孩子的身份，因此，违反了信息保密的要求。研究人员本来应该隐藏任何可能导致研究参与人员身份暴露的信息。

案例 6.06　研究能力不足

这位认证行为分析师的做法不合伦理，不仅违反了基本的研究规定，未能获得研究审查委员会（在这个案例里指的是学区的人权保护委员会）的批准，而且也没有给这些研究对象的家长提供完整信息以征得知情同意。更重要的是，仔细看看她对行为的不同定义（这些操作定义是冲突的），还有离谱的数据收集方式（在不同的班级使用不同的测量体系），真是不敢相信她有能力策划或者开展这个研究项目。她自己也承认，从来没有当过研究助手，也没有"第一手"的研究经验。如果仔细检查的话，就会发现她没有理由也没有证据能证明她——用伦理条例里的话来说——明确表现出了胜任该项研究工作的能力。

案例 6.07　没有公开

这位 BCBA-D 没有公开自己与这家营利性公司的关系，这种做法违反了伦理条例。可以合理地推测这位行为分析师在这家公司有经济利益。如果最后可以证实这项技术能够有效提高共同注意,可以合理判断这位行为分析师将会获得经济收益。那么,在与其他机构讨论可能在对方那里开展研究的时候,就应该公开这种关系。公开与否对其他机构可能没有什么意义,他们可能依然会同意提供研究场地,但是根据伦理条例的规定,公开承认任何可能存在的利益冲突,这就是我们的义务。

案例 6.08　滥用职权

这位教授的行为是非常不合伦理的。博士论文中的研究绝大部分都是博士生做的。当然了,指导教师确实是提供了帮助,但是按惯例,发表研究成果的时候,博士生应该是第一作者。教授设定发表论文的时间限制是不合适的,威胁学生说自己要单独署名也是不合适的。

案例 6.09　很久以前……

这位行为分析师违反了伦理条例中关于剽窃的那项条款。这是非常明显的一个例子。对他人的工作表示认可是没有时效限制的。不认可别人所做的工作,没有任何一条规定说行为分析师这样做是合乎伦理的。这位行为分析师很明显违反了这项条款。

案例 6.10　保管的难题

这位行为分析师没有"按最长期限要求"保管记录,这种做法违反了伦理条例。一般保管期限都是七年。另外,这位行为分析师没能保存原始数据的数字复本,这也不符合条例的要求。

案例 6.11　数据不见了

条例要求很明确:研究活动中收集的所有数据都需要报告。因此,这位行为分析师应该是违反了这个要求。这项条款指出,如果不包括某些数据,必须提供一个合理的解释。在分析研究结果的时候,本来是有机会解释的,但是这位行为分析师应该又是没当回事,没有说明数据不完整这件事,也没有解释没有包括哪些数据、为什么没有包括这些数据。

第四部分

遵守伦理的行为分析师应具备的专业技能

第 12 章　就伦理问题进行有效沟通

《行为分析师专业伦理执行条例》经常简称为"条例"或者"伦理条例",就了解和理解其内容而言,行为分析师已经越来越得心应手。行为分析师可以参加在职培训以及全国各地的研讨会,还有很多书面材料和继续教育机会,所有这些都为他们提供了有关伦理条例的高质量专业培训。不过,虽然很多行为分析师可能知道这些法规条款,但是真正遇到伦理问题的时候,可能还是不知道该说什么,也不知道到底应该如何处理这种情况。拒绝别人,或者直截了当地告诉对方他们的所作所为不合适,这种做法对很多人来说都是令人难堪和尴尬的,行为分析师也不例外。遇到伦理问题的时候知道到底应该怎么说、怎么做,可比在实际生活中发现伦理问题、判断这个问题与哪个伦理条款有关要难得多。

沟通技能的重要性

对于渴望有所作为的行为分析师而言,在必备技能清单里排在首位的就是良好的沟通能力。在《25 项优秀行为分析师必备技能》(2022)一书中,有三章是专门讨论如何与同事、督导以及下属沟通的,除此之外,还解释了有效沟通(或者缺乏沟通技能)将会对一个人的说服力和影响力产生怎样的影响。对于行为分析师来说,就伦理问题进行沟通,沟通能力与专业能力同等重要。

有些时候,有些伦理问题需要立即解决。这就意味着反应要迅速,对伦理条例要熟悉。想要知道与当前问题有关的条款到底是第几条,确切措辞是什么,可能需要翻阅条例文本才行,但是熟悉并且理解条款所表达的内容却是每一位行为分析师的职责所在。

熟悉伦理条例

反应要迅速

有一位认证行为分析师带的个案是一名5岁的小女孩，名叫阿米，父母离异。爸爸是个生意人，特别有钱，开了一家全国知名的电子产品连锁店，因为经常出差，所以只是偶尔才跟孩子见个面。阿米基本没有语言，不过，行为分析师只教了不长时间，就能让她说出单词和短语了。在她开始能说三个字的句子后不久，爸爸难得地回了趟家，看到了上课过程。离开时，他泪流满面地对行为分析师说："你对阿米的付出太伟大了……我知道你刚刚工作，可能手头很紧，我想要表达一点小小的心意。我这有一款新出的三星 QLED8K 电视机[1]，还可以赠送一年网飞会员，你和室友也许用得上，你觉得怎么样？"这位行为分析师必须立即做出反应，不然可能就有运货车把价值5000美元的高清电视机送到家门口了。她参加过一次州级协会会议举办的伦理工作坊，知道行为分析师接受礼物的价值上限是10美元，所以绝对不能接受这么贵的礼物！尽管她说不准到底是伦理条例第几条的规定，但还是立刻做出了完美的回应："谢谢您这么认可我带阿米的工作，不过我们行为分析师有专业伦理执行条例，所以我是不能接受礼物的。您对阿米的进步感到满意，我也非常高兴。看到她进步，就是给我最大的回报了。"

争取一点时间

上面所说的情况需要马上做出回应，不过还有些时候遇到伦理问题的时候需要想办法留出点缓冲的时间才能处理，这种时候就可以说："容我稍后回答你，下午晚些时候给你打电话吧。"或者说："我得查一查，周二开会的时候再告诉你吧。"争取时间是个很好的策略，尤其是遇到的伦理问题好像处于灰色地带的时候，可能有必要去查阅《行为分析师专业伦理执行条例》，跟督导讨论或者咨询一位信得过的同事。

---

[1] 译注：是一款量子点技术超高清电视机；8K，指的是分辨率。

周末行不行

有位正在攻读硕士学位的行为分析师在为几个孩子提供家庭咨询服务。有一次上门的时候，有位妈妈说："是这样的，有时候我们周一到周五都特别忙，就很难安排治疗时间，你周末也没有课，我就想着能不能把一些治疗改到周六上午，你觉得行不行？"对于这位年轻的行为分析师来说，这个要求就是处于灰色地带。周末的时候她得休养生息、恢复精力，跟学习小组的同学们见面，还得准备考试。她觉得这个要求有些不对劲，但她熟悉伦理条例，也很肯定并没有哪项条款说"让你放弃周末休息是不合伦理的"，因此，完美的回复是："我得和我的督导商量一下，然后才能回复您。"当天稍晚时候，督导接到了这位行为分析师的电话，答复她说这样的要求既涉及职业问题，又涉及伦理问题。他们所在公司有具体规定，治疗时间必须安排在督导方便处理紧急状况的时段（也就是说不包括周末）。

就伦理方面的问题来说，家长在开始治疗的时候就同意了某些条件：仅在工作日进行治疗。按家长现在的做法，好像因为心情变化或者社交活动就可以随便调整治疗安排，这就很可能意味着她没有把孩子的语言行为训练放在首位。对这位妈妈的回复可以直截了当："我跟我的督导商量说要把治疗时间改到周六，但她说这种做法违反了我们公司的规定。公司规定我们只能把工作时间安排在督导方便处理紧急状况的时段。很抱歉，我们只能按照已经排好的时间表在工作日进行治疗。如果你真的很想改到其他时间，我的督导请你打电话跟她谈，你需要她的电话号码吗？"

有些时候，遇到伦理问题，行为分析师需要给服务对象及其家长、利益相关方、其他行为分析师、从事非行为工作的专业人员、督导或者督导对象一个交代。无论是谁，都应该考虑信息传达是否到位。需不需要联系督导？服务对象做了什么事，需不需要告诉工作人员？自己看到了什么事，应不应该通知某个机构？

就伦理问题与服务对象进行沟通

根据《行为分析师专业伦理执行条例》，服务对象指的是"直接接受行为分析师专业服务的人"(《行为分析师专业伦理执行条例》，2020，第7页)。

在下面这个案例中，服务对象指的是有某些行为需要干预的个体。在绝大多数案例中，服务对象都是孩子，他们自己并不会牵扯上不合伦理的不当行为。但是，有些情况下，行为分析师面对的是高功能的成年服务对象，就有可能遭遇伦理难题。

  莎丽是一位认证助理行为分析师，工作地点在一个集体之家，那里住的都是高功能孤独症男性服务对象。有一位服务对象，名字叫丹，想要跟她谈情说爱，她对这种不当言论都是不理不睬，然后丹就问她："莎丽，周五晚上跟我出去玩好不好？你可以来接我，然后我们去看电影，再去吃饭。"在集体之家，服务对象有很多外出参与社会生活的机会，但这个要求很明显就是在"约会"。莎丽立即意识到跟服务对象约会是违反《行为分析师专业伦理执行条例》的。她应该怎么说呢？

下面这些话是她不该说的：
"哦，好吧，丹，我觉得咱们可以顺便训练你的社交能力，我琢磨琢磨。"
"我周五晚上有事。"
"不行，丹，我已经有男朋友了。"
"抱歉，我对你没兴趣。"

  上述这些说辞都相当于暗示她要是不忙或者没有男朋友，就会考虑和丹约会。带着顺便训练社交能力的计划去约会，会给丹传达一个混乱的信息。他会以为自己成功地约到了人。请记住良好沟通的基本原则：不传达混乱的信息，不说谎。莎丽可以这样说："丹，我喜欢你，当你是朋友，但我在这里工作，和服务对象约会是不合适的。工作人员会跟着大家一起外出，有的工作人员带服务对象出去是为了训练，但是我们不能跟服务对象约会。我们这一行有个《行为分析师专业伦理执行条例》——就是一套规定，规定说了我不能跟服务对象约会，这是不恰当的。"

  莎丽告诉我们这件事的时候，还没说完我们就已经猜到了。像前面说的那样答复丹，这一点她做得非常好，丹接下来说："再过几个星期我就能自己住了，那样我就不是你的服务对象了，而且'友善商店'①还有份工作等着我呢。等到那时候，我们能出去约会吗？"

---

① 译注：此处丹提到的是美国最大的慈善商店品牌 Goodwill，一般译成"友善商店"。

表12.1　关于莎丽如何回应约会邀请的分解步骤

怎么做	怎么说
使用自引申言语行为[①]	"丹，我喜欢你，当你是朋友……"
阐述事实／情况	"但我在这里工作，和服务对象约会是不合适的。"
提到伦理条例	"我们有个《行为分析师专业伦理 执行条例》。"
告诉对方条例是怎么说的	"条例说了我不能跟服务对象约会。"
总结	"这是不恰当的。"

服务对象及其家庭成员身份变了，"不再是服务对象"的时候，就带来了一个特殊的伦理困境。他们有没有可能再次进入这个服务体系呢？你所在的公司有没有针对和前服务对象（或者前服务对象的家长）约会的规定呢？表12.1提供了一些指导原则，如果有人要求你做些不合伦理的事，你就知道可以怎么说。

就伦理问题与家长和利益相关方进行沟通

虽然家长都爱自己的孩子、关爱家人以及某些利益相关方，也希望能够帮助他们，但是，他们可能会给行为分析师带来很多伦理难题，这也是令人震惊的。不记录数据，不如实描述，不执行治疗方案，超越了底线以致对孩子的管教构成了虐待，行为分析师遇到的问题各种各样，这些只是其中一小部分而已。

埃丽卡·M，10岁男孩的妈妈，这个孩子名叫库珀，有孤独症。库珀只会最简单的表达性语言（两三个字的句子，比如"要牛奶""去外面"）。他经常发脾气，原因基本都是受不了噪音或者没得到自己想要的东西。他还有个自我刺激行为，总是舔下嘴唇下面那个地方，舔得整个下嘴唇周围的皮肤都起痂了。他家还有两个孩子，家里总是特别热闹。库珀在学校和家里的表现越来越糟，为他服务的认证行为分析师梅尔文觉得很没成就感，M太太也没好好收集治疗所需的数据，而且据家里另外两个孩子说，每次库珀发脾气时，妈妈都会给他一块饼干，"好让他平静下来"。

梅尔文去了M太太家，跟她说了数据有多重要，"这样我们才能帮助库珀，让他的行为有所改善"。这次谈心好像魔法一样，接下来的几次，梅尔文去上课时，M太太都把数据表准备好了。可是，没过多久，梅尔文就发现数据有点不对劲。有一天有

[①] 译注：自引申言语行为，斯金纳将在既有言语行为的基础之上或者依存于特定言语行为的言语行为定义为自引申言语行为。

个时段记录了数据，可是那个时段库珀正参加课后活动呢，不可能有在家的数据。而且，从数据看的话，库珀没有再出现舔下嘴唇这个自我刺激行为，可是他的唇周都发炎了，那些痂边上都出血了。梅尔文就明白了，自己每次上门之前，M太太肯定都在忙着现编数据。

下面这些话是梅尔文不该做也不该说的——冲进屋子，说：

"M太太，你一直在编数据！我对你一直以诚相待，你要是继续骗我，我就辞职。数据不真实，我能看出来。"

下面这些话是梅尔文应该说的——他找到了一种更好的方式来处理这一情况，这样就能得到自己需要的数据了。第二次上课之前他和M太太谈了谈：

"嗨，M太太，我看到你新弄的玫瑰花丛了，真漂亮，我从小到大都看着我妈妈侍弄玫瑰花园。"（M太太谈起了自己的园艺。）梅尔文先不问数据记录，而是说："聊聊库珀吧，他最近怎么样？"（M太太只说了句："还行。"）"他发脾气是多了，还是少了，还是跟以前差不多？"（M太太说有时候比以前多，有时候比以前少）。梅尔文说："你肯定挺辛苦的，本来就忙得不可开交了，10来岁的孩子，还总发脾气，带他肯定很不容易。"说到这里，M太太开始说她有多累，有时候真是不知道自己能不能照顾到所有的事。梅尔文说："你是个伟大的妈妈，我知道孩子就是你的全部，咱们看看这几天的数据好吗？"他看着数据记录，说："有那么多事要忙，还要记录数据，你觉得怎么样？"M太太说："还行吧。"梅尔文接着说："是这样的，这些数据有点不对劲。我看了一下你打钩的地方——你看，就是这里，还有这里，从表上看，库珀没再发脾气，也没再舔下嘴唇，可是他的下嘴唇都干裂了。你能跟我说说怎么回事吗？"M太太说她发现库珀晚上看电视或者用电脑的时候会舔嘴唇，不过，这个"屏幕时间"是他赚来的强化物，所以她在这段时间就没有记录行为数据。这个解释听起来比较合理，那么梅尔文修改一下数据收集程序就可以了。接着，梅尔文问了发脾气这方面的数据，M太太承认她忙得没时间填数据表，一般都是在梅尔文来家里之前快速填好，有时候也记不起来几天前发生了什么事。梅尔文觉得趁着这会儿正好就可以聊聊M太太编造数据的事了，于是说道："我确实需要你帮忙把数据准确地记录下来。我们这一行有个《行为分析师专业伦理执行条例》，根据这个条例，我确实需要用准确的数据才能为库珀提供治疗。如果我觉得数据不准确或者无法得到准确的数据,我将无法继续为库珀治疗,他就可能得不到行为服务了。我真的觉得我能帮助他,所以你这边有问题的话,随时让我知道。"

表12.2 关于如何回应M太太编造数据的分解步骤

怎么做	怎么说
建立融洽关系	"嗨,M太太,我看到你的玫瑰花了。"
提出问题/倾听	"最近怎么样?" "记录数据感觉怎么样?"
尊重对方/理解对方	"肯定很不容易。"
阐述事实/情况	"这个数据不对劲。"
提到伦理条例	"我们这一行有个《行为分析师专业伦理执行条例》。"
总结:说明如果违反伦理条例会发生什么事	"库珀就得不到行为服务了。"

表12.2总结了在这种情况下梅尔文可以怎么做、怎么说。

就伦理问题与机构、上级或者行政管理人员进行沟通

很遗憾,在我们的伦理工作坊中,有很多行为分析师都提到过行政管理人员要求他们做不合伦理的事。要求行为分析师编造数据或评估结果,或者建议不需要接受服务的人接受服务(或者相反),或者请求咨询师为某个朋友的孩子提供治疗,而这个孩子并不是正式的服务对象,所有这些都是参加我们工作坊的行为分析师遇到的伦理问题,而这些问题都和行政管理人员有关。

有些案例的结局就是行为分析师说:"然后我就离职了。我晚上睡不着觉,我换了份工作。"还有些案例结局是这样的,行为分析师说:"我不知道怎么办,我喜欢我的服务对象,也热爱我的工作。我害怕,如果告诉别人,或者拒绝做那些事,就会被开除。我需要这份工作,家里还有两个人等着我养,贷款也得还。"

温迪是一名新手认证行为分析师,在一家托养机构工作,这是她梦寐以求的工作,而且是在她最喜欢的城市。上岗几个月以后,单位的行政管理人员把她叫到了办公室,说:"听说这周末前会有审查小组来,有几个行为干预项目需要你帮忙。"这位管理人员接着解释说上次检查的时候有几位服务对象的评估和数据不全,审查小组这次会再检查一下,然后就把一张名单推到温迪面前,让

她编造四位服务对象的评估结果,但实际上,他们的行为服务都还没有开始。

下面这些话是温迪不应该说的(我们总是提醒行为分析师,跟上级管理人员打交道的时候要谨慎克制,三思而后言,因为要考虑的事很多)。

千万不要说:

"你开玩笑的吧?"也不要说:"你疯了吗?我绝不会帮你骗人的!"也不要说:"等着瞧吧,看看认证委员会知道这些怎么办!"

下面这些话是温迪应该说的:

"那么,你希望我怎么做呢?"行政管理人员对她说:"就把这个表格填好就行。"(基本就是编造评估结果。)温迪以尊重的口吻回答行政管理人员说:"我知道你特别希望我们机构能够通过这次审查,但是我见都没见过这些服务对象,这样做不太合适。"行政管理人员的脸绷紧了,她提醒温迪说机构可能会因此而陷入麻烦,甚或失去资助。温迪说:"舒尔茨女士,我真的很喜欢在这里工作,也很喜欢我们的治疗项目,你对服务对象这么关心,我特别赞成,但我是一名认证行为分析师,我必须遵守伦理条例。你知道我不能编造评估结果,编造数据可能比没有数据还麻烦,你看这样好不好,我来为服务对象安排评估时间,把材料都存档,我可以给每一位服务对象做个初始面谈,等到评估团队到位的时候,我就会准备好访谈记录。你觉得这样行吗?"

表12.3 分析了温迪的回应。

表12.3 关于温迪如何回应行政管理人员的分解步骤

怎么做	怎么说
提出问题	"那么,您希望我怎么做呢?"
尊重对方、理解对方	"我知道您希望机构能顺利通过审查。"
提出自己的观点	"但是我从来没给这些服务对象做过评估,所以这样做不太合适。""我真的很喜欢在这里工作,也很喜欢我们的治疗项目。"
肯定对方做对的地方	"您对服务对象这么关心,我特别赞成。"
提到伦理条例	"但我必须遵守伦理条例,我不能编造评估结果。"
提出解决办法	"您看这样好不好,我来为服务对象安排评估时间。"

就伦理问题与从事非行为工作的专业人员进行沟通

最常遇到的一个伦理问题就是，如果其他专业人员不遵守伦理条例，我应该说什么呢？这里的问题在于这是我们的条例，其他专业人员并不需要遵守，他们每天工作的时候，可以不用数据就下判断，可以推荐流行的替代疗法，没有经过科学验证，也不担心效果是否可以量化。但是，如果行为分析师和这些专业人员的工作范围有所重叠，需要为同一位服务对象提供治疗，问题就出现了。

> 伊恩是一位认证助理行为分析师，是一个孩子的治疗团队成员，这个孩子名叫凯茜，有孤独症，现在正读幼儿园。她可以自主行走，但是在肌肉运动方面有问题，这就导致她走路姿势有点特殊，很容易绊倒，还总是掉东西。虽然都快6岁了，但她的表达性语言仍然非常有限，只会用几个字词来指认物品。小姑娘心情不好的时候，就会尖叫，倒在地上，蜷成一团不起来。她的作业治疗师黛比认为感统疗法是最佳的治疗方法。她在治疗小组会议中说道："凯茜需要整天都做感官活动，这样才能学会感知环境。你看到她躺在地上的姿势多像胎儿的姿势，那就是因为我们没有适当地刺激她的感官。在健身球上滚动，玩玩具，在迷你弹簧垫上蹦跳，这些活动对她的大脑发育和行为改善都有帮助。"

下面这些话是伊恩不应该在治疗小组会议中说的话（在会议中，我们也得提醒行为分析师要谨慎克制，我们坚信"三思而后言"的忠告在这里也一样适用）。

伊恩不应该说：

> "那么这些方法到底是怎么促进她大脑发育的呢？"也不应该说："你现在是脑功能方面的大专家了吗？"也不应该说："我无意冒犯，但你的方法没有经过科学验证。"

下面这些话是应该对非行为工作专业人员说的话。伊恩完成对凯茜的评估，作为一位行为分析师，他认为必须处理的是乱发脾气和拒绝做事这两个问题。另外，伊恩也希望能够帮助凯茜提高语言能力，所以还打算跟语言治疗师谈谈回合试验教学。伊恩明白，让其他专业人员在同行面前丢脸并不是赢得友谊的好方法。理想的情况是，伊恩能预料到会议上可能发生的情况，在会议开始之前就能和作业治疗师谈谈。但因为没能做到，所以治疗小组随后的对话如下。

听完作业治疗师黛比的一番高谈阔论之后，伊恩以平静而友善的语气说道：

"我同意黛比说的，凯茜确实有一些肌肉运动方面的问题，的确经常摔倒，黛比说得对——这孩子好像躯干控制力不是很好。我也觉得凯茜能从体能锻炼中获益，加强身体核心肌力，提高平衡能力。不过我想讨论一下她的行为问题，她尖叫、摔倒，实际上都是在发脾气，我还不知道她是因为什么发脾气，不过我想把这个作为一个行为干预目标纳入治疗计划当中。"作业治疗师说："只要凯茜不用像个大学生一样坐在课桌前，又可以得到必需的体能锻炼和玩耍时间，我保证她不会发脾气。"伊恩保持着平静而友善的态度，对小组成员说："发脾气是行为问题，就凯茜的情况来说，我们还不知道她是因为什么发脾气。作为行为分析师，我必须遵守伦理条例的规定，按规定来的话，下一步应该是做功能评估，这就需要收集她在校一天的行为数据。如果我来带她，就得把功能分析、行为计划和数据收集一起纳入整个治疗计划当中。"

表12.4分析了伊恩对非行为工作专业人员的答复。

表12.4　关于伊恩如何回应非行为工作专业人员的分解步骤

怎么做	怎么说
倾听他人	黛比（作业治疗师）发言的时候，伊恩很有礼貌。
尊重他人	"我同意黛比说的，凯茜确实有一些肌肉运动方面的问题。"
提出自己的观点	"我想讨论一下她的行为问题。"
说明自己希望做什么	"我想把发脾气作为一个行为干预目标纳入治疗计划当中。"
提到伦理条例	"我必须遵守伦理条例的规定，按规定来的话，下一步应该是做功能评估。"
提出解决办法	"我们得把功能分析、行为计划和数据收集一起纳入整个治疗计划当中。"

就伦理问题与其他行为分析师进行沟通

从某种角度来说，遇到其他行为分析师违反伦理条例的情况，处理起来要比处理其他人的问题要容易，因为行为分析师本身就应该了解条例要求；但从另外一个角度来看，向从事行为工作的同行提出问题反而可能更困难、更尴尬，尤其是如果这位同行的治疗计划跟你的相左或者其供职公司跟你的还是竞争关系。

马特是一名认证行为分析师,他有几名学生(都是认证助理行为分析师)都告诉过他,有一位行为分析师(X博士)给一位服务对象开了账单,可实际上她都没见过这位服务对象。这位行为分析师好像只跟自己的工作人员聊聊,然后再写一份治疗计划,或者发一份数据收集的记录,之后就向服务对象收费了。马特得知后感到很不安,他认为自己应该介入此事,于是他给X博士打了个电话,问她能否抽出几分钟时间谈一谈。他的开场白是这样的:"咱们都是专业的行为分析师,也认识这么长时间了。我最近总是听人提到一个情况,就想来问问你。只跟工作人员聊聊,就向服务对象收费,这个事你做过吗?"(这位分析师十有八九是谱系,要是生活中人人都能遵守伦理,我们的日子就好过多了。)

表12.5分步骤分析了马特的回应。

表12.5 关于马特如何回应其他行为分析师的分解步骤

怎么做	怎么说
尊重他人	"我知道你关心别人。"
提出问题	"只跟工作人员聊聊,就向服务对象收费,这个事你做过吗?"
提出自己的观点	"所以我不希望你惹上麻烦。"
提到伦理条例	"你最近看《行为分析师专业伦理执行条例》了吗?"
提出解决办法	"你可以聘用认证行为分析师为你工作。

如果X博士说没有这种事,这是误会,这种情况只在她生病的时候发生过一次,但是她在康复以后马上就在服务对象方便的时候去见了他,那么这个对话就可以结束了。

遗憾的是,X博士说她的业务实在太多了,而她只是想面面俱到。如果她认为工作人员很可靠,就会使用他们报告上来的信息,如此一来,她就可以帮到更多的服务对象,既能满足服务的需求,又能赚到更多的钱。最后,她居然来了一句:"你不知道,我还有艘游艇正等着分期付款呢!"马特的答复是:"我知道你关心别人,我也知道你一直都是一位负责任的专业人员,所以我不希望你惹上麻烦,也不希望你名誉扫地。你最近看《行为分析师专业伦理执行条例》了吗?其实你可以聘用认证行为分析师为你工作,这样他们就可以在行为评估文件上签字,承担责任了。就我对条例的理解,你不能只凭着别人告诉你的事就给服务对象签署评估文件。我只是想让你知道,我是以一个专业同行的身份表达关心。"

总结

  作为行为分析师，就算能把《行为分析师专业伦理执行条例》倒背如流，也不能保证可以有效地帮助他人理解这些条款。绝大多数情况下，每周都有可能需要给别人科普这个条例，给人家解释，为什么伦理条例对于保证有效治疗这么重要。

  想要保证有效治疗，第一步就是要发现不太妥当的地方。第二步就是知道发现伦理问题的时候应该说什么，怎么说。这一步可能很困难，尤其是对年轻的新手认证行为分析师来说，因为他们可能需要就这些问题去跟人沟通，而对方可能年龄比他们大、经验也比他们丰富。所有的认证行为分析师都应该了解并且遵守《行为分析师专业伦理执行条例》，但是，养成坏习惯也是很容易的。每天都做到符合伦理规范确实很不容易，而普通人甚至是好人，面对越来越大的反应代价[①]，偶尔也会下意识地做出不合伦理的反应。如果没有人说些什么，也没有出现什么恶果，这种不合伦理的行为就很可能再次出现。督导可能因为工作量太大觉得不堪重负，做不到时时刻刻都把伦理条例铭记在心。家长也是病急乱投医，什么方法都去尝试，也没有时间去细究某个方法是否经过研究证实有效。遵守伦理责任重大，也很困难，但如果遵守伦理很容易的话，那么每个人都能当道德模范了。行为分析师要坚定、坚强，始终站稳伦理立场，抓住一切机会科普伦理规范。

[①] 译注：反应代价，降低行为发生率的技术，即剥夺或撤去作为偶联事件的正强化物，从而使特定行为得到抑制，使其发生率下降。

第13章　使用《行为分析师专业实践和工作程序告知书》

就伦理而言，因为不知道某些事是对还是错、合不合伦理，导致了让人难堪的局面或者困境，等到这个时候才不得不去面对，与其这样，倒不如采取预防策略不让这种事发生。认证行为分析师几乎每天都会遭遇伦理难题，不过，大多数问题都算不上彻底的危机，倒更像我们这个地球每天都会遇到的来自外太空的流星雨。这些问题就像雷达侦测到的信号，一旦出现，即便再小，也会影响我们的决定，面对这些问题，行为分析师想要努力做出正确选择，难免感到烦躁、困惑和混乱。这些小小的挑战可能就在你完全没有心理准备的情况下悄然出现，也可能就藏在日常谈话里，表面上看就是请你帮个小忙，或者说说家长里短什么的。如果人人都遵守规则，那岂不是善莫大焉？或者，用我们的专业术语来说的话，为什么不能使用刺激控制措施应对这种让人烦恼的情况呢？嗯，好消息还是有的。我们可以打造一种类似视频游戏玩家偏导护盾①的东西。为了在源头上防止伦理问题的发生，我们推荐的解决办法就是使用《行为分析师专业实践和工作程序告知书》。这份文件最早是由来自路易斯安那州的一位认证行为分析师凯西·霍瓦内克（Kathy Chovanec）在我们的一个伦理工作坊上推荐的，现已经广泛用于其他行业，目的就是在服务一开始的时候就与服务对象明确规则与界限，免得伦理问题从小小的流星雨变成大暴雨。

表13.1是告知书完整版，行为分析师可以根据自己的具体情况在此基础上进行修改。针对不同类型的服务对象，可能还需要不止一个版本。例如，针对家庭上门服务的告知书和在机构或者集体之家提供服务的告知书会有很大不同。

---

① 译注：偏导护盾，来自系列电影《星球大战》，也称为能量护盾或者护盾，是可以保护飞船、空间站、地面设施甚至是部队免受敌人攻击的一种能量场。

表 13.1 《行为分析师专业实践和工作程序告知书》

《行为分析师专业实践和工作程序告知书》

——————————————
［名字、学位］
认证行为分析师）
——————————————
［电话、邮箱］

敬请服务对象和利益相关方知晓

本文件旨在说明我的专业背景，保证您能理解我们之间的专业关系。

1. 专业技能领域

（行为分析师应该在这一部分说明自己的专业技能领域。这部分可长可短，只要能让服务对象充分了解行为分析师的能力范围即可。）

我有_____年的行为分析师工作经验。我在［哪一年］获得［何种学位］，擅长_____（比如学龄前儿童工作、家长培训等）。

2. 专业关系、局限以及风险

我的工作内容

行为分析是一种独特的治疗方法，这种方法有两个方面的理论基础：(1) 人类最重要的行为都是随着时间的推移习得而来；(2) 绝大多数行为都是因环境后果得以保留下来。作为行为分析师，我的工作就是与您想要改变的行为打交道。有了您的配合，我就可以帮助您发现某一行为因何一直延续，再发现更多恰当的替代行为，然后制订一个计划，教您学会这些技能。我还会制订一个计划，帮助服务对象学会新的行为，或者提高技能水平。有些时候我会直接对您进行治疗，有些时候我也会对利益相关方进行培训。

我的工作方式

作为行为分析师，我不会对他人的行为做出孰优孰劣的评价。我努力理解这些行为，认为这些行为是一种适应性反应（一种应对方式），我提出办法调整和修正这些行为，旨在减少痛苦和折磨，提升个人福祉和行为效果。

在服务过程中，每一步都会询问您的意见。我会询问您的目标是什么，也会以通俗易懂的语言解释我给您做的评估及其结果。我会解释自己的干预计划或者治疗方案，并且征得您的同意。不管什么时候，只要您想终止服务，我都会全力配合。

请您明白，就预期目标来说，谁都无法保证一定得到某种具体的结果。不过，我们将会一起努力，以取得尽可能好的结果。如果我认为我的咨询服务已经无法提供帮助，我会与您讨论终止服务，或者如有需要，提供转介信息。

行为分析师是法定的强制报告人，如果看到任何涉嫌虐待或者忽视行为，必须直接向虐待热线举报。

3. 服务对象的责任

服务对象有任何关心的问题，都应充分告知我，这样我才能做好工作。我努力理解那些让您烦恼的行为，因此我需要您的全力配合。我会问您很多问题，也会给出一些建议，我需要您始终对我以诚相待。我会给您出示您的行为数据，这是对治疗进行实时评估的一部分，我希望您关注这些数据，并让我知道您对这些情况的真实评价。

行为分析是一种治疗方法，其最为独特之处在于所有的治疗措施都是根据定期收

续表

集的客观数据做出的决定。我需要收集基线数据，这样才能判断我们需要处理的行为问题属于什么性质、达到什么程度。拿到基线数据之后，我会征得您的同意，设计干预或者治疗方案，还会继续收集数据，用来判断这些方案是否有效。我会给您出示这些行为数据，还会根据这些数据修改治疗方案。

我希望您能尊重我和我的工作人员，包括注册行为技术员。如果没有尊重我们，对我们进行口头威胁、指责、辱骂，还有诽谤性言论、涉及性或者种族的言论，都有可能导致服务立即中断。

根据伦理条例，除了行为分析师或者咨询师，我不能以其他任何身份与您一起相处。如果我或者我的注册行为技术员在您家里给您的孩子治疗，您应该留在现场，任何时候都不应离开，您需要在旁边观察治疗过程，还要学习这些治疗措施，以便在我们离开以后还能继续使用这些措施，我们在任何时候都不可以为您的孩子提供交通服务。

我需要一份您服用的处方或非处方药物和/或补充剂的清单，还需要了解您的所有医疗或者精神健康状况，这些信息是隐私信息，我会严格保密。

如果您需要取消或者调整我们的日程安排，希望您能第一时间通知到我。如果我没有提前24小时收到您的取消申请，或者您没有按时赴约，您可能会被收取预约费用。

4. 行为分析师的伦理要求

我保证我提供的服务是专业的、合乎伦理的，符合公认的伦理标准。我必须遵守行为分析师认证委员会发布的《行为分析师专业伦理执行条例》，请登录BACB.com查阅全文。

尽管我们之间的关系涉及非常私人的互动和讨论，但我希望您能明白，这种关系是职业要求，不是社交关系。按照我们行业的伦理条例，我不应该接受礼物或食物，也不适合参与您的个人活动，比如生日聚会或家庭郊游。如果我说："很抱歉，我不能接受这个礼物，但我非常感谢您的好意。"请您不要觉得这是一种冒犯。[根据具体情况修改一下。]

不管什么时候，不论什么原因，只要您对我们的专业服务不满意，请告诉我。如果我无法解决您的问题，您可以使用涉嫌违规通知书向行为分析师认证委员会举报，在认证委员会网站（BACB.com）上可以找到这个表。

5. 信息保密

行为分析师认证委员会
地址：科罗拉多州利特尔顿谢弗大道8051号
邮政编码：80127
网址：BACB.com
电话：(720) 438-4321

在[此处填入所在州的名字]，服务对象及其治疗师之间的关系需要保密，受到法律的特别保护。任何观察到的、讨论过的或者与服务对象有关的信息，我都不会公开。除此之外，为了保护您的隐私，对于记录在您医疗档案里的信息，我也会限制使用。我需要您明白，根据法律规定，信息保密也有限度，比如下列情况下就可以公开：

- 我已获得您对透露信息的书面同意。
- 我有您表示同意披露信息的书面文件。
- 我判断您对自己或者他人造成了危险。
- 我有充分理由怀疑有虐待、忽视儿童、老人或者残障人士的情况。
- 应法官要求公开信息。

续表

6. 预约、费用和紧急情况

［行为分析师应该在这一部分说明如何预约、如何收费。还有可能需要说明在紧急情况下应该与谁联系。］

收费将由我们的业务办公室处理，如果您有任何问题，请与他们联系。

本文件将提供一份副本供您存档。请在下方签名，表明您已阅读并且理解本告知书的全部内容。

服务对象签名_____　　　见证人/利益相关方_____
日期_____　　　日期_____
认证行为分析师签名_____　　　日期_____

1. 专业技能领域 / 胜任范围

告知书一开始就要告知服务对象——或者确切地说，准服务对象——自己是干什么的、有哪些资格证书。应该让服务对象对你的基本学历信息有所了解，比如在哪里拿到的学位、是哪个领域的学位、具体的学位名称（比如学士、硕士或者博士）。有些咨询师可能不太愿意提供这些信息，尤其是如果所获学位是实验心理学或教牧辅导[①]方面的，或者是修读未经教育机构认证的学院在线课程之后获得的。但是，不管怎样，服务对象仍然有权知道行为分析师的教育经历和培训经历。他们还需要知道你有多少年的执业经历，最重要的是知道你认为自己的专长领域是什么。公开自己的专长领域非常重要，因为服务对象有权提前知道你的工作内容是否属于你的培训范围和专业领域。最近就有一个例子，有一位认证行为分析师在孤独症与发展障碍领域有两年执业经验，被家长请去帮助一名十几岁的孤独症孩子，这个孩子有自杀倾向，还有可能杀人。她提醒那位心急如焚的妈妈，这不是自己的专长领域，却遭到了这位妈妈的指责，说她对服务对象的需求一点都不在乎："你看不出来吗？我已经走投无路了！我怕他会伤害自己或者伤害别人，我不知道还能找谁帮忙。你一定要帮我。"这位行为分析师告诉这位妈妈需要把孩子转介给自杀干预领域的咨询师，得到的回答是："我不想让别人知道这件事，我的麻烦已经够多了，请你不要告诉别人，你告诉我该怎么做就得了。"

行为分析师有义务提升自己的专业素质，跟上专业领域的发展，因此告知书里"专业技能领域/胜任范围"这部分内容每年都应该更新。如果服务对象没有选择你

---

① 译注：教牧辅导，指的是结合心理学和神学的心理治疗形式。

是因为他们不太信任你的专长领域，那么不妨这么想：塞翁失马，焉知非福。你肯定也不希望治疗进行到一半就走不下去了，出现什么严重失误，然后被人曝出来说你没有资格接手这样的个案。

2. 专业关系、局限以及风险

我的工作内容

这一部分一开始就应该以对话的形式解释行为分析服务的基础。想要以通俗易懂的各种语言，比如英语、西班牙语或者苗族语言解释这些，可能会非常困难，但也就是在这部分，你要表达出自己对人类行为的理解。在告知书模板（"我的工作内容"）里提到过行为分析是一种独特的治疗方法，这种方法有两个方面的理论基础：（1）人类最重要的行为都是随着时间的推移习得而来；（2）绝大多数行为都是因环境后果得以保留下来。一开始就把这个理念摆到桌面上讲得清清楚楚，保证服务对象明白你的立场，这是至关重要的。作为行为分析师，还有一点需要强调，我们的工作也需要服务对象的投入，我们制订行为计划的目的是帮助服务对象习得新的行为。同样重要的是让服务对象明白，你的工作伙伴都是他生活中非常重要的人，因此，家庭成员在治疗中起到关键作用，如果这是治疗计划的一部分的话。

我的工作方式

一定要向服务对象交代清楚，行为分析师不会对任何行为做出孰优孰劣的评价，我们的信念体系，其中一个组成部分就是"心理上的"痛苦与折磨，都是源自无法适应当下环境的行为。（在征得允许的情况下）我们确实会咨询服务对象的家长、老师及其生活中非常重要的那些人。这一点在第一次见面讨论告知书的时候就要解释清楚。不然的话，这个观念对于家长或者家庭成员来说可能不太容易理解，因为大多数人都会觉得，你来的目的就是为了那个孩子或者成人工作，很像去看精神科医生，在治疗时间内就是一对一地工作。

行为分析有一个很大的特点，就是我们感兴趣的不只是改变行为本身，我们更希望实现那些对于服务对象来说非常重要的生活目标。我们称之为"提升个人福祉和行为效果"，不过在你自己的告知书里，你也可以有自己的解释。

最后，在这一部分的结尾，我们敦促认证行为分析师一定要向服务对象解释清楚，我们从事的不是"治愈"的业务，也无法保证结果。如果服务对象不是一开始就明白我们无法保证结果，那么如果他们看不到自己期望的结果，肯定就会产生希望幻灭的感觉。

3. 服务对象的责任

到了这里，告知书已经清楚说明了你的执业资格和工作方式。在告知书里"服务对象的责任"这一部分，你可能会提到比较棘手的话题，那就是对服务对象的期望。我们需要并且希望他们能全力配合我们，并对我们以诚相待。最近就有一个例子，有一位奶奶不同意自己的孙子接受应用行为分析服务。大多数情况下，这可能不算什么，不过这个家是老太太说了算，这就很成问题了。她认为，7岁的孩子发脾气、攻击人、不听话，就是没家教的结果。她怪自己的儿子皮带用得不够。"这孩子就是被宠坏了，不需要心理学家问东问西的。要怪就要怪我儿子，孩子都7岁了，还当小宝宝。"这个奶奶成功地搞了一大堆麻烦，按照标准流程，给他们提供了必要的转介服务之后，服务终于终止了。

如果能让服务对象接受行为分析的治疗方式，你可能会请家长或者家庭成员收集数据资料。治疗是否奏效，取决于收集数据的人是不是能以绝对诚实的态度做好这份工作。不过他们可能也会面临很大的压力，觉得必须提供好看的数据，让人觉得问题已经解决了，这样行为分析师才会高兴。但是，对于行为分析师来说，数据造假是最可怕的噩梦。基本上，这些服务中间人/利益相关方（不管是家长、老师，还是夜班主管）的意思就是，他们并不觉得数据收集有多重要，这对他们来说没有任何意义。因此，不仅是服务开始之前，在整个治疗过程中也应该时不时地提醒他们数据准确的重要性。

行为分析师需要了解的不只是目标行为相关数据提示了哪些信息，还要了解服务对象本身的情况。很多人都很奇怪，为什么我们会对服务对象可能正在服用的药物感兴趣。我们当然感兴趣，了解服务对象所使用的药物这一点非常关键，因为这些药物可能会影响服务对象的行为。这段时间，有一件事让人格外担心，现在有些疗法很是流行，但令人困惑，而且极有可能带来危险，还有一些所谓的"治愈"方法，污染了循证的科学理念。在服务开始的时候，最好能够了解服务对象是否正在使用其他疗法或者药物，比如某些奇怪的或者神秘的维生素、饮食疗法，甚至是某些所谓"纯

"自然"产品，比如蜜蜂花粉。美国国家科学基金会（National Science Foundation）双年度报告（Shermer, 2002）的数据显示，与非科学人士打交道的时候，我们面对的是什么。舍默报告（2002, p.1）指出，"30% 的美国成人相信不明飞行物是来自其他文明的太空交通工具，60% 的人相信超感官知觉（Extra Sensory Perception, ESP），40% 的人认为占星术是科学，70% 的人认为磁疗（magnetic therapy）是一种科学的方法，92% 的大学毕业生接受替代药物"。从更广泛的意义来说，还有一个更根本的问题，那就是"70% 的美国人还不了解科学流程，所谓'了解科学流程'，就是该报告中所说的'了解概率、实验方法和假设检验'"（Shermer, 2002，p.1）。

最后，临时更改时间这种要求确实让人恼火。为了防止发生这种情况，最好能够在告知书里写明你自己（或者公司正式）的预约规定。请注意，告知书模板中写的是提前 24 小时通知，但你所在的公司可能有其他的时间规定。如果按你的规定，预约了工作日但是不能来，不能改到周末，那么就应该在告知书里说明。

4. 行为分析师的伦理要求

行为分析师应该以严格的专业伦理执行条例为傲，还应该保证让所有的服务对象都了解这些规定要求。我们建议复印《行为分析师伦理条例》，提供给新接收的服务对象，如果可能的话，把关键部分标记出来。作为一名行为分析师，还应该告知服务对象，如果他们对你的行为有任何疑问，可以直接与行为分析师认证委员会联系，地址就在告知书上。

还有一项非常重要的内容，我们一直建议写进告知书里，就是有关接受礼物、宴请、参加聚会和庆祝活动的明确规定。这些表达谢意的小小举动，可能会让那些不够警醒的行为分析师越走越偏，影响专业判断，并且导致双重关系。

5. 信息保密

违反信息保密规定是认证行为分析师最常遇到的问题。经常有人要求咨询师透露保密信息。专业人员本来应该最清楚事情的严重性，但有时也会泄露保密信息。我们建议直接告诉服务对象，他给你的信息你会严格保密，同时，你也不能透露其他服务对象的信息。还有一点也应该注意，那就是要告诉服务对象，在某些特殊情况下，信息保密也有限度，也就是说，如果你觉得服务对象可能会对自己或他人造成危险，就可以向他人提供这些保密信息（Koocher & Keith-Spiegel, 1998, p.121）。

一定要查询执业所在地关于举报虐待和忽视的法律，然后把这个信息写进告知书里。在过去的一年里，我们的伦理工作坊已经收到至少两个相关案例，都是认证行为分析师目击服务对象遭受虐待，或者发现有这类情况的证据，之后进行了举报，可是没过多久却被服务对象的家庭解雇了。举报虐待本来应该是给举报人保密的，但经常有人泄露消息，或者家庭成员自己猜出来是谁举报的。遇到虐待和忽视的情况，不能因为怕失去个案、减少收入就假装看不见。这样做不仅不合伦理，而且违反法律。

6. 预约、费用和紧急情况

在告知书的最后一部分，需要详细说明如何预约治疗时间，收费多少，如何处理账单（如果是在机构工作，业务部门会处理），还有如何处理紧急情况。最近有一个伦理会议，是专门为巡回教师召开的，这些教师的工作是到有发展障碍的服务对象家中提供服务，会议上，关于治疗师该不该给服务对象自己的私人手机号码有很多的讨论。把手机号码给出去的老师，大多数都对自己的决定感到后悔。可是，就自己的具体情况而言，把自己的手机号码给出去意味着什么，但凡稍微考虑过，就应该把服务对象给你打电话的规则交代清楚，反正不能是全天候待命。这一部分的最后一项是关于收费。大多数行为分析师都不愿跟服务对象讨论这个话题，一般都是由业务部门处理，但至少应该说明如何计算与收取费用，如果有问题应该与谁联系。一般情况下，除了提交自己的工作时长，认证行为分析师不直接参与收费过程。

讨论、协议、签名、日期和副本

给服务对象解释告知书内容大概需要 30 分钟的时间，讲完之后，服务对象和行为分析师应该在告知书上签字。现场应该有一位见证人，一般是利益相关方，这样才能保证签字的真实性。写好日期，之后给服务对象家庭一份副本，自己也留一份存档。

第 14 章　选择合乎伦理的工作环境

引子

下面这个问题是应用行为分析伦理咨询热线接到的，来自一位认证行为分析师，她在选择工作单位的时候明显犯了一个错误。

"大约一个月之前，我的一位好朋友兼同事联系了你们热线，反映我们所在的公司违反伦理的事。我已经被解雇了，我这个朋友也提出了辞职。就这个问题我有好几个法律和伦理方面的困惑，不知道下一步该怎么办。我知道这只是伦理热线，但也许您能给我一些反馈。

"这家公司发展特别快，把利润视为头等大事，服务对象的需要放在其次。我们在这里得不到足够的督导，也没有足够的注册行为技术员培训，职场氛围也不友好，还有很多违反伦理的事情。

"三个月前，我发现公司里号称'质量保证'的一位认证行为分析师修改了我签字确认的治疗计划，减少了我推荐的治疗时数（用于督导和家长培训），还删除了我的临床建议。这是重大违法行为，可是当我向这位认证行为分析师提起此事的时候，她和公司居然都轻描淡写，根本没当回事。

"他们告诉我说我必须同意修改计划，没有商量的余地。经过一些调查，我发现，几乎所有经我签字确认的治疗计划都被这位认证行为分析师改过。有一个治疗计划是我同事接手的，但是她接手的时候，那个计划和我当初做的很不一样。有一项代码（计费用的）从20%降到10%，家长培训那一项的代码也降了。我的签名被抹去了，或者以某种方式篡改了，但是从服务对象家庭和临床医生的角度看，计划就是我写的，账单也是我报的。不按我们的建议安排治疗时数，这是否剥夺我们的权利，是违反伦理的行为，也涉嫌违法。我把这件事提了出来，可是他们告诉我说我不签署这些文件才是违反伦理。

"上个月，我被解雇了，但是我能证明解雇的理由根本就是假的。我怀疑他们解雇我就是因为我说要曝光（我警告说如果不做出改变，我就向行为分析师认证委员会举报他们涉嫌违规），还有我经常指出在我看来是违法的事情，我有证据。我认为篡改医疗文件是重罪。我最担心的是这些违法行为以及违反伦理的行为会影响到我的服务对象。家长也提出了这种担心。

"我和另外一位员工聊过，她也发现了认证行为分析师签字确认的行为干预计划以及其他电子签名的医疗文件都被非法篡改，之后也是被解雇了。她就篡改文件的事去找公司运营副总裁（也是投资人），对方跟她说：'对公司客气点。'随后她就被降职，查阅公司文件的权限也被收回了，几个星期以后就被解雇了，理由是'夸大其词、耸人听闻'。

"我不知道该怎么办。他们解雇我是违法的，我想讨回公道，我还想举报公司的违法和欺诈行为，因为我不能视而不见。但我就是不知道我应该和谁联系，该怎么投诉或者调查保险欺诈的事。

"哪个机构应该负责处理这件事呢？我看到的全是'联系权威部门'或者'认证委员会'，但是行为分析师认证委员会不是负责处理违反伦理条例的吗？我不知道应该联系哪个'权威部门'，也不知道哪种律师能处理这种事情。这家公司是归一家投资公司所有，运营负责人也是主要投资人，是工商管理硕士，不是认证行为分析师，我被解雇的时候才知道的。"（请看本章末尾6个月之后的事件后续）

做好功课

我们强烈建议，答应去应用行为分析公司面试之前，尽可能多地了解这家公司的历史情况和运营现状。在互联网上搜索一下，往往会得到很多信息，而这些信息是在公司网站或者面试当中看不到的。有些网站上会有应用行为分析公司员工发表的评论，可能会对你有帮助。另外，还要注意这家机构/公司/组织是否经过认证，这一点很重要。认证往往可以提示一些信息，比如工作环境如何，公司是否达到高标准。有一点需要格外注意，那就是公司是不是被私募股权收购的。如果不是，而且公司是由行为分析师负责，这往往是个好现象，因为行为分析师要遵守伦理条例。在很多公司网站上都会给出行为分析师员工的背景资料，可以去查看一下，这样能对将来的同事有更多的了解。还有两件事需要注意。首先，如果你要应聘的职位是这家机构唯一的行为分析师，一定要问问他们制订行为干预方案的时候是怎么决定的。其次，如果你应聘的岗位是在学区工作，一定要打印一份伦理条例，面试的时候带上，问问他们就行为评估和干预方案征得家长同意的流程是什么样的。

自我介绍

现在，对于你要应聘的这些公司，你已经掌握很多信息，准备得非常充分，接下来就可以去面试了，一定要表现得非常专业。商务休闲装是标准着装，理想表现就是"专业但不紧张"。一定要放松，但也要集中注意力、保持警醒，做好对话准备。应该根据伦理条例进行自我推销。如实陈述自己的资质，不要夸大自己的技能水平，准备好就自己的胜任范围进行讨论。再去看看 1.10 条款，认真思考一下，自己有没有什么个人偏见。谈到你将来要面对各种各样的服务对象、来自不同背景的同事，对这方面的问题一定要敏感。除此之外，根据你面试次数的不同，比如一面、二面、三面，可能要见的人也不一样，最开始可能是公司招聘人员，之后是教学总监或者首席执行官，你可能需要从下列问题中挑选合适的问题来问。

面试时考虑要问的问题

工作量

1. 工作量是怎么规定的？

理想单位：我们是按照行为分析师认证委员指南的建议规定工作量的。

谨慎选择：这个嘛，要看我们接收多少服务对象。可能会有浮动。

绝不能去：我们根据行为分析师认证委员会规定的可计费时长做了一个公司自己的计算公式，工作量就是按照这个公式算出来的。这个是我们公司的内部信息，所以等你签了合同我才能详细告诉你。

2. 我的督导工作量会是多少？除了督导，还会分配我带个案吗？

理想单位：你会督导 5 到 10 个由注册技术员负责处理的个案，具体数量要看个案问题的严重程度。

谨慎选择：现在很难说，这个要看具体情况再说。

绝不能去：我们有位认证行为分析师，带了 30 个个案，还有 15 名培训对象和注册行为技术员需要督导，反正就是要看你工作多拼了。

3. 公司是怎么决定把哪位服务对象分给哪位认证行为分析师的？

理想单位：我们根据认证行为分析师的专长匹配合适的服务对象，我们不希望超出任何人的胜任范围。

谨慎选择：这要看哪位认证行为分析师有空。我们的员工几乎什么个案都能接。

绝不能去：没有什么特别的个案，都是行为问题，不是吗？

4. 如果认证行为分析师表示自己没有能力接手更多个案或者某一特殊个案，公司会提供支持吗？

理想单位：绝对支持。我们的教学总监一直都跟认证行为分析师保持密切联系，他们每周都会开会，讨论自己的个案，发现问题，判断是不是需要改派工作任务。

谨慎选择：我觉得认证行为分析师不会需要什么支持。认证行为分析师来单位就是支持组织、支持注册行为技术员的。

绝不能去：这个嘛，我们可能得详细聊。我们想要的团队成员是尽一切努力让公司成功的人。

在职支持

5. 如果遇到一个从来没处理过的问题行为，我该联系谁呢？

理想单位：我们的教学总监是一位 BCBA-D，也是很多临床领域的专家，另外，我们还有预算，可以为各种各样的特殊个案聘请行为顾问。当然了，我们图书馆里还有很多书，订阅了 Wiley 网站的资源，这样你就可以搜索应用行为分析期刊里的文章，什么方面的都能搜到。我们觉得，一般来说，《应用行为分析期刊》就是最好的信息资源了。

谨慎选择：我们希望我们的认证行为分析师都是足智多谋的，能解决各种各样的问题。我觉得你可以问问其他行为分析师，我们每个月开一次会，在会上可以讨论问题。

绝不能去：谷歌上什么问题都能找到答案，你只需要知道怎么问就行了。

6. 我们公司是经过批准提供继续教育课程（简称 ACE）的公司吗？公司提供继续教育机会吗？公司有其他方式（为认证行为分析师和学生 / 注册行为技术员）提供临床支持和指导吗？

理想单位：你可以参加每年一次的全国会议和州级会议，我们负责一切费用，而且如果我们的行为分析师有好材料的话，我们还鼓励他们在会议上发言。我们每年都会请一位专家咨询团队的成员来公司为员工辅导，半天是专题研讨，半天是一对一咨询。

谨慎选择：我觉得你每年都需要修读继续教育课程，是吧？这样的话，你去参加研讨会的时候可以申请无薪休假。我们报销来回路费，认证行为分析师支付其他费用。

绝不能去：我看见过有些人开研讨会的时候睡大觉，还能拿到继续教育证书，所以我们强烈推荐我们的认证行为分析师去上在线继续教育课程。而且，众所周知，开这种会经常就是吃喝玩乐，所以我们不会负责这个费用。

7. 公司会专门安排处理行政事务的时间吗？或者有没有专门安排时间（不算在保险公司可计费时长之内）让督导约见 / 培训一线治疗师？

理想单位：当然了。你需要做的就是和教学总监商量就好了。让她知道你需要什么，她就会做具体安排了。这部分时间不能算作可计费时长[①]，所以我们认为这应该算作我们公司的开销。我们觉得，为了保证高质量的行为服务，这个花销是必要的。我们发现这种做法还能降低注册行为技术员的离职率，因为他们会觉得自己一直没有停止学习，当然了，这也让他们意识到我们有多看重他们。这一点很重要。

谨慎选择：这个哈，其实应该算是督导的一部分吧。注册行为技术员和培训对象每个月都得有占比 5% 的督导时长，这就算是其中一部分了。所以，我不觉得还有什么必要再去增加不能计费的时长了。

绝不能去：就我所知，注册行为技术员在前期已经有过 40 小时的培训，对他们来说应该就够了，而且他们应该自己去看看期刊文章和社交媒体，学习学习有关培训的东西。

---

① 译注：保险公司不给报销。

督导方面

8. 公司的督导流程是什么样的？你们怎么判断督导是不是遵守伦理条例，保证按照高标准培训员工了？

理想单位：我们公司采用的是等级培训体系，对所有的认证行为分析师尤其是新来的认证行为分析师进行培训。最高级别的员工每个月都接受教学总监的督导，高级认证行为分析师给所有中级和新来的认证行为分析师提供督导，帮助他们晋级。你每个月都会和自己的同行督导开会。

谨慎选择：这个嘛，我们是在机构工作，所以很容易就能看到所有的认证行为分析师，看到他们怎么督导。我们也是互相监督，保证所有人都遵守督导守则。

绝不能去：你都已经通过考试了，还有过两年的硕士教育经历，应该不需要督导，除非是犯了什么错。

9. 伦理条例 4.08 和 4.10 条款中有针对督导给培训对象和行为技术员提供的督导服务进行评估的要求，还有针对督导工作进行评估的要求，你们的督导是怎么满足这些要求的？

理想单位：我们买了总结表软件平台，就是为了做这个用的。督导每周都会在平台上提交注册行为技术员和督导对象的数据，除此之外还会提交服务对象的进步情况。总结表会自动计算这些数据，生成实时图表，从图上可以看出每个人离自己的目标还有多远。在红区的人马上就会收到红牌警告，督导就会约见他们，仔细检查这些数据，对他们进行现场观察，使用行为技能训练对他们进行行为塑造。绝大多数时候，绝大部分督导对象都是在绿区，偶尔会有人一不小心到了黄区，这个时候就会收到系统自动发出的短消息，以督导的名义提醒他们"方便的时候请第一时间联系我"。

谨慎选择：教学总监给所有的认证行为分析师督导都发过备忘，提醒他们注意这两个条款的规定。我觉得他们还开过会，讨论如何达到这些标准。

绝不能去：我对行为分析师认证委员会那个伦理条例不太熟悉。你能提醒我一下这两个条款说的是什么吗？

10. 谁会成为我的督导？如果可以的话，我想和他（她）见见。

理想单位：入职以后第一年，你是和我们在一起工作的，会有一位高级认证行为分析师做你的导师和督导。当然了，我们知道你已经接受了足够的培训，不过要学的东西还有很多。就我们的经验来看，我们知道你肯定会遇到问题的。

谨慎选择：教学总监会做你的督导。他跟我们一起工作很长时间了，最开始是作业治疗师，之前在城里一家康复机构工作。大家都很喜欢他。

绝不能去：唉，我觉得认证行为分析师应该不需要什么督导吧。

11. 我能观摩一次督导课吗？

理想单位：可以安排，不过需要花点时间，因为我们有些表格，需要服务对象家长签字。另外，这个只能在机构安排。我觉得应该没法安排你去观摩家庭课程。我们的督导喜欢自己的工作，他们见到你会很高兴的。

谨慎选择：当然了，没问题，我们一般不安排这个的，不过可以给你特殊安排一下。你想要观摩什么呢？

绝不能去：我不确定能不能安排。还没入职就要求观摩课程，这个要求不太常见。我们一般是不让陌生人进机构的，你知道……因为隐私方面的要求。

伦理方面

12. 公司有伦理委员会吗？委员会主任是谁？

理想单位：有，我本来就打算说这个的，谢谢你主动问了。我们严格遵守行为分析师认证委员会发布的《行为分析师专业伦理执行条例》。我们有伦理委员会，负责人是我们的前辈 BCBA-D，有伦理问题的话，就报告给她，她会单独约见相关人员。这些都是保密的，这种做法目前来看还比较有效。

谨慎选择：我们试过成立委员会，但是没有人愿意来做主任，所以这个想法就算失败了。我觉得要是你能入职的话，我们可以重新考虑一下，如果你对这个感兴趣的话。

绝不能去：嗯，我好像没听说过这个……

13. 公司多久会开展一次在职伦理培训呢？

理想单位：我们每个月都有一次在职伦理培训，会复习某些伦理条款，再根据我们当前碰到的案例，针对一些情境进行讨论。这个培训是由我们教学总监负责的，他在一位教授那里接受过培训，而伦理方面的这本书就是这位教授写的。不过我想不起来教授的名字了。

谨慎选择：有必要的时候，我们就会开展在职培训。不过我不知道伦理方面的问题能有多少。反正我们是有自己的规定和程序手册，要是有人出了问题，就按规定和手册来。曾经有个培训对象虚报工作时长，被发现了，这是不合伦理的，所以我们就把他开除了。

绝不能去：这个吧，就我个人对注册行为技术员手册和伦理条例的理解，不需要继续教育培训。对于我们公司的认证行为分析师来说，我们就是让他们在开研讨会的时候上几节伦理方面的继续教育课程。

14. 如果组织内部有人违反伦理条例，举报程序是什么？

理想单位：这个事情比较复杂，需要照章办事。首先，任何违反伦理条例的行为都会报告给伦理委员会的负责人，由他（她）展开调查，看看是否确有违反条例的事实，或者只是误解或沟通不畅。如果确实违反了伦理条例，我们会判断是否能够以非官方的方式妥善处理。如果处理不了，那么举报人以及掌握第一手材料的人可以向行为分析师认证委员会举报，提交涉嫌违规通知书。我们会在证据材料方面提供帮助。

谨慎选择：就我所知，我们机构几乎没有违反伦理条例的情况，所以我们真的没有什么程序可说的。

绝不能去：只要是伦理问题都由我们公司负责人负责处理，正常情况下，他会把人当场解雇。这种做法对我们很有效，起到了震慑作用，让人不敢违反伦理条例。

15. 公司百分之百赞成行为分析师认证委员会发布的伦理条例吗？

理想单位：当然，绝对支持。

谨慎选择：这个嘛，绝大部分是支持的，不过你也知道，条例里也有很多灰色地带。对一些所谓的标准，也有不同观点的。

绝不能去：你说的是"百分之百"赞成，具体是什么意思呢？

评估员工工作表现

16. 公司注册行为技术员和认证行为分析师的离职率怎么样？

理想单位：我们这里离职率很低，注册行为技术员的每年离职人数应该是不超过三到四个，认证行为分析师每年离职人数可能只有一个，其中大部分是因为在别的州找到了工作或者接到了任务。我们每季度都会做匿名的员工满意度调查，了解员工动向。如果调查显示我们可以做点什么改善工作条件，我们就会立即采取行动。

谨慎选择：说实话哈，注册行为技术员的离职率还是挺高的，而且上个月有三位认证行为分析师一起离职了。我也不知道为什么，不过就是因为这个公司才有空缺的嘛。

绝不能去：你问的是自己辞职的还是被我们解雇的，还是都有？

17. 公司是通过什么体系评估和分析员工工作表现的？如果说某位员工"表现不好"，会怎么处理？

理想单位：我们这里把工作表现分为 5 级，从 1 到 5 级，每一级都有明确定义，5 级表现最好。认证行为分析师会根据客观测评结果定期对注册行为技术员和培训对象的工作表现进行评分。得分在 1 到 2 级的员工，我们会马上关注到，同时使用行为技能训练模型改进他们的工作表现。有些时候工作表现是与其他因素有关，针对这种情况，我们会让他们咨询人力资源部门。

谨慎选择：人力资源部门会负责年度工作表现考核。不过我不太了解是怎么操作的。

绝不能去：服务于人的工作是非常主观的工作。我们的负责人有工商管理硕士学位，所有有关升级加薪的事情都是她负责的。

负责人 / 管理参与度

18. 公司负责人是认证行为分析师吗？

理想单位：是的，她是一位 BCBA-D，在美国行为分析专业最好的大学上的学，经常有人请她做报告，讲她负责开发的督导管理体系。

谨慎选择：嗯，也是，也不是。他以前是认证行为分析师，不过后来认证过期了，没有续。他说自己没有时间参加研讨会学那些继续教育课程，不过他真的是货真价实的行为分析师。

绝不能去：我们公司最开始是由三位认证行为分析师创建的，不过最近被一家私募股权公司收购了，所以公司现在有点变化。

19. 公司负责人（董事、经理）对日常业务参与得多吗？

理想单位：我们有董事会，不过公司的日常运营他们肯定是不插手的。他们只是制订政策，首席执行官是我们的经理。

谨慎选择：嗯，说实在的，有些董事会成员就是服务对象家长，他们确实会来公司转转，提提问题，好像就是震慑一下员工，或者有的是想给孩子争取点特殊优待。

绝不能去：我觉得董事会成员有权参与日常业务，比如如何提供治疗等。不管怎么说，是他们创建的公司，他们希望公司按照他们的愿景运行。

公司规定与合同

20. 我们公司有人力资源部门处理公司人事问题吗？

理想单位：有的，我们有人力资源部，不大，负责处理公司内部投诉，管理我们的保险索赔和员工福利。如果有什么问题，比如员工骚扰问题这种，就会交由人力资源部调查，并提出建议。

谨慎选择：我觉得大概也可以称得上是个部门吧。反正就只有一个人，兼职的，就是处理保险索赔的事。我不太了解人事问题，可能是由首席执行官负责的吧。

绝不能去：我们有一位人力资源职员，全职的，不过辞职了，目前还没有人接班。你知道有什么人愿意做这个工作吗？工作时间是弹性制。

21. 我们公司有规定反对和服务对象或者员工发展双重关系，防止利益冲突吗？

理想单位：有的，我们有这方面的规定，还有程序手册，公司首席执行官很警惕双重关系和多重关系。如果他发觉我们的行为分析师包括注册行为技术员和督导对象与服务对象走得太近，就会调整他们的工作，让他们负责其他服务对象。我们办公室经理最近还问他儿子能不能来这里接受行为分析服务。首席执行官拒绝了他，不过帮他找了另外一家很好的机构，离这里也不远。

谨慎选择：你要是想问这个的话，我得查查。我听说好像有人议论有个注册行为技术员被派到自己亲戚家去工作了，不过我不太确定是怎么搞的。

绝不能去：你说"双重关系"具体指的是什么呢？

22. 公司有严禁裙带关系的规定吗？

理想单位：和上面回答一样。我们公司首席执行官有两个孩子，都成年了，都是认证行为分析师，想要来公司和他一起工作。他很坚决地拒绝了，他说："不行，这不是个好主意。这种做法只会影响我们员工的士气。"

谨慎选择：当然有规定，不过，说实话，我不太确定这个规定贯彻得怎么样。你也知道，好员工不好找，我们也不能太挑剔了。

绝不能去：就我的理解，如果聘用了亲戚为自己工作，他们会比一般员工更有动力吧，他们会想证明给自己的妈妈或者爸爸看，自己能做好这份工作。

23. 公司合同里有竞业禁止条款吗？

理想单位：没有，我们不赞成竞业禁止，而且，我们接受行为健康卓越中心[①]的领导，中心坚决反对竞业禁止的操作。[②] 当然了，我们是通过中心认证的。我们这个州只有两家机构通过了中心的认证，我们是其中之一。我还奇怪你之前怎么没问这个呢。

谨慎选择：这个嘛，要看具体情况。实际上，我们不和注册行为技术员签合同，所以他们当然也不需要签竞业禁止合同。不过，我们要求有些认证行为分析师签订竞业禁止合同，因为我们担心他们离职以后会去创建自己的公司，成为我们的竞争对手。

绝不能去：公司董事会坚持所有员工都要签订竞业禁止合同。合同规定员工离职五年以内不能在本州从事行为分析工作。因为这个我们起诉了好几个前员工，还赢了。从那以后就没有人敢违反这个规定了。

24. 如果我和公司签约了，必须还得再签一份保密协议吗？

理想单位：当然不用。

谨慎选择：如果教学总监觉得你离职以后可能会和我们竞争的话，就得签。对你来说很为难吗？

绝不能去：我得告诉你，得签。你得签一份保密协议合同，因为根据你的工作经历，我们可不想以后跟你在这个圈子里竞争。

25. 我想把这份合同带走，跟我的律师好好研究一下，这样可以吗？

理想单位：当然可以，没问题。你有任何疑问都可以联系我们。不过我们希望72小时以内能收到你的答复。

谨慎选择：嗯，这个嘛，好像之前没有人提过这样的问题。容我回头再答复你。给我个电话号码，联系你？

绝不能去：不行，抱歉，我们不允许这样。合同得留在这里。我们觉得我们的关系是建立在相互信任的基础上的。

[①] 译注：行为健康卓越中心（Behavioral Health Center of Excellence, BHCOE），评估行为健康服务公司服务质量的认证机构。

[②] 原注：https://bhcoe.org/project/non-compete-agreements-with-applied-behavior-analysis-workers/

事件后续：6个月以后

我请了一位劳动律师，他建议我举报这两名认证行为分析师涉嫌违规。这件事没上法庭就解决了。现在，这两位认证行为分析师还在我们本地执业。我另找了一份督导的工作。我喜欢自己的新工作，我觉得自己是在帮助认证行为分析师认识到他们并不孤单，有来自行政管理最高层的人在背后支持他们。还好，6个月过去了，我在新公司一切都很顺利。不过，真的希望针对我举报的那两名认证行为分析师，处理结果不是这样的。我想要有所作为，想要把那家公司打垮，但我觉得我是孤军奋战。

第 15 章　职场新人伦理规范实用攻略

如果你还是一名学生，尚且处在职业发展的初级阶段，现在就考虑自己未来职业生涯中要面对哪些伦理问题好像确实太早，这些想法似乎非常遥远，只是纸上谈兵，无法付诸实践。但是，在不久的将来，也许几个月之后，你就要开始自己的第一份工作，到了那个时候，你几乎马上就会面对非常真实的伦理难题，其中有些问题甚至可能影响你未来整个职业生涯。本章将会概括介绍一些工作中可能遇到的普遍问题，同时提供一些实用攻略，帮助解决这些问题。

选择工作环境或者公司

人生第一个重大决定就是选择自己的第一个专业职位了。新手咨询师可能会觉得，找工作首先需要考虑的就是薪资、工作地点、发展空间，以及是否符合自己的专业兴趣与行为技能。毫无疑问，这些确实都是重要因素，但是，还有一个需要考虑的因素，就是这家公司或组织本身的伦理观和价值观。目前来讲，在美国很多城市，行为分析师都是"抢手货"，对某些机构来说，聘用认证行为分析师是获得资金、报销保险或者免于联邦诉讼的必要条件。如果是这种情况，为了吸引你入职，机构可能会提供很高的起薪和优厚的福利待遇。对这种招聘岗位，要保持头脑清醒，多问一些问题。记住那句老话："天上不会掉馅饼。"（见第 14 章"面试时考虑要问的问题"）你有可能碰上这样的情况，公司要求你在一份治疗计划上签字，可是这份计划不是你写的，也有可能让你同意某种治疗措施，而这个措施你根本就不熟悉，还有可能让你支持公司的某些做法，而这些做法，与其说是行为科学的方法，还不如说是公共关系的花样，云山雾罩得让人摸不着头脑。问问这家机构、公司或者组织的历史沿革，这是完全合理的。公司是谁创建的？公司的主要使命是什么？公司未来的愿景是什么？组织的价值观是什么样的？行为分析如何融入这个价值体系当中？可能还需要考虑这个组织有没有牵涉什么问题。例如，这家公司目前有没有受到联邦或者州政府的调查？最近有没有联邦或者州一级的调查中提到这家公司？下列问题也是需要了解的：目前公司有多少位行为分析师？行为分析师的离职率是多少？资金流的状况如何？服务对象都是什么人？你要督导的主要都是什么人？督导对象是注册行为技术员和认证助理行为分析师，还是希望获得督导学时的培训对象？还有其他需要负责的事情吗，比如主持委员会工作？需要你去招聘其他认证行为分析师吗？

从面试官回答你问题的方式以及他（她）对这些问题的答复，应该可以看出这家公司在经营上有没有伦理方面的问题。最近就有一个案例，涉及的是一家小型私立学校，这家学校是家长创办的，招收孤独症孩子。这所学校最初是由一位 BCBA-D 负责的，可是后来听说这位认证行为分析师突然辞职，然后还没有同样资质的专业人员接手，所以一些家长和前员工就对这所学校进行了审查。除此之外，还有两位认证助理行为分析师也离职了，也同样没有人接手。这所学校最初号称是在认证合格人员的领导下使用行为科学的方法，就是因为这个才吸引了家长，这段时间，走了这么多行为分析师，可是学校仍然宣传自己是"以行为科学方法为基础"，仍然向家长收取高额费用。这所学校已经两年多没有行为分析师了，很明显，作为一个职场新手，进入这样一个组织，可能会面临非常严峻的挑战。作为一名行为分析师，要想在这样一所学校里做成点事，可能需要非常敏锐的洞察力，发现伦理方面的问题，还需要有能力妥善解决这些问题。还有一个案例，有一家全国连锁的康复机构，在收费账单上声称自己是行为干预机构，但是聘用了一位非行为专业的人担任行政管理人员。这种情况相当普遍，但是，在这个案例中，这位管理人员好像对行为分析持隐隐约约的反对态度，从她对待认证行为分析师的方式以及经营机构的做法就能看出来。这位管理人员告诉机构的行为分析师，不必给每一位服务对象都做功能评估，因为有些个案不用评估就可以明显看出问题出在哪里。她还说不用收集数据——因为花的时间太多了——她"信任自己的工作人员"，相信他们对服务对象有没有进步"有自己的印象"。不幸的是，在这个案例中，来应聘的认证行为分析师在第一次面试时提出的问题不够多，实际上她根本没见到那位反行为分析的管理人员，这位行为分析师实在是有点着急找到一份工作。

与督导一起工作

参加公司或者组织的面试，建议申请与自己未来的督导见上一面。很少有公司主动让你见，但是如果你提出要求，遵守伦理的公司应该会配合你。一般来说，都是与行政管理人员见面，简单看一下工作环境，还有可能会跟几位专业工作人员共进午餐，然后和人事部门的人一起就薪资和福利进行协商。然而，如果你希望自己的第一份工作就有一个坚实的伦理基础，那么，与将来要督导你的那个人见上一面就是非常重要的事了。见面的时候，有很多东西都可以从未来的督导身上看出来，包括他（她）的风格：他（她）善于激励别人吗？还是有点消极，或者不好接近？他（她）有兴趣和你一起工作吗？还是只想让你替他（她）做事罢了？他（她）有没有可能有一点点嫉妒你，因为你可能拥有名牌大学研究生院的学位，让他（她）觉得你会对他（她）的地位构成威胁？你心里必须笃定不会有人要求你做任何违反伦理的事情。这个意思翻译过来就是：(1)你可以负责任地从事自己的工作；(2)你有时间和资源从事有意义且符合伦理的工作；(3)遇到麻烦的时候，你的督导，极有可能就是教学总监，会带你一起度过难关。督导为你的工作定下基调，"把工作做完就行了，至于怎么做的，我不在乎"，"要有始有终，要做对做好，我们要为服务对象提供最好的服务"，这两种态度大不一样。因此，和自己未来的督导见面时，可以问问他（她）的管理理念是什么，过去一年里遇到的最难的伦理问题是什么，如何处理的。或者也可以问问自己在工作上可能遇到的伦理问题。这里可以问一个开放式的问题，这样就能引起话头，然后就可以继续提出后面的问题。面试结束后，想到为这个人工作，你应该生出一种安全而乐观的感觉。如果感到心里没底，那么即便你从来没想过第一份工作就能拿到这么高的薪水，还是要三思，要不要接受这份工作。

提前了解别人对你的工作有哪些期望

如果你按照我们的建议一路走来，此刻应该感到非常开心和兴奋，自己就要作为专业行为分析师进入职场，过上美好生活，还能帮助他人。不过，趁你还没有被幸福冲昏头脑，最好搞清楚自己每天究竟应该做些什么。不管什么工作，头三个月都是宽容期，在这段时期，你有什么问题都可以问，别人不会觉得你跟不上节奏。如果你要开展行为分析、进行功能评估、制订干预计划、培训工作人员，那就应该在做毕业设计时做好充分准备。但是，如何完成上述工作，每个机构和组织都有自己的方式。因此，你首要要做的就是了解管理人员希望用什么样的方式完成这些工作。可以申请看看服务对象建档面谈"范本"、案例进展、功能评估和行为计划的复本。如果提前知道你要入职的公司一般都会怎样处理服务对象的投诉、评审委员会的质询以及与州级部门之间的各种问题，就可以避免遇到难以应付的伦理问题，陷入令人难堪的困境。仔细研究一下个别化教育计划的会议记录或者个案管理团队会议的备忘录，再看一下以前的行为分析师所写的行为方案，就可以保证自己的伦理标准与其他专业人员的标准一致。可能还要提前了解，每周的案例评审会，公司是希望你担任会议主持人呢，还是只需要你到场就行，还有，在这些会议上要不要针对伦理问题进行开放式讨论。与工作有关的最重要的一个伦理问题，就是你承担的工作是不是在你的胜任范围之内，公司会不会让你接下超出你能力资质范围的个案和任务。

有一位刚刚获得认证资格的行为分析师入职了一家心理健康机构，机构派她参与一个项目，是帮助有发展障碍的被告人，这是她绝对能够胜任的工作。几周以后，机构又让她给一些精神病患者做智商评估，可是这项任务是临时通知的，截止日期又非常近，这让她感到压力很大。这位行为分析师读研究生的时候没有选修智力测评方面的课程，她跟督导反映了这个情况，同时询问求职面试的时候为什么没有提到这个要求。她说，根据行为分析师认证委员会发布的伦理条例，行为分析师不能超出自己的专业范围开展工作。在有些情况下，这种"态度"可能会给人贴上"没有团队精神"的标签，但其实这是个伦理问题。即便她真的做了这个测评，也是没有效度的，可是万一别人根据这个测评结果去做决定，那该怎么办呢？这肯定是不合伦理的。因此，为了避免出现这样的局面，一定要保证多提问、早提问。求职面试的时候，正式开始工作以后，都要问问公司对你有哪些期待，明确伦理方面的界限，免得自己做出违反伦理的行为。

不要被热情冲昏头脑

大多数人初入职场的时候都会感到非常兴奋，盼了这么多年，终于可以从事梦寐以求的工作，以专业人员的身份实践行为分析，为改变他人的生活贡献一份力量。一开始，你可能会非常感恩自己能够得到这份工作，以致为了取悦自己的领导和高层管理人员，几乎什么事都愿意做，但其实你的热情可能也会造成一些伤害。如果发展下去，出现这样的情况，你负责不了那么多服务对象，却还得接下来；或者接下了某些个案，却没意识到超出了自己的胜任范围，那么，很显然这些情况会给服务对象带来某种伤害。对你来说，最重要的目标是以一流的工作表现对待每一个分配给你的个案。如果你能全身心地投入工作，还能注意提防出现利益冲突，而且还能做到"不伤害"他人，那就没什么问题。但是，如果接下太多的个案，那么几乎可以肯定发生的状况就是：服务对象或者利益相关方开始投诉，督导发现你的报告不够完整，或者同行评审委员会开始对你的治疗计划给出负面评价。就行为分析工作而言，做得越多并不一定意味着做得越好，质量才重要，尤其你是在用自己的工作影响一个人的人生。不管是为了你的服务对象，还是为了你自己，你都应该严格遵守新版条例中 4.03 条款关于督导工作量的规定，接下的个案数量不能超出自己的能力范围，其他的还给教学总监。你可能需要给自己设计一个用在这种场合的自引申言语行为："对不起，罗德里格斯女士，这个个案我接不了。我倒是想接一个这样的个案，但是我的工作量已经到了极限了。"一定要把互动过程同步记录下来，存档以后方便查找。

如果公司让你接的个案超出了你的胜任范围，也可以按上述思路解决（见 3.03 条款接收服务对象）。在你的培训经历中，可能完全没有跟性犯罪者、共病精神疾病的人或者重度身体障碍人士打过交道。如果接下这样的个案，无论是对你自己，还是对服务对象，都没有什么好处。毫无疑问，面对来自服务对象的家长、老师或者项目管理人员的压力，你会觉得自己应该接下这些个案，但是，想想看，如果接下某个个案之后却处理得很不好，反倒可能带来一些伤害，如果你能意识到这一点，可能就会三思而后行。始终都在自己的胜任范围内工作，这才是最简单、最符合伦理的做法。如果你想要拓宽自己的胜任范围（见 1.05 条款），恰当的做法是再找一位专业人员做导师，对你进行适当的培训和监督。也许还可以考虑选修特定专长领域的研究生课程，同时在该领域专家的督导下进行实习。

根据数据做决定

行为分析行业最为突出的一个特点就是十分倚重数据收集和数据分析。佛罗里达州行为分析协会有一句口号："你有数据吗？"这个口号被印在衬衫上，还有咖啡杯和钥匙链上,算是蹭蹭前些年加州"你有牛奶吗?"①那个宣传活动的热度。如果说我们这个行业有什么地方与其他人类服务相关专业不同,那就是我们对数据有执念,我们需要个体行为的客观数据(不是逸事传说,也不是自我陈述,不是访谈,也不是问卷),我们使用这些数据评估我们设计和实施的治疗方案是否有效(见2.17和4.08条款)。治疗方案实施以后,没有进一步收集数据用以检验方案是否有效、是否可以继续,这种做法是不合伦理的。大多数行为分析师都认同这一点,虽然这是程序上的事情,但我们的伦理条例还是把这个要求写了进去(条款2.18)。那么,只要收集数据并且使用数据评估治疗措施了,就一定符合伦理了,是这样的吗?不完全是。实际情况要稍微复杂那么一点点。首先,数据和数据还不一样,这一点你肯定也能理解。我们所说的数据指的是经过观察者一致性(IOA)检验的数据,而检验观察者一致性需要在特定条件下进行,要有第二个独立观察者,还要达到一定的标准,经过如此检验的数据才有信度;除了信度,还要有社会效度(意思是达到社会效度的标准,并要在特定条件下进行)。这里需要强调的是,行为分析师在工作实践中不仅必须收集数据,还必须保证数据达到观察者一致性的标准,既有信度又有效度,这样才是遵守伦理。毕竟,很多事情都要依靠数据,包括采取哪些治疗措施、用什么药,是否需要继续治疗,是否需要转诊,等等,都要用数据说话。作为一名遵守伦理的行为分析师,使用的数据不能受观察者偏见的影响,或者观察者一致性检验结果很低,比如只有50%。而且,如果你自己都觉得数据没有社会效度的话②,那你应该也不想凭着这种数据就做出治疗方面的决策。那么,作为遵守伦理的行为分析师,应该怎么做呢?你就需要承担这样的责任,不仅自己做决定时要以数据为基础,而且还要向服务对象、利益相关方以及同行证明这些数据质量过关。记住,是质量过关的数据,不是自我陈述,不是逸事传说,也不是问卷调查。

关于做决定时使用数据,还有最后一个问题。那就是你所实施的治疗是不是行为改变的真正原因。因此,这里还得再说一遍,要想遵守伦理,你就得负责搞清楚,从功能角度而言,行为改变到底是治疗措施导致的结果,还是某些外部或者偶然因素的影响。也就是说,既然是实践操作,要想符合伦理,就必须设法呈现实验控制的过

---

① 译注:"你有牛奶吗?"(Got milk?)是美国一项鼓励牛奶和乳制品消费的广告活动,始于1993年。

② 原注:Bailey, J. S., & Burch, M. R. (2018). *Research methods in applied behavior analysis* (2nd ed.). New York: Routledge.

程，要针对不同的行为、不同的情境，收集多因素数据或者多基线数据。如果某项治疗措施实施以后行为发生了改变，你要实事求是，不能说这就是自己干预的结果，因为并不能真正肯定这一点。说不定就在你实施治疗计划的同时，医生可能刚好调整了用药，或者服务对象可能生了病或听到什么坏消息，又或者在你实施干预的同时可能刚好有人开始使用其他干预手段，而你并不知情（比如营养师让服务对象减少了热量摄入，服务对象的室友让他晚上几乎睡不着觉，等等）。总而言之，想要成为遵守伦理的行为分析师，做决定时就必须以数据为基础，同时还要设计高质量的数据收集体系，既能解决信度、效度的问题，还能呈现实验控制的过程。你会发现，很多领域的专业人士并没有考虑到这些问题，而你所在的专业领域能如此严肃地对待数据，作为其中的一分子，你应该感到自豪。

培训和督导他人

作为一位行为分析师，你可能已经注意到了，行为治疗措施实际上大多是由其他人操作的，这个"其他人"，通常就是你培训的专业助手。作为行为分析师，你的工作是接下个案，判断这位服务对象的情况与你的专业能力和现有资源是否匹配，还要保证个案的问题确实属于行为问题（而不是其他问题，比如护理或教育方面的问题），正是你所在机构/公司的服务范围，然后再开展适当的功能评估，以便判断可能导致这些行为的原因。确定了可能的原因，就可以根据已经发表的循证干预方法制订行为方案，之后再培训其他人实施这些干预措施。你培训的这些人可能是家长，也可能是看护人或者利益相关方。在这个过程中，你需要承担的伦理责任是不但要按照公认的方法开展功能评估，还要有效地培训家长、老师、托养机构员工、助教或者其他人。治疗方案效果如何，最终责任人是你。也就是说，这个方案是按照你的具体要求实施的。从研究文献中，我们能够了解到有些培训方法是有效的，有些是无效的。最可靠的培训形式不是给家长一份书面计划，再问一句"有不懂的吗？"就行了。只是把计划解释一遍，给家长留一份复印件就走了，这种做法也是不能接受的。如果能示范这些程序，然后再让他们反复练习，这样效果会好得多，而且也合乎伦理。接下来，给予反馈，之后再让他们练习，直到他们按照计划做对为止。这才是行为技能训练的原理。应该给家长一份这些治疗程序的复印件，如果程序比较复杂，再给一段视频示范可能会有帮助。接下来，几天之后需要现场检查，观察家长的操作，保证他们始终按照治疗程序操作，没有走样。如果没有做对，就要给予纠正，再加上角色扮演，再给出反馈，之后隔几天再来检查。这才是有效的、合乎伦理的培训。少一点都不合伦理。

接下第一份工作大概六个月以后，你应该就能督导别人了。在某些岗位，可能马上就得进入督导的角色。作为一名行为分析师，涉及督导质量，需要达到很高的标准。提到改变职场行为的方法，研究文献非常的多（实际上，甚至都有一个完整的专业分支，叫绩效管理，详见 Daniels & Bailey, 2014），因此，给别人提供有效的督导就更是你的伦理责任了。对于精通基础行为分析程序的人来说，提供有效督导并不困难。

首先，保证使用最有效的前事刺激[1]，不要说教，要做示范。示范之后，要求督导对象把学到的东西演示给你看，然后立即给予正向反馈。如果你训练的是如何使用书面材料（比如如何准备一项行为计划），那么就找一个最好的计划当范本给他（她）看。如果有必要，可以把任务分割成比较小的单位，如果还有必要，可以考虑使用逆向锁链法。别人每天的工作，不管是你看到的还是收到的，都要给予正强化。这个要练，每天都要练很多次。过不了多久，你就会发现督导对象和培训对象会主动找你寻求建议和帮助。他们希望你能看到他们的付出，也希望得到你的认可。如果你是在一个大型组织工作，可能不用费什么力气就能成为最能鼓舞人心的人。

当然，早晚有一天，你确实不得不给出负面反馈，或者必须表示不认可。如果你之前一直都在尽量使用正强化，那么乍一得到惩罚，对方可能有点惊讶，因为你最开始可能已经给他/她留下了这样的印象：这就是个"好好先生"。请记住，纠正的目的是改变这个人的行为，不是惩罚这个人，所以惩罚的同时还得继续强化对方的恰当行为，而且不要忘了自引申言语行为（Skinner, 1957, chap. 12）[2]。如果你必须给人负面反馈，先把前因解释清楚，这一点很重要，因为这些话能起到安抚作用。"你知道我很看重你的付出，你的工作已经很优秀了，我只是想说一下，这个行为计划里有些东西不太对。"商业与专业技巧入门必读书目中，最好的一本就是戴尔·卡耐基写的《人性的弱点》（Dale Carnegie, *How to Win Friends and Influence People*, 1981）。应该时不时地复习一下这些金玉良言，对自己学过的行为督导知识加以补充。

---

[1] 译注：前事（antecedent），行为发生之前的环境情境或刺激改变。
[2] 译注：意为把前因交代清楚。

准确记录计费时长

专业伦理的一个重要部分就是履责，而履责最重要的一个方面，就是记录自己的时间是如何分配的，因为时间是你的主要商品。你可能会发现，你的第一份工作是按照"可计费时长"计算报酬的。在这个薪酬体系中，你所在的机构或者咨询公司已经以合同形式约定了你的服务计时收费标准，你所记录的工作时长就会按照这个标准收费。然后你每两周或每个月都会收到一张支票，金额就是根据你的可计费时长计算出来的。虽然看起来不算什么大事，但你要保证每一个可计费单位的记录是前后一致，并且非常精确——通常这个单位是 1/4 小时，也就是 15 分钟。每天工作结束的时候，不能凭着记忆记录今天做了哪些活动，也不能按平均数算一周工作了多长时间。也许可以找一个手机应用程序，这样就能跟踪记录自己哪一天、什么时候与某人有接触，用了多少时间，还可以简单记录每天的活动。等到结算账单的时候，你需要做简单的计算，就能知道所在机构或者咨询公司应该付给你多少钱。极为重要的是，你得明白，你的实际服务时长一定要符合公司与服务对象的合同约定时长，对于你的公司来说，这一点非常重要。如果你所在的机构或咨询公司和某家机构签订了合同，约定你每周要在服务地点工作 20 个小时，但你实际只提供了 16 个小时的服务，那就不合适了。首先，这家机构与你的公司已经确定服务对象需要每周 20 个小时的服务。对方机构已经留出一定数目的金额，用来支付你提供的服务，他们双方已达成一致，对方需要 20 个小时的咨询或者治疗。如果你没有提前获得批准，自己就决定休息一天，那么这种做法就是不恰当的，而且违反了 1.01 条款诚实守信的规定，也违反了核心原则第 3 条诚信行事的要求。

毋庸多言，准确、诚实地按照约定时间履责对你是一种必要的保护，保护你免受他人的指责，比如指责你多收费，或者指责你想要欺骗服务对象或政府部门。如果虚报账单，会发生什么？例如，医生没有见过病人，或者没有提供服务，但收取了费用，因为这种事情被起诉的比例很高。因此，行为分析服务收费必须准确、诚实，所有书面材料都必须如实、准时完成。

警惕双重关系和利益冲突

在行为分析服务过程中，最为常见的一个问题就是服务对象和治疗师或者行为分析师之间发展了双重关系。很容易理解这种关系是如何发生的，因为行为分析师通常都有非常出色的社交技能，他们给人的印象就是友善，而且愿意让别人开心。这些特质很招人喜欢，服务对象可能马上就会对治疗师和认证行为分析师督导产生好感。过不了多久，行为分析师就会发现自己被当成家人，被留下来吃晚饭，参加生日会或者其他一些特殊的家庭节日或庆典活动。如果治疗师或者行为分析师接受了这些邀请，就意味着跨过了专业人员的界限，变成"朋友"，到了这个地步，行为分析师的客观性可能就会受到损害。如果发生了这样的事，治疗师就会陷入困境，因为他们需要以一种不伤害服务对象感情的方式拒绝这种邀请，而这可能不利于服务对象与治疗师的充分合作，但想要治疗取得预期效果，还需要这种合作。当然了，解决办法是让服务对象提前知道，根据伦理条例的规定，治疗师不可以参加这些活动。如何处理这种情况，在第13章介绍的《行为分析师专业实践和工作程序告知书》中提出了一些建议。

在行为分析行业，还有其他可能出问题的关系，似乎是我们这个领域所独有的。行为分析师的角色并不仅限于治疗师，他们还是督导、咨询师、教师以及研究人员。行为分析师可能是地方或者州级人权委员会或者同行评审委员会的成员，可能自己开了一家咨询公司，或者当选为某个专业协会的成员。如果你在同行评审委员会任职，就应该对治疗方案的质量给出公正的评判，但如果正在审查的一项治疗方案是你的朋友或以前的学生制订的，那么就会出现立场是否客观的问题。如果行为分析师是一家咨询公司的老板，那么对新来的服务对象进行评估的时候，就会不可避免地出现利益冲突。接下这一个案，就能带来收入，但是另外一家机构在特殊行为问题方面更加专业，为了服务对象的最大利益，应该将其转介给这家机构，这种利益冲突可能就会影响这位老板的判断力，让他（她）无法做出正确决定。当然，个体治疗师决定要不要接下别人转介过来的服务对象时，也会遇到同样的冲突。在所有类似案例中，做出何种决定，围绕的都是同一个问题，那就是服务对象的最大利益是什么（1.03、2.10、3.08条款）。在这个问题上，3.01条款说得很清楚，"行为分析师行事应当有利于实现服务对象的最大利益"，而不是考虑怎样才能让治疗师、认证行为分析师或者机构获利。

马上找到一位信任的同事

仅凭个人的力量做出合乎伦理的决定很不容易。如果没有可以征询意见的人，貌似简单的决定也有可能导致相当复杂的两难困境。某项干预措施有没有可能带来伤害，并不总是那么容易判断的。干预的效果有可能要过一段时间才能体现出来，也有可能非常微妙、难以察觉，碰到这样的事情，比你有经验的人就可以帮你做出判断。假以时日，对于自己在行为分析工作中所做的各种判断，你会越来越有信心，不过在开始的时候，为了帮助你建立信心，我们强烈建议你尽快寻找一位"信任的同事"。理想的情况是，这个人是你很容易就能接近的行为分析师，而不是你的领导或者老板。考虑到政治和其他一些因素，这位同事应该没有同时为本地区的"竞争对手"工作。你信任的这位同事，应该是能让你放心跟他讨论下列问题的人："我真的已经准备好接手这个个案了吗？"或者"我的领导告诉我做什么事，但我觉得这似乎不合伦理，我该怎么办呢？"或者，甚至更为重要的问题是："我觉得我犯了个大错，现在怎么办？"如果幸运，工作头三个月不会遇到上面这些难题，那么你就可以利用这段时间找到一位知识丰富并且值得信任的人。这三个月里，你应该利用工作闲暇时间和单位以及其他地方的专业人士互动。去认识社工、护士、医生、个案经理、心理专家、服务对象代理人，还有你所在地区的其他行为分析师，这也是一种不错的做法。这个网络也可以起到别的作用，比如转介服务。认识同事的过程中，应该与其中某个人建立更为密切的关系，这个人应该不只是偶尔来往的业务伙伴，也是可以引为知己的人。你要仔细评估这个人应对伦理问题的方式，保证他（她）处理复杂问题的方式合情合理、考虑周全、细致体贴，没有花言巧语，也没有漫不经心。如果有一位认证行为分析师，有五年以上的工作经验，做事谨慎，信誉良好，看起来非常友善而且容易接近，那应该是"可以信任的同事"比较理想的人选。你应该趁着还没"出大事"的时候就找到这样一位可以信任的同事，因为人与人之间的关系需要经营，关系牢靠了，才能保证你在面临紧急伦理难题的时候可以完全信任他（她）。

身体接触

行为分析不同于在咨询室办公的普通心理治疗，行为分析工作常常需要与服务对象亲密接触。尤其是服务对象有发展障碍、肢体残障或者行为障碍等状况，行为分析师在治疗过程中就可能需要接触或者抓住对方。有些干预措施是没有伤害性的，比如逐步引导，需要将手放在服务对象身上，帮助他们学习自己吃饭穿衣。如厕训练可能需要帮助他们脱掉衣服，刷牙训练需要行为分析师站在服务对象的身后帮助他们操作牙刷。很多行为分析师可能习惯把"抱抱"或者拍拍肩膀当作强化物，但想不到可能出现不良后果。在这些案例中，在你感觉即使是最亲切、最善意的动作，也有可能遭到曲解和误会，成了"不当接触"。这种指控可能来自服务对象及其家长、旁边的看护人或者刚好就在现场的访客。如果是其他侵入程度更高的干预措施，面临的问题可能更多。实施罚时出局程序时，需要抓着服务对象，把他们带到罚时出局的地方。动手约束服务对象，或者想要使用机械约束的时候，也有可能给他们造成误解和错觉（从"你伤害我！"到"你故意伤害他！"再到"你刚才是不是在摸她？我觉得是，我要去叫警察！"）。

遵守伦理的行为分析师始终都会恪守"不伤害"的原则，并且不惜一切代价避免做出任何会给服务对象造成生理或者心理伤害的事。不过，遵守伦理的行为分析师也会非常谨慎，确保自己永远不会被误解对服务对象做出身体上的不当行为，也不会遭遇这种恶意指控。为此，我们提出下列建议：

1. 为避免服务对象错误指控你有不当接触行为，始终都要保证有第三人（通常称为"目击证人"）在场。

2. 一定要保证目击证人明白你在做什么、为什么这样做。如果需要使用身体约束，不管什么形式的约束，都要保证你在这方面是接受过相应培训并且有认证资格的。

3. 如果你知道某位服务对象曾经错误举报过"不当接触"，一定要警惕与其近距离接触，除非有目击证人在场，并且目击证人明白你在做什么。

4. 避免跨性别的治疗性互动（比如男治疗师对女服务对象），除非完全没有其他办法。这种情况下，还是要遵守上面的规则，要有目击证人在场，要给目击证人解释清楚你在做什么。

提出这些建议，不是为了让你与服务对象互动的时候变得冷漠无情，而是希望你能明白，温暖可亲的行为也有可能遭到误解，导致事与愿违的结果。

与从事非行为工作的同事相处

行为分析师大部分专业时间都是和非行为分析师同事待在一起。这可能意味着你会遇到一些严重的伦理困境，严重程度取决于机构或者组织的环境和历史。例如，作为康复小组的一员，你发现这个小组的共识是服务对象应该接受"咨询"，那么按照伦理条例 2.01、3.12 条款的要求，你有责任提出一个行为分析的替代方案，也有责任针对"咨询"这种治疗方法询问他们是否有其治疗效果的数据（2.01 条款）。2.10 条款建议，行为分析师可以与来自其他专业领域的同事合作，就治疗方案进行协商，如果这种做法有利于实现服务对象的最大利益。

你可能很快就会发现，与你共事的其他专业人员对他们领域的伦理规范不太了解，也不太关注，或者还有更糟糕的情况，你可能会发现他们的伦理条例对如何保护服务对象的权利、怎样使用循证干预程序或者怎样利用数据评估治疗效果等问题都没有明确说明。这些人在开会时的表现，还有确定服务对象治疗方案的方式，常常会让第一次进入这个领域工作的新人感到震惊。会议仅由一个人主导，目的非常明显，就是尽快把会开完，这种情景并不少见。在这种会议上，常常没有人提供任何数据，提出某一种治疗方法的时候，也没有人给出什么像样的理由，即便有也不够充分。有些会议好像就是为了作秀，而不是为了有用，在这种会议上，经常见到的就是"怎么省事怎么来""就这样吧"的态度，而且整体上就不在乎什么伦理要求。时间长了，等你经验越来越丰富的时候，可能会有人让你来主持会议，这个时候你才可以让大家看到怎么开会才能更有效率、更合乎伦理，才能保证实现服务对象的最大利益。

不过，最开始的时候，作为新人，可能是治疗小组中资历最浅的成员，你最好安安静静地坐着，仔细观察。要想办法判断谁说了算，治疗小组需要做决定的时候遵循的是怎样的惯例。你可能需要请教自己的督导，如何以最好的方式处理这些情况，如何参考伦理条例，找到重要论点的依据。不要急着公开指责别人做了违反伦理的事情，比较明智的做法是和自己的督导再次确认一下，然后在会议之外约见你想质疑的那个人，讨论你担心的问题。开场白可以是这样的："能不能给我一些指点？我不太明白会上是怎么回事。"这也可能是向你信任的那位同事请教的好时机。在极端的情况下，如果你和督导都觉得你已经竭尽所能想要发挥影响力，但还是没有成功，那么可能就不必再介入这件事情了。

好了，最后还是说点积极的话吧。需要指出的是，绝大多数从事非行为工作的同事都是善良的、友爱的，出发点都是好的，如果你接纳他们，他们就会接纳你。他们中的大部分人从来没有听说过行为分析，所以你就有机会成为我们专业领域的宣传大使，帮助他们了解行为分析的发展动态，了解我们是多么重视为服务对象提供符合伦理规范和人道精神的有效治疗。一定要耐心，也要给他们机会让你了解他们的专业领域。学会倾听他人，积极支持他人，你自己的专业发展将不可限量。对他人的观点要保持开放的态度，对自己的缺点要坦诚（比如你对药物及其对行为的作用知之甚少）。随着时间的推移，你慢慢就会了解别人如何看待行为分析，也能帮助其他专业人员了解和接纳行为科学的观点。

性骚扰

性骚扰是一个令人感到尴尬和不快的话题，很少有人愿意谈，除非不得不谈。这么多年了，有宣传教育，有法律判决，还有公司罚款，可是性骚扰依然屡禁不绝（美国平等就业机会委员会，US EEOC，2004）。作为一名行为分析师，你可能觉得自己永远没有遭遇性骚扰的可能。虽然你绝不会有意地用这种侮辱人的方式对待他人，但是，对于新手行为分析师而言，有必要谈谈性骚扰与行为有关的几个方面。

首先，我们需要探讨的是令人讨厌的性挑逗行为。如果你的工作环境比较特殊，你就更有可能遇到这样的问题。认证行为分析师在服务对象家里工作，可能会遇到与异性单亲家长独处的情况。虽说男性和女性都有可能成为性骚扰的受害者，但是如果房间里有一个离异或单身的男性，那么年轻的女治疗师似乎更容易受到伤害。刚开始可能非常单纯，比如对方对你的工作表现出强烈兴趣，可能坐得离你很近，紧紧地盯着你，或者一直冲你微笑。你可能会觉得这个人就是感兴趣而已，就是觉得你和你的工作很有意思。接下来，打招呼的时候格外热情，拥抱的时候抱得有点久，碰碰你的胳膊或者肩膀，这些就是第一个暗示，可能有什么别的东西在暗暗酝酿。行为分析师接受过培训，在观察行为方面非常厉害，这种时候就该用上这种技巧。行为分析师还知道如何对其他行为进行差别强化，如何使用惩罚、消退或者刺激控制降低这些行为发生的频率。因此，如果你觉察到一些异常"亲近"举动的苗头，就该采取行动了。可以使用差别强化，如果对方远点坐着，你就给予强化。如果对方看得你不舒服，你可以看地上或者看文件，表示你没有注意到，也可以突然结束面对面的状态。对方的不当接触（如果是不太严重的那种，比如拍拍你的手），你的反应可以是"冷冷地盯着他"，脸上没有一丝笑容，也许可以再加上一句："这真的不合适，罗宾逊先生。"一句废话都不多说。如果你在有苗头的时候就注意到这些，并且惩罚了这种试探性的行为，你的问题也许就解决了。即便是不太严重的时候，也要跟督导讨论此事。如果事态继续发展，对方行为非常不妥（比如打电话到你家，给你发很亲密的信息，或者很明显地想要对你进行不当身体接触），你需要立即与自己的督导讨论此事，决定是否需要告知权威部门。如果你认为自己被人跟踪，就要立即联系权威部门，毕竟你的安全是最重要的。

关于性骚扰，第二个需要重点关注的问题是别人也有可能指控你有性骚扰的行为。我们特别重视训练行为分析师进行有效的人际沟通，包括使用点头、微笑、热情的握手以及强劲有力的口头强化。我们鼓励新手咨询师，如果你希望自己的工作是有效的，就要成为周围人的"强化物"。在不同的情境下，恰当的强化行为也是不同的。在商业化和组织化的场合，微笑、握手和正面评价都是恰当的。但是，必须小心，不要让你的"强化"对象产生错误印象，以为自己对你有吸引力。例如，你可能正在为一名社交退缩的孩子提供服务，想方设法让她能够专心做事或者完成一项任务。

第一次看到成功的兆头，你立刻笑了起来，跟她"击掌庆祝"。随着时间的推移，这种做法可能起了作用，她专心做事的时候越来越多。不过，你跟她拥抱的次数也越来越多。接下来，就是校长把你请到办公室，说："我刚刚跟露西的妈妈通了电话，露西投诉说你摸了她的隐私部位，这是真的吗？"

对于新手行为分析师来说，最好的建议就是努力做到礼貌、优雅、友善，但是在任何情况下，都要做到专业。不要因为服务对象取得了进步，达到了目标，就让热情冲走自己的理智，对服务对象过于亲昵。随时都要注意自己的手在做什么。为了审查自己的表现，可以这样问自己："如果第六频道的目击者新闻（Eyewitness News）正在这里拍摄，会怎么样？我还会做出这种行为吗？"如果答案是"不会"，那就需要修正自己的行为，防止出现任何误解或错误指控。

第 16 章　专业组织伦理条例

历史沿革

第一个制订《行为组织的伦理条例》（Code of Ethics for Behavioral Organizations, COEBO）的组织是 2005 年成立的。也就是在那时，本书第一位作者开始收到伦理方面的问题，提出问题的有他以前的学生，还有参加过伦理研讨会或者联系过国际行为分析协会热线的人。一个案例接着一个案例，让人感觉专业行为分析师倒是发自内心地努力遵守《行为分析师负责任行为准则》（现已更名为 2022 版《行为分析师专业伦理执行条例》），可是所在公司却设置了重重障碍。行为分析师想要遵守伦理，但四面八方全是绊脚石。个案太多管不过来；为了削减成本，行为计划"东抄一点西抄一点"，千篇一律，没有量身定制；治疗之前的功能分析受限太多；甚至不得不虚报账单，明明没有工作那么长时间，却上报很多计费工时。这样看来，对于那些诚实勤勉的专业人士来说，既要满足老板的要求，又要遵守伦理条例的规定，似乎是不可能完成的任务。就在这个时候，出现了一个解决思路：为什么不制订一个供行为组织使用的伦理条例，就相当于让行政管理人员、首席执行官以及董事会以书面形式承诺支持行为分析师认证委员会发布的准则呢？本书第一作者在佛罗里达州行为分析协会的一次年会上提出了这个建议，之后有位参会者联系了他，说自己想要再聊聊他说的那个组织伦理条例。很明显，这个年轻人跟他是英雄所见略同。年轻人名叫亚当·文图拉（Adam Ventura），对组织伦理的议题有着很强烈的兴趣，同时又有推动变革的能力。亚当主动提出把组织伦理的想法付诸实践，打造一个真正的工作模式。

COEBO

COEBO 是《行为组织的伦理条例》（The Code of Ethics for Behavioral

Organizations）[1]英文名字的字首组词，这个条例最开始是由七项条款组成的一个提案，由提供行为分析服务的组织签字承诺在所辖公司内部遵守这些条款。最初的想法是把 COEBO 建成类似商业改进局[2]的全国性组织，只不过这个改进局是伦理改进局，是专门为提供行为分析服务的组织量身定做的。遵守伦理的组织会对行为分析师认证委员会条例加以补充，并且为自家的行为分析师提供"全方位的保护"，任何可能导致他们违反伦理的力量，不管有多微妙，都会被直接消灭。

与行为分析师和业内服务供应商多次讨论之后，我们清楚地认识到，有必要在原有条例基础上进行扩充。在为期一年左右的时间里，来自世界各地的 50 多家大力支持专业伦理的代表性机构对条例进行了仔细研究，最终达成共识，将其扩充为一份非常全面的伦理条例，其中包括 10 个类目的规定（Bailey & Burch, 2016, chap. 20）。COEBO 始于提升组织行为这一理念，逐步发展成为一个共同体，联合行为分析师、企业负责人、学者以及行为分析服务对象一起通力协作，推进他们的共同目标——以行为分析服务组织的伦理行为为基础，形成一整套简明扼要的伦理准则。这是一项至关重要的事业，随着时间的推移，我们为此付出努力，逐渐发展成了深受大家喜爱的"COEBO 运动"。亚当为 COEBO 项目工作了一年多以后，认识到要将条例大规模推广，让足够多的组织认可它，并且真正达到掀起一场运动的程度，需要工作人员、办公空间，还需要钱。他本人对这个项目非常投入，自始至终都是无偿工作，不辞劳苦。他安排了一些人处理问题，努力提供支持资源，但是 COEBO 一直都没有一个稳定的财务架构，缺乏足够的支持。COEBO 的理念实在太超前了，因此，不得不暂且放下。

而本书第一作者和亚当·文图拉当时并不知道的是，大约就在同一时间，加利福尼亚州在评估应用行为分析组织服务质量的时候也遇到了很多困难。2009 年，一家大型应用行为分析组织破产，导致几百个家庭突然被中断服务。为了应对这种破产事件，加州发展障碍服务部（California Department of Development Disabilities）成立了一个信息公开委员会，旨在对加州区域内的应用行为分析服务组织进行评估，选出优秀机构。这个项目就此开始试运行，并且持续了 5 年。这个项目当时是由大卫·派尔斯（David Pyles）和萨拉·格什费尔德·利特瓦克（Sara Gershfeld Litvak）主导。

---

[1] 原注：由 BCBA-D 乔恩·S. 贝利博士起草。

[2] 译注：商业改进局（Better Business Bureau, BBB），成立于 1912 年的非营利组织，目标是促进建立公平有效的市场。

2010年，派尔斯博士退出了该项目，利特瓦克继续负责。截至2014年，这个委员会对全州数十个应用行为分析组织进行了评估。随着加州开始执行孤独症服务强制规定[1]，州政府决定从该项目撤资。随后，利特瓦克向州政府呼吁，即便撤资，也应允许这项重要的工作继续进行。2015年，利特瓦克和包括本书第一作者在内的一个科学顾问组[2]汇聚在了一起，将行为健康卓越中心正式发展为一个国际认证机构，开始在全球范围内讨论和制订组织标准，打造BHCOE认证项目。

BHCOE最开始的时候只有一个主题小组起草标准，这些标准最开始也相当简陋，只有四个部分，主要内容是工作人员资格及其培训、治疗方案及其制订、护理协作与协调以及伦理规范宣传。认证流程还包括员工和患者满意度调查。最初试行该标准的只有8家组织，2016年，又有50多家组织也申请认证。很快，BHCOE认证就成了一股潮流，很显然，优秀的组织希望自己的工作得到认可，而员工和患者也需要一种方法区分哪些组织非常优秀，哪些组织是"害群之马"。

BHCOE了解到贝利和文图拉所做的工作之后，萨拉·利特瓦克（BHCOE的现任首席执行官）找到了本书第一作者，请他牵线认识了文图拉，询问是否可以将他们所做的工作与自己新成立的这个认证组织相结合。她的组织认证流程现在已经得到广泛认可，不过她希望将伦理方面的要求引入其中，除此之外，这个组织坚持认为我们这个领域需要一个统一的声音，因此，对相关各方来讲，合作似乎是水到渠成的事。COEBO自此有了新家，不过形式稍微有点不同，现在变成了一套更加强大的评估工具，其中包括原始检核表、各种证明材料，还有用于检验各个项目信度的调查问卷，反映了严格的多模式评估理念。

到了今天，BHCOE已经得到了美国国家标准协会（American National Standards Institute，也称美国国家标准学会，简称ANSI）的认证。BHCOE委员会的成员作为各种利益相关方的代表，按照公开透明、基于共识的流程，允许相关各方积极参与、提出建议，共同努力，制订和评估BHCOE的标准。BHCOE委员会成员包括患者或者患者家长/监护人的代表、大大小小的应用行为分析服务供应商、私立和公有的保险公司、行业协会、州及地方应用行为分析分会，还有应用行为分析专业的学者。这种以共识为目的的做法被公认为制订标准的最佳做法，也促成了下面这个伦理检

---

[1] 译注：按照孤独症服务强制规定（autism mandate），2010年7月1日以后发布或更新的所有健康福利计划都必须为儿童提供孤独症谱系障碍的评估、诊断和治疗服务。

[2] 原注：本书第一作者是BHCOE董事会的志愿成员。

核表的出台。

BHCOE一直在反思自己在应用行为分析行业发挥的作用，并且在反思中不断成长，2015年，仅有8家组织加入认证，到了今天，共有600多家组织加入认证。BHCOE创建5年来评估了很多应用行为分析组织，这个总数意味着5年当中有25000多名专业人员为超过42000名孤独症以及相关发展障碍人士提供服务。很多应用行为分析组织都在致力于提供公开透明的服务、恪守伦理规范，还有其他非常好的做法，BHCOE就是要为这样的组织树立质量标杆，以此不断帮助本书读者这样的专业人员。如果有人对某一组织的服务质量不太放心，BHCOE还鼓励他们提交正式申请，要求该组织进行合规性调查，设法让该组织遵守条例规定，在某些情况下还有可能暂缓或者撤销其认证。BHCOE认证标志可以帮助临床医生判断未来或者现在的老板是否能够兑现促进其专业发展的承诺，还可以帮助他们尽最大可能提供最好的医疗服务。想要了解哪些组织通过了认证，或者了解BHCOE认证标准的信息，请访问www.bhcoe.org。（请注意下面括号里的内容是本书第一作者加上去的。）

行为健康卓越中心

（BHCOE）应用行为分析卓越标准 A.0 部分 组织伦理

A. 伦理、诚信、专业

A.01 组织行事始终有利于实现其服务患者的最大利益。

［行事应当有利于实现服务对象的最大利益，这是2022版《行为分析师专业伦理执行条例》的主旋律。］

A.02 组织及其子公司遵守所有有关医疗保健监管和许可的适用法律法规。

A.03 组织及其子公司或者任何一位负责人、高级管理人员、董事在过去一年内没有因任何医疗保健监管法律相关原因而被任何政府权威部门定罪、指控、调查，也不是任何执法行动或者法律程序的主体。

A.04 组织行事诚实、负责，督促员工遵守伦理，支持通过认证的员工遵守认证和/或者许可机构的伦理标准和专业要求。组织从不指示员工违反上述要求，如果公司规定与上述要求之间出现任何冲突，组织均会妥善解决。

［这意味着，在经过BHCOE认证的公司里，管理层会支持下属所有行为分析师遵守《行为分析师专业伦理执行条例》，还会支持妥善解决因遵守条例可能引发的任

何冲突。]

A.05 组织致力于遵守伦理规范、保证公平竞争，不会以不恰当的方式参与破坏、诋毁或者损害其他应用行为分析服务组织的行为。

A.06 组织保证员工不会发展双重关系，以免损害其做出客观公正判断的能力。

［避免双重关系／多重关系，因为这种关系可能会导致冲突、影响士气，这是2022版《行为分析师专业伦理执行条例》的重点要求。］

A.07 组织保护员工的隐私。

A.08 组织不会提供好处或者报酬给现有患者以奖励其招揽其他患者。报酬指的是现金、现金等价物或者任何有价值的东西。

［2022版《行为分析师专业伦理执行条例》没有提及这一要求，不过这是对BHCOE标准的重要补充，很有价值。］

A.09 员工、患者以及志愿者举报他人涉嫌不当行为或者滥用组织资源，组织为其保密。组织有专门规定禁止报复举报人。

［2022版《行为分析师专业伦理执行条例》没有提及这一要求，不过这是对BHCOE标准的重要补充，很有价值。］

A.10 组织指定伦理专员和／或伦理委员会处理伦理问题，包括患者治疗方案，以及组织、员工和／或患者关注的问题。

［这个建议，应用行为分析伦理咨询热线已经提了好几年了。］

第 17 章　使用涉嫌违规通知书举报行为分析师

提交涉嫌违规通知书应慎之又慎

无论是申请行为分析师认证委员会认证或者已经通过认证的人还是申请注册行为技术员认证或者已经通过认证的人，或是经过批准提供继续教育课程的组织，只要是担心自己或者他人违反了认证委员会的伦理要求，就可以向认证委员会伦理部门举报。行为分析师认证委员会通过两种渠道接受涉嫌违规举报：（1）主动申报；（2）他人举报。

提交涉嫌违规通知书举报一位专业人员应慎之又慎，不能掉以轻心。涉嫌违规通知书一旦提交，可能会对被举报人及其服务对象、同事、公司产生严重的不良影响，甚至举报人本人也会受到影响。一个人的声誉可能因此受损或者毁掉，对现在以及将来的工作也会产生不良影响。从个人层面上说，被举报人可能会感到深受迫害、倍感冤屈，外人很难想象。下面详细解释提交涉嫌违规通知书的流程。我们绝对不支持恶意举报，也不支持因为一时冲动或者私人恩怨就对行为分析师进行严重指控。如果你觉得某人违反了伦理条例，应该努力尝试各种可能的办法纠正这个错误或者修正这种行为，实在不行再迈出举报这一步，提交涉嫌违规通知书。

为什么要向行为分析师认证委员会提交涉嫌违规通知书？

有些时候，服务对象、督导对象甚至是同事经过艰难的抉择，最终决定迈出重要一步，正式投诉行为分析师。做出这样的决定，常常是因为服务对象或者督导对象对自己接受的服务感到失望，或者是因为没有得到应有的服务而不满。决定迈出这一步之前，通常都已经尝试了通过其他办法提醒治疗师或者督导注意这个问题。服务对象在门口很有礼貌地提出了一个问题，刚好治疗师正要离开，而注册行为技术员也赶着去见下一位服务对象，可能就不会注意到这个问题。同样的，督导接到电话的时候可能正忙得要命，不会觉得这个电话有多紧急重要。服务对象或者督导对象可能担心，如果他们表现得不太高兴或者太过咄咄逼人，可能会遭到认证行为分析师的报复。还有一个因素，谁都不想得罪自己孩子生活中举足轻重的人。家长每天都要依靠技术人员提供帮助，因此有些人就会隐忍不发一段时间。他们只能默默地希望这个问题可以不需要他们介入自己就神奇地消失。一开始的时候，家长可能只是以提问的方式温和地表达自己的担心，而这种担心也许没有被当回事，只有一句"孩子今天不太开心"或者"他们只是需要发泄一下"就被打发了。

不幸的是，这些问题以及温和的表达没有得到有意义的回应，服务对象或者督导对象就会觉得，自己看来如此重要的事情却没有得到认真对待，他们的愤怒和不满也许就会升级。如果家长说："我没看到安吉丽克的行为有什么进步。还有什么我们能做的吗？"行为分析师可能会觉得"洛佩兹女士根本不明白进步是需要时间的"。而实际上，洛佩兹女士真正想说的是："我想要开个会，讨论一下孩子的行为目标。"所有这些都可以归为"沟通不畅"，这在我们的社会很是普遍。服务对象不知道那些可以引起行为分析师重视的条例术语，而行为分析师常常先入为主，认为服务对象"根本不明白"。

行为分析师应该成为更好的倾听者，也应该成为更遵守伦理的从业者，这样才不会让服务对象和督导对象走到那一步，觉得已经非举报不可。行为分析师还应该做好准备，如果了解到了什么事情，应该抱着同理心进行回应，不要觉得这是针对自己，应该及时采取行动。积极主动，询问服务对象他们对正在接受的治疗有什么感觉，这就是向好的第一步，让他们不至于走到要举报的地步。

谁可以提交涉嫌违规通知书？

不管是谁，只要是直接了解违反《行为分析师专业伦理执行条例》情况的人，都可以向认证委员会提交涉嫌违规通知书进行举报。这些人包括服务对象以及家长、利益相关方、不属于应用行为分析领域的其他专业人员，当然，还有注册行为技术员、认证助理行为分析师和认证行为分析师。如果督导未能达到伦理条例 4.01 至 4.12 条款的要求，注册行为技术员就可以对其进行举报。督导如果发现注册行为技术员、督导对象或者培训对象违反注册行为技术员伦理条例，不管是违反了哪一条，都可以举报。违反伦理条例的情况包括发展多重关系（1.11 条款）、骚扰服务对象或者工作人员（1.09 条款）、超出胜任范围开展工作（1.05 条款）。

家长或者利益相关方可以举报注册行为技术员虐待孩子，也可以举报认证行为分析师督导泄露保密信息（伦理条例 2.03、2.04 条款）。必须是直接了解，不是听闻传言（"我听朋友说的……"这种），除此之外，还有必要准备文件材料作为举报证据。一般来说，这些材料不是那么容易得到的。治疗师本该带着孩子做活动，但在跟别人打电话，家人看到了，当时可能不太好意思跟治疗师说什么。过后跟督导反映此事的时候，得到的回应可能只是轻描淡写的一句"肯定是误会了吧"。家长也许就此判断，既然治疗师明显怠工的情况经常发生，那么保险欺诈肯定也不会是什么新鲜事，但其实这种判断没有证据，只是基于自己的观察和推测。实际上，家长也不知道治疗师在跟谁打电话，对方甚至有可能是督导，而且这件事也没有书面记录。针对这种情况，家长其实应该要求约见督导，把所有的事情都搞清楚，之后再考虑是向认证委员会提交涉嫌违规通知书，还是向保险公司反诈部门举报。

督导对象可能会对自己的督导颇感失望，因为他们总是取消会议，或者压根就不露面。这种情况怎么留存证据呢？毕竟这是他们没做的事，没有实际发生，量化起来就很难。再举一个例子，督导每次出现的时候都只看自己的平板电脑，从头到尾头都不抬一下，更别说观察注册行为技术员了。课程结束的时候，只是说一句："米西，干得不错，加油。"然后就忙着开会去了。在这个案例中，督导对象之前学过伦理课程，就她所学的内容，她觉得所谓督导，就是认证行为分析师督导在上课过程中应该全身心地关注她，从头到尾观察她的一举一动并且详细记录下来，之后还得跟她会面，再花至少 30 分钟听她汇报。她可能还觉得，观察之后，督导应该给她一些笔记，交代她还需要做些什么才能提高自己的技术水平，所以，如果上面提到的那种情况再持续几个星期或者几个月，她肯定觉得必须要举报这位督导，这也不难理解。

告知服务对象和督导对象他们有权投诉

2016 版条例中，有一项条款是最容易忽视的，那就是 2.05 条款（d）。根据这条规定，"行为分析师应当告知服务对象和受督导者其享有的权利，以及向行为分析师的雇主、有关领导和行为分析师认证委员会就自己的专业行为进行投诉的程序"。2022 版条例中，做了如下修订。

3.04 服务协议

开始服务之前，行为分析师应当保证与服务对象和/或利益相关方签订服务协议，明确……就行为分析师的专业工作向相关实体（比如行为分析师认证委员会、服务机构、执业资格管理委员会、资助方）进行投诉的程序。

请注意原来的"必须"改成了"应当保证"，意思是"应当使这件事发生"。这个语气的强烈程度和"必须"差不多。行为分析师有义务告知服务对象他们有权投诉，对行为分析师督导的要求也一样，督导也应该告知督导对象他们有这个权利。"签订的协议"就相当于第13章介绍的《行为分析师专业实践和工作程序告知书》。对于督导对象来说，在督导合同中也应该明确这一点。

提交涉嫌违规通知书的七个步骤

行为分析师认证委员会在自己的网站上以流程图的形式介绍了提交涉嫌违规通知书的流程（在搜索栏里键入"涉嫌违规通知书"进行搜索，再点击"向伦理部门举报"），如图17.1所示。

一旦决定举报涉嫌违规行为，下一步就是填写涉嫌违规通知书。在行为分析师认证委员会网站找到搜索栏，键入"举报认证助理行为分析师/认证行为分析师涉嫌违规"进行搜索。图17.2中可见这个表格的开头部分。

这里的流程图是缩小版的，决策指南这部分的字体太小，所以在此以文字的形式解释这部分内容。

第一步：以非官方的方式解决

如果可能的话，建议消费者或者督导对象尝试直接面对行为分析师解决这个问题。最开始可以就你直接观察到的这件事问几个简单的问题，态度要中立。听了几句闲话或者拿到第二手信息就打算举报，这种做法不可取。比较好的开场白是类似这样的话："……这个事我不太明白，能不能给我一些指点？"这个事前面的省略号是你客观描述自己亲眼看到的事情。很有可能对方可以给你一个满意的答复，这样你就不用继续第二步了。

第 17 章 使用涉嫌违规通知书举报行为分析师 | 273

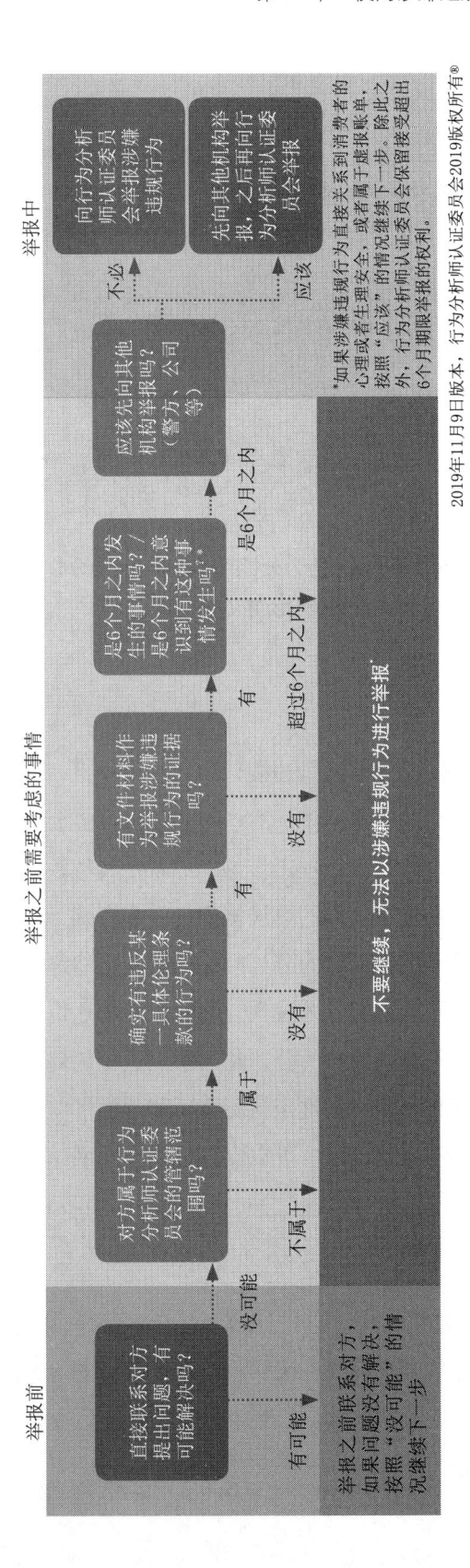

图17.1 行为分析师认证委员会图示提交涉嫌违规通知书的流程

*如果涉嫌违规行为直接关系到消费者的心理或者生理安全，或者属于虚假报销单，按照"应该"的情况继续下一步。除此之外，行为分析师认证委员会保留接受超出6个月期限举报的权利。

2019年11月9日版本，行为分析师认证委员会2019版权所有®

> **认证助理行为分析师、认证行为分析师或者认证行为分析师–博士级涉嫌违规通知书**
>
> 你试过直接联系举报对象解决问题吗？*
>   ○ 试过
>   ○ 没试过
>
> 举报对象住在下列州吗？或者举报事件发生在下列州吗？
>   ○ 是
>   ○ 不是
>
> 如果举报对象住在下列州，除了在此举报之外，还应该向相关州执业资格认证机构或者执业资格管理委员会举报。

图17.2　认证助理行为分析师、认证行为分析师或者认证行为分析师–博士级涉嫌违规通知书的开头部分

第二步：确认认证身份

如果进行上述对话之后你还是觉得这是违规行为，应该举报，那就必须确认对方确实属于行为分析师认证委员会的管辖范围。有些时候，你可能会发现对方根本没有获得委员会认证。例如，他们可能是做管理工作的，或者是其他领域的专业人员，比如物理治疗师、作业治疗师。最近，我们的热线接到了一个咨询，一位服务对象的母亲非常愤怒，想要"投诉"孩子的认证行为分析师，因为她突然终止服务，这就是抛弃孩子。可是后面来来回回通了几封邮件才发现，终止服务的这位只是一家小型应用行为分析公司的首席执行官，不是认证行为分析师，所以这位妈妈没法使用"涉嫌违规通知书"投诉这位首席执行官，她得知这个情况之后非常生气。想要确认你想举报的这个人是否属于认证委员会的管辖范围，可以在认证委员会网站上搜索认证名录。

第三步：判断具体违反哪些条款

想要正确提交涉嫌违规通知书，必须指出你要举报的行为具体违反了哪些条款。例如，如果你觉得认证行为分析师没有跟你确认就改变了孩子的行为计划，你就需要查询伦理条例，找到具体违反了哪项条款①。上述案例中，违反的是 2.11 条款征得知

---
① 原注：在行为分析师认证委员会网站 www.BACB.com 上可以找到该条款。

情同意。在某些情况下,你可能觉得违反了好几项条款,那么就要逐条查阅,保证所举报的问题与具体的条款相对应。

第四步:提供证明材料

想要继续投诉,这一步非常关键,因为需要提供书面材料证明确有违规行为。一般来说,需要行为计划、数据表格、来往邮件的复印件或者硬拷贝,还有可能需要音频或者视频。还有一种形式的证明材料,就是第二目击证人的证词。不管什么形式,都需要做好准备,将这些复印件作为涉嫌违规通知书的附件,还要保证这些材料与所举报的问题相对应。

第五步:确定时间期限

如果把这一步放在第二步说,可能会给你省下一些时间和精力,因为如果举报的事件是 6 个月之前发生的,就超过了举报期限①,不能提交涉嫌违规通知书了。不过,如果没有超过这个时间期限,就可以继续进行第六步。

第六步:是否先向其他机构举报

有些违规行为的本质决定了必须首先向其他机构举报。如果认证行为分析师打了孩子,你录下了当时的视频,那么向警方或治安部门或者儿童保护机构举报也许更为恰当。如果需要投诉的事件不是特别紧急,而且你所在的州是给行为分析师颁发执业资格证的,那么行为分析师认证委员会可能希望你先向执业资格管理委员会举报,之后再向认证委员会举报。执业资格管理委员会和行为分析师认证委员会一样(即为了防止对公众的伤害,设定教育和培训的最低标准,同时为服务对象、利益相关方以及其他行为分析师提供一种机制,方便他们提出投诉),都有权对没有达到能力标准或者违反伦理条例的行为分析师实施纪律处分。他们也有资源针对违规行为的投诉进行调查,而且经常向公众开放听证,还可以针对违规行为施加适当的后果。

---

① 原注:在某些情况下,认证委员会可能会考虑接受超出 6 个月期限的举报。

第七步：向认证委员会举报

如果你向所在州委员会提出了投诉，并且确认违规行为属实，则该投诉信息将会转发给行为分析师认证委员会妥善处理。

通过"公开记录的涉嫌违规行为举报表"进行匿名举报①

如果你是在媒体上看到了某位认证行为分析师的事，或者你获得的信息属于公开信息（比如法庭判决，或者来自保险公司、政府机构或其他公开来源的信息），就可以提请认证委员会注意并且采取行动，而不必泄露自己的名字。这个流程涉及几个步骤，如图 17.3 所示。这些步骤包括：（1）判断该违规行为是否值得举报；（2）收集必要的证明材料，公开资料或者个人资料均可；（3）填写表格（见图 17.4）；（4）通过认证委员会网站 www.BACB.com 提交表格。

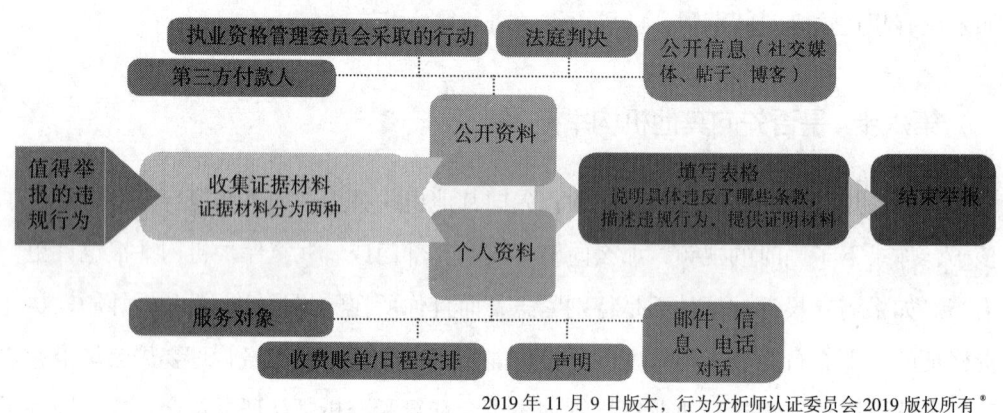

图 17.3　根据公开材料举报涉嫌违规行为

2019 年 11 月 9 日版本，行为分析师认证委员会 2019 版权所有®

---

① 原注：想要了解这些步骤的确切信息，请点击 www.bacb.com/ethics- information/reporting-to-ethics-department/reporting-alleged- violations-based-on-publicly-available-documentation/

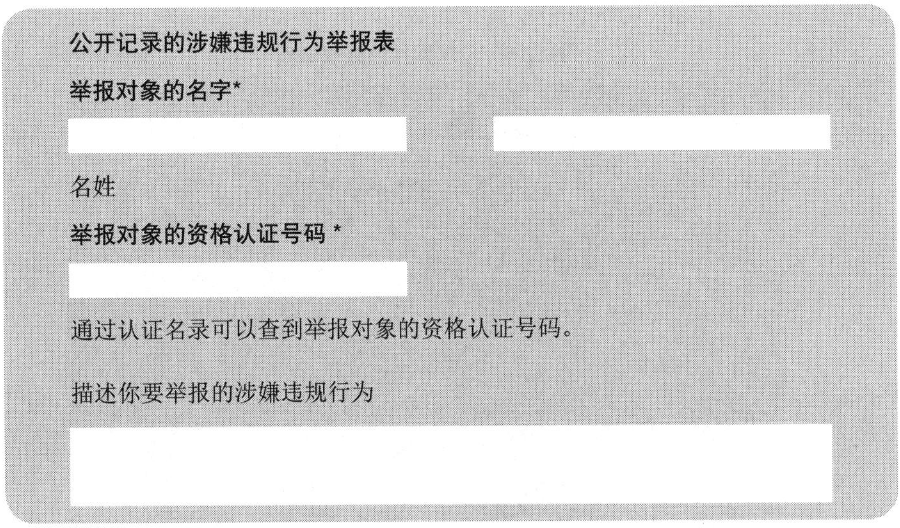

公开记录的涉嫌违规行为举报表

举报对象的名字*

名　姓

举报对象的资格认证号码 *

通过认证名录可以查到举报对象的资格认证号码。

描述你要举报的涉嫌违规行为

图17.4　公开记录的涉嫌违规行为举报表的开头部分[①]

伦理案件的处理流程

举报提交之后，会转给行为分析师认证委员会的伦理部门，走完图 17.5 所示的一系列流程。确认接受举报之后，会流转至纪律审查委员会或者教育审查委员会。不管是哪个委员会，都会采取一系列的措施[②]。只有最严重、最恶劣的违规行为才会受到纪律审查，可能会采取某些纠正措施和 / 或制裁措施。绝大部分案件会交由教育审查委员会处理，会采取不那么严厉的措施，防止将来再次出现违规行为。

行为分析师伦理条例的目的

行为分析师伦理条例的主要目的就是针对行为分析服务实践制订规则和指南，告知公众并且保护公众不受伤害。第二个目的是保护我们这个领域的专业人员，向公众说明我们能做什么、不能做什么、应该做什么，还有我们工作实践的界限是什么。如果专业行为分析师遵守这些规则，并且始终在应用行为分析的实践范围和自己的胜任范围内工作，只要他们已经向服务对象和利益相关方说明了这些局限性，就不应该受

---

① 原注：想要查看完整表格，请点击 www.bacb.com/ethics-information/ reporting-to-ethics-department/reporting-alleged-violations-based- on-publicly-available-documentation/

② 原注：想要了解详细信息，请点击 https://infogram.com/1p5eqr2qmmvxp0fpey0zel9 pgea3yw 63n3e?live

图17.5　伦理案件的处理流程

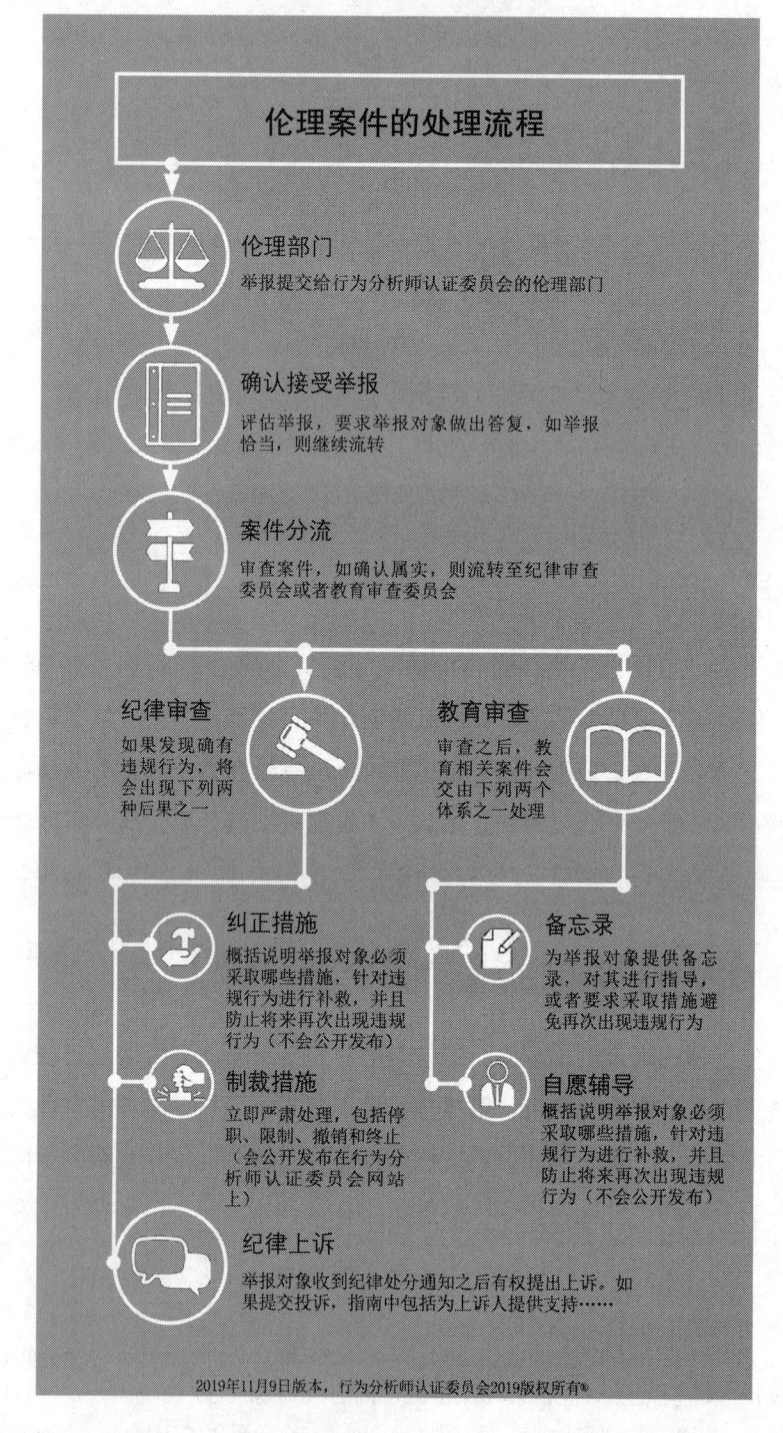

伦理案件的处理流程

伦理部门
举报提交给行为分析师认证委员会的伦理部门

确认接受举报
评估举报，要求举报对象做出答复，如举报恰当，则继续流转

案件分流
审查案件，如确认属实，则流转至纪律审查委员会或者教育审查委员会

纪律审查
如果发现确有违规行为，将会出现下列两种后果之一

教育审查
审查之后，教育相关案件会交由下列两个体系之一处理

纠正措施
概括说明举报对象必须采取哪些措施，针对违规行为进行补救，并且防止将来再次出现违规行为（不会公开发布）

制裁措施
立即严肃处理，包括停职、限制、撤销和终止（会公开发布在行为分析师认证委员会网站上）

纪律上诉
举报对象收到纪律处分通知之后有权提出上诉。如果提交投诉，指南中包括为上诉人提供支持……

备忘录
为举报对象提供备忘录，对其进行指导，或者要求采取措施避免再次出现违规行为

自愿辅导
概括说明举报对象必须采取哪些措施，针对违规行为进行补救，并且防止将来再次出现违规行为（不会公开发布）

2019年11月9日版本，行为分析师认证委员会2019版权所有®

到批评和指责。我们通过伦理咨询热线与公众和应用行为分析专业人员打了十年的交道，可以明显看出，我们在大众科普方面做得还很不够，很多人还不了解我们的角色和能力。令人遗憾的是，有些人会走捷径，有些人会屈服于经济或政治压力，还有些人做事没有考虑后果。这些行为分析师很可能会被人举报违反了伦理条例，并且可能不得不面对行为分析师认证委员会伦理委员会。其实遵守这些规则应该不难，但是时间、经济利益和业务关系的压力也的确客观存在，我们也必须承认这些压力可能带来威胁。正如我们公开说过很多次的那句话，"如果遵守伦理很容易的话，那么每个人都能当道德模范了"。

写在最后的话

希望本书可以帮助你思考伦理问题，不是理论意义上的思考，也不是纯粹道义上的思考，而是实践意义上的思考，思考怎样做正确的事、不伤害他人；怎样做到公正、诚实、公平、负责；怎样让服务对象有尊严地生活；怎样帮助他们自理自立。总的来说，就是你希望别人怎样对待你，你就应该怎样对待别人。如果每个人都能遵守行为分析师的伦理原则，并在日常生活中实践这些原则，这个世界一定会变得更加美好。

附录　名词解释

行为分析师（BEHAVIOR ANALYST）

持有认证行为分析师或认证助理行为分析师资格证书的个人，或者已经提交了完整的认证行为分析师或认证助理行为分析师资格申请的个人。

行为–改变干预（BEHAVIOR–CHANGE INTERVENTION）

旨在提升服务对象福祉的一整套行为改变措施。

行为服务（BEHAVIORAL SERVICES）

明确以行为分析原理和程序为基础、旨在以有意义的方式改变行为的服务。这些服务包括但不限于评估、行为改变干预、培训、咨询，还包括管理和督导他人、提供继续教育。

服务对象（CLIENT）

直接接受行为分析师专业服务的人。在提供服务的不同阶段，一个或者多个利益相关方可能也同时符合服务对象的定义（比如，在他们开始接受直接培训或者咨询服务的时候）。在某些情境中，服务对象也可能不止一个（比如提供组织行为管理服务的时候）。

服务对象的权利（CLIENTS' RIGHTS）

人权、法律权利、行为分析内部明确规定的权利，以及旨在让服务对象受益的组织规则。

利益冲突（CONFLICT OF INTEREST）

行为分析师的个人利益与其专业利益不一致，行为分析师为服务对象、利益相关方、督导对象、培训对象或研究参与人员提供的服务或者与上述各方之间的专业关系会因这种不一致遭遇风险或有可能遭遇风险。由于存在利益冲突，行为分析师在行为服务、研究、咨询、督导、培训或任何其他专业活动过程中可能会出于个人、财务或专业方面的考虑，致使自己的专业判断力受到影响或损害。

数字内容（DIGITAL CONTENT）

可以通过电子媒介（如电视、广播、电子书、网站、社交媒体、视频游戏、应用程序、计算机、智能设备）进行在线消费、下载或者转发的信息。常见的数字内容包括文档、图片、视频和音频文件。

知情同意（INFORMED CONSENT）

根据法律规定有权表示同意的个人在参与服务或研究，或者允许其信息被使用或共享之前给予的许可。

服务/研究：为了征得个人对服务或研究的知情同意，需要就下列内容与其进行沟通，并且采取适当步骤保证其理解：（1）服务或研究的目的；（2）服务或研究预计需要占用多长时间，需要采取哪些程序；（3）个人有权随时拒绝参与活动或者退出活动，不会因此导致不良后果；（4）服务或研究可能带来哪些益处，可能带来什么风险、不适或副作用；（5）个人信息保密或隐私保密的限度；（6）个人参与研究的激励措施；（7）如果有问题或者担心，可以随时联系的人；（8）个人有机会提出问题并得到解答。

使用/共享信息：为了征得个人对使用或共享其信息的知情同意，需要就下列内容与其沟通：（1）使用或共享其信息的目的以及计划用途；（2）信息受众；（3）预计使用或共享期限；（4）个人有权随时拒绝使用或共享其信息或者随时撤回同意；（5）允许使用或共享其信息可能带来哪些风险或好处；（6）个人信息保密或隐私保密的限度；（7）如果有问题或者担心，可以随时联系的人；（8）个人有机会提出问题并得到解答。

法定代理人（LEGALLY AUTHORIZED REPRESENTATIVE）

法律授权可以代表无法表示同意接受服务或参与研究的人表示同意的个人。

多重关系（MULTIPLE RELATIONSHIP）

行为分析师有两个以上的身份（比如行为分析领域的身份和个人身份）与服务对象、利益相关方、督导对象、培训对象、研究参与人员或者与服务对象关系密切或相关的人有交叉关系。

公开表述（PUBLIC STATEMENTS）

为了更好地向受众传递信息或者呼吁其采取行动，在公共论坛上发出信息（包括数字内容或其他形式的信息），包括有偿或无偿的广告、宣传手册、印刷材料、目录清单、个人简历或履历、访谈或用于媒体的发言（比如印刷品、法律诉讼中的陈述、讲座和公开演讲、社交媒体、出版材料）。

研究（RESEARCH）

为了总结具有普遍性的学科知识，开展以数据为基础的活动，包括对已有数据进行分析，仅使用已有的实验设计不能算作研究。

研究参与人员（RESEARCH PARTICIPANT）

已经征得其知情同意、参与某项特定研究的个人。

研究审查委员会（RESEARCH REVIEW COMMITTEE）

表明其目的是审查研究计划以保证人类研究参与人员受到合乎伦理的待遇的一群专业人员。委员会可以是政府或大学的官方实体（如机构审查委员会、研究伦理委员会）、服务组织内部的独立委员会，也可以是为此目的创建的独立组织。

胜任范围（SCOPE OF COMPETENCE）

行为分析师可以始终熟练执行的专业活动。

社交媒体渠道（SOCIAL MEDIA CHANNEL）

通过网络浏览器或应用程序搭建的数字平台，用户（个人和/或企业）可以在其中消费、创建、复制、下载、分享或者评论帖子或广告。帖子和广告都可以视为数字内容。

利益相关方（STAKEHOLDER）

除了服务对象，其他受到行为分析师服务的影响并且在其中投入资金、时间、精力的个体或组织（比如家长、看护人、亲戚、法定代理人、合作者、雇主、机构或者组织代表、执业资格管理委员会、资助方、第三方服务承包商）。

督导对象（SUPERVISEE）

行为分析师根据双方协定的明确关系按照协定要求监督他人的行为服务过程，接受监督的人即为督导对象。督导对象可能包括注册行为技术员、认证助理行为分析师和认证行为分析师，还包括其他在监督之下提供行为服务的专业人员。

感言（TESTIMONIAL）

（服务对象、利益相关方、督导对象或者培训对象）或应邀、或主动以任何形式推荐行为分析师，肯定其产品或服务使自己获益。只要是应行为分析师要求进行推荐，即视为应邀，而非主动。

第三方（THIRD PARTY）

除了直接接受服务的个人、主要看护人、法定代理人或行为分析师以外，任何代表服务对象或服务对象群体申请并且购买服务的个人、群体或实体，比如学区、政府部门以及心理健康机构。

培训对象（TRAINEE）

为满足认证助理行为分析师或认证行为分析师资格认证要求而积累实地工作/经验的个人。

网站（WEBSITE）

通过网络浏览器搭建的数字平台，实体（个人和/或组织）在其中生产和发布数字内容，供在线用户消费。根据平台功能不同，用户可以消费、创建、复制、下载、分享或评论平台提供的数字内容。

Ethics for Behavior Analysts: 4th Edition /by Jon S.Bailey, Mary R.Burch /
ISBN：978-7-5222-0643-1
Copyright © 2022 Taylor & Francis
Authorized translation from English language edition published by Routledge, a member of Taylor & Francis Group LLC; All Rights Reserved. 本书原版由 Taylor & Francis 出版集团旗下 Routledge 出版公司出版，并经其授权翻译出版，版权所有，侵权必究。

Huaxia Publishing House Co., Ltd. is authorized to publish and distribute exclusively the Chinese(Simplified Characters) language edition. This edition is authorized for sale throughout Mainland of China. No part of the publication may be reproduced or distributed by any means，or stored in a database or retrieval system, without the prior written permission of the publisher. 本书中文简体翻译版授权由华夏出版社有限公司独家出版并限在中国大陆地区销售，未经出版者书面许可，不得以任何方式复制或发行本书的任何部分。

Copies of this book sold without a Taylor & Francis sticker on the cover are unauthorized and illegal. 本书贴有 Taylor & Francis 公司防伪标签，无标签者不得销售。

北京市版权局著作权合同登记号：图字 01-2023-3754 号

图书在版编目（CIP）数据

行为分析师执业伦理与规范：第 4 版 /（美）乔恩·S.贝利（Jon S.Bailey），（美）玛丽·R.伯奇 （Mary R.Burch）著；陈烽译. -- 2 版. -- 北京 ：华夏出版社有限公司，2024.9
书名原文: Ethics for Behavior Analysts: 4th Edition
ISBN 978-7-5222-0643-1

Ⅰ．①行⋯ Ⅱ．①乔⋯ ②玛⋯ ③陈⋯ Ⅲ．①行为分析 Ⅳ．①B848.4

中国国家版本馆 CIP 数据核字（2024）第 021661 号

行为分析师执业伦理与规范（第 4 版）

作　　者	[美] 乔恩·S. 贝利　　[美] 玛丽·R. 伯奇
译　　者	陈　烽
责任编辑	刘　娲
出版发行	华夏出版社有限公司
经　　销	新华书店
印　　装	三河市少明印务有限公司
版　　次	2024 年 9 月北京第 2 版　　2024 年 9 月北京第 1 次印刷
开　　本	787×1092　1/16 开
印　　张	19
字　　数	337 千字
定　　价	98.00 元

华夏出版社有限公司　地址：北京市东直门外香河园北里 4 号　邮编：100028
网址：www.hxph.com.cn　电话：(010) 64663331（转）

若发现本版图书有印装质量问题，请与我社营销中心联系调换。